通信科学技术概论

樊昌信　编著

電子工業出版社
Publishing House of Electronics Industry
北京·BEIJING

内 容 简 介

本书介绍通信科学技术的全貌，从通信的范畴开始，讲述通信的发展过程，通信的基本概念，通信系统的主要技术，以及各种通信网的原理。特别对当前发展迅猛的移动通信网、互联网和物联网等给予着重阐述。

本书可作为高等学校通信工程专业一年级学生的专业导论课教材，所有理工科大专院校学生的选修课教材，也可作为对通信科学技术有兴趣的各界人士的参考书和业余读物。

图书在版编目（CIP）数据

通信科学技术概论 / 樊昌信编著. -- 北京 : 电子工业出版社, 2024. 6. -- ISBN 978-7-121-48146-8

Ⅰ. TN

中国国家版本馆 CIP 数据核字第 2024YD0872 号

责任编辑：韩同平
印　　刷：涿州市京南印刷厂
装　　订：涿州市京南印刷厂
出版发行：电子工业出版社
北京市海淀区万寿路 173 信箱　邮编：100036
开　　本：787×1 092　1/16　印张：15　字数：480 千字
版　　次：2024 年 6 月第 1 版
印　　次：2024 年 6 月第 1 次印刷
定　　价：59.80 元

凡所购买电子工业出版社图书有缺损问题，请向购买书店调换。若书店售缺，请与本社发行部联系，联系及邮购电话：（010）88254888，88258888。

质量投诉请发邮件至 zlts@phei.com.cn，盗版侵权举报请发邮件至 dbqq@phei.com.cn。

本书咨询联系方式：（010）88254525，hantp@phei.com.cn。

前　言

人们通常认为世界是由物质、能量和信息组成的。人类社会的构成必须依赖人与人之间的信息交流。在原始社会中，人与人之间依靠声音、手势（肢体语言）和表情等进行信息交流，是直接的信息交流。在进入文明社会后，随着人们活动范围的逐渐扩大，出现了利用工具间接交流信息，例如烽火，这就是通信的起源。通信是人们利用工具间接传递信息。早期的通信是简单地利用光、声传递信息，或者用人力、畜力传送信息。直至十九世纪人类发现了电磁现象后，开始研发了电通信（即电信），包括有线电报通信、无线电报通信、有线电话通信、无线电话通信，直至今日的蜂窝网移动通信、光纤通信、卫星通信和互联网等。

1946 年电子计算机发明后，其应用得到迅速的发展，随之而来的是计算机之间需要传递数据。因此，除了人和人之间需要交流信息，出现了机器和机器之间传递信息（数据）的需求。今天物联网的出现，物体和物体之间的信息交流更是广泛地大量存在。这些需求将通信的内涵开拓得更加广泛。随之而来的现象是，通信科学技术不再仅仅是通信专业人员所必需的，有多种行业的人士和广大群众对于通信知识有着迫切了解的需求。本书正是在这一背景下编写的。本书的目的是，满足广大探求通信知识的群众的需求，普及通信知识，提高信息时代人们的信息素养。

本书介绍通信科学技术的全貌，从通信的范畴开始，讲述通信的发展过程，通信系统的基本概念，通信系统的主要技术，以及各种通信网的原理。特别对当前发展迅猛的移动通信网、互联网和物联网等给予着重阐述；基本避免了数学分析，特别是高等数学公式，从物理概念进行讲解。本书可作为高等学校通信工程专业一年级学生的专业导论课教材，所有理工科大专院校学生（例如，计算机、微电子、航空、航天、导航等）的选修课教材，也适合作为对通信科学技术有兴趣的各界人士的参考书和业余读物。

本书第 1 章主要介绍通信的发展历史。第 2 章讲解通信科学技术的基本概念，为初学者介绍通信系统入门知识，使初学者建立对通信系统各组成部分的基本概念。第 3 章介绍通信系统各部分的主要技术。第 4 章到第 14 章讲述各种通信网的组成和工作原理。第 15 章是对近年来受到广泛关注和得到实用的多输入多输出系统原理的阐述。本书各章之间基本没有密切关联，便于有选择地学习和阅读。例如第 4 章至第 15 章的内容可以根据不同学校和不同专业的特点，选学其中部分章节。书中还用二维码给出各处的补充资料，供读者选读。

本书结合各章内容所介绍的知识点，恰到好处地将科学精神、科学思维方法、爱国情怀等课程思政内容，以学生易接受的方式，潜移默化地融入教材中。

本书是**西安电子科技大学教材建设基金资助项目**。本书由樊昌信编著，参加本书编写的还有陆心如教授、张岗山副教授、周战琴女士。本书的编写自始至终得到电子工业出版社韩同平编审的大力支持和鼓励，并得到西安电子科技大学通信工程学院的鼎力支持，在此一并致谢。

书中存在的不当和错误之处，敬请读者批评指出，不胜感谢。欢迎将来信发到：chxfan@xidian.edu.cn（来信请务必注明真实姓名、单位、职务和地址，在校学生请注明所在院系和年级；否则不予回复）。

樊昌信

于西安电子科技大学

2024 年 4 月

目　录

第 1 章　绪　　论

1.1　肇始的通信

人类进入文明社会，有了语言和文字，并且有了交流语言和文字的需求。语言和文字是靠听觉和视觉感知的。或者说，两者分别是靠声和光信号传输消息的。声、光信号可以在发送者和接收者之间直接传递消息，也可以通过某种媒介传送。通过媒介传送消息都属于通信范畴。

最早用人力、驿马、信鸽等传送信件，即用人力或物力传送消息，称为运动通信（图 1.1.1）。现在用物力传送信件主要靠现代交通工具，例如飞机、火车和汽车等，驿站已经被“邮局”（图 1.1.2）取代，但是在偏远地区，例如中国西藏的一些山区，信件传递到收信人的最后一段距离，有时还是要靠步行或马匹。

图 1.1.1　驿站和驿马

图 1.1.2　珠峰邮局

自从发明电的应用以来，应用电技术进行通信的手段得到迅速的发展。电报和电话通信已经有一百多年的历史。

1.2　电 报 通 信

早期得到广泛应用的电报通信技术之一就是莫尔斯电码。在莫尔斯电码中直接用“点”和“画”的组合表示字母和数字。表 1.2.1 中给出了在 1865 年后被国际电信联盟（ITU）制定为标准的莫尔斯电码。以“点”的持续时间长度为 1 单位，则“画”的长度应为 3 单位，“点”和“画”的间隔时间为 1 单位，字符的间隔时间为 3 单位，字的间隔时间为 7 单位。由表 1.2.1 可见，表示每个英文字母的电码的持续时间长短不一，为了提高通信效率，应缩短英文字母的平均传输时间，故按照各字母出现的概率设计电码。英文字母中“E”的出现概率最大，所

表 1.2.1　ITU 规定的莫尔斯电码

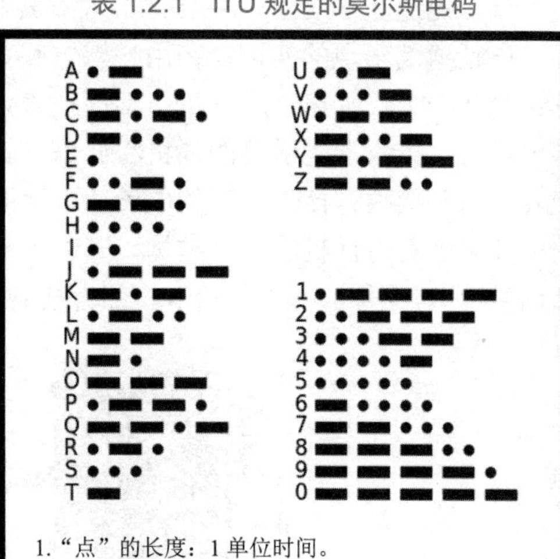

字符	电码	字符	电码
A	•—	U	••—
B	—•••	V	•••—
C	—•—•	W	•——
D	—••	X	—••—
E	•	Y	—•——
F	••—•	Z	——••
G	——•		
H	••••		
I	••		
J	•———		
K	—•—	1	•————
L	•—••	2	••———
M	——	3	•••——
N	—•	4	••••—
O	———	5	•••••
P	•——•	6	—••••
Q	——•—	7	——•••
R	•—•	8	———••
S	•••	9	————•
T	—	0	—————

1. “点”的长度：1 单位时间。
2. “画”的长度：3 单位时间。
3. “点”和“画”的间隔：1 单位时间。
4. 字符的间隔：3 单位时间。
5. 字的间隔：7 单位时间。

以莫尔斯电码只用一个“点”表示它。

在我国用莫尔斯电码发送汉字时，采用 4 位十进制数字表示一个汉字。例如，“中”字用“0022”表示，“国”字用“0948”表示。这样，4 位十进制数字最多可以表示 10^4 个汉字。在用这种方法对汉字编码时，需按照《标准电码本》（图 1.2.1）将每个汉字用 4 位阿拉伯数字编码，接收方收到这 4 位数字后，按照电码本找到对应的一个汉字。上述这些数字组合称为码组或代码（Code）。

过去，电报通信主要用电键（图 1.2.2）人工发送莫尔斯电码，用人耳收听电码的“滴答”声，然后用纸笔记录下来。随着计算机的广泛应用，我国已基本不再使用莫尔斯电码，但是在业余无线电等领域仍然在使用。

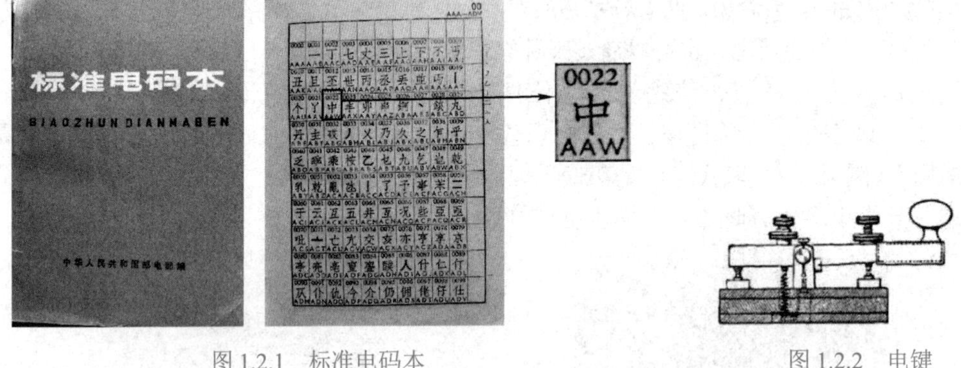

图 1.2.1 标准电码本

图 1.2.2 电键

1.3 电话通信

1.3.1 人工电话

电话通信是于 1876 年由来自苏格兰的移民、美国人贝尔（A. G. Bell）发明的。此后，电话通信迅速获得应用，并且许多人对其进行了改进。

电话通信出现的初期，在用户双方间直接架设电话线路。每部电话机包括一个发送语音的话筒和一个收听声音的耳机；话筒把声音变换成电信号，此电信号经过电话线传输到接收端电话机，接收端电话机的耳机将此信号转换成声音。在电话机中，还有呼叫对方的手摇铃流发生器和接收方接收呼叫的电铃。这种电话机称作磁石电话机（图 1.3.1）。图 1.3.1（a）示出壁挂式磁石电话机的内部结构，其中上部是手摇铃流发生器，下部是两个干电池（用于给话筒供电）。图 1.3.1（b）示出一部台式磁石电话机的外形。

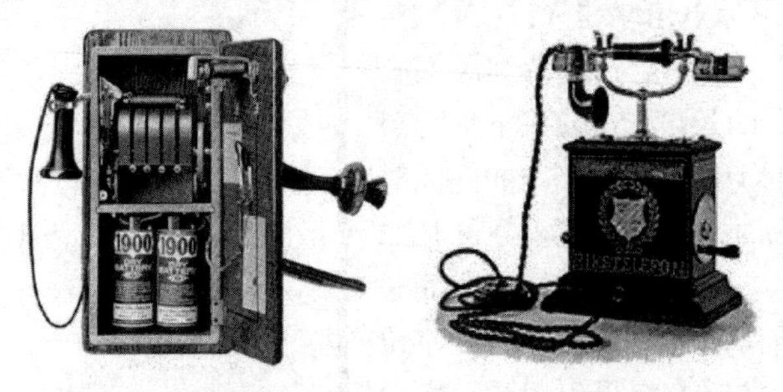

(a)壁挂式磁石电话机内部结构　(b)台式磁石电话机外形

图 1.3.1 磁石电话机

当有许多用户希望互相通话时，需要架设的线路数量急剧上升。例如，当有 100 个电话用户要求在任意两个用户间可以通话时，需要架设的线路数量将达到（100×99/2=）4950 条。为了减少需要架设的线路数量，不在用户之间直接架设通信线路，而是建立一个交换站，在所有用户和交换站之间架设线路。当两个用户需要通话时，交换站中的交换机将这两个用户的线路连接起来；通完话后，将其断开。若仍有 100 个电话用户，这时只需要架设 100 条通向交换站的线路就够了。节省架设大量线路的代价是需要建立一个交换站。这样一来，一个电话交换网就形成了。这时，要求发话的用户向交换机振铃，由交换站内的话务员将发话用户的线路和收话用户的线路进行人工连接；当通完话后，即由话务员拆线。这种交换机称为人工电话交换机（图 1.3.2）。

图 1.3.2　人工电话交换机

在有了交换机之后，用户的电话机可以由交换机供电，因而去掉了笨重的手摇磁石发电机和干电池。于是，磁石电话机改进成为共电式电话机。

1.3.2　自动电话

美国人史端乔（A. B. Strowger）于 1889 年发明了世界上第一台自动电话交换机，它被称为步进制自动电话交换机（图 1.3.3），可以代替人工接转电话线路。自动电话交换机连接通话双方的线路是靠机械机构来执行的，从而节省了大量人工，并且加快了连接线路的速度。这时在共电式电话机中，增加了一个呼叫对方时用于输入对方电话号码的拨号盘（图 1.3.4）。拨号盘按照每位电话号码发出相应数目的电脉冲，交换机收到这些电脉冲就得知需要接通的收话用户，并将收发用户双方的线路接通。直至 1970 年代，大多数电话机仍旧使用拨号盘输入电话号码。

图 1.3.3　步进制自动电话交换机

图 1.3.4　拨号盘电话机

随着电话网的发展，用户的电话号码位数不断增加，拨号盘需要发送的电脉冲数目也不断增加，拨号费时太长，另外这种方法易受干扰而出错，所以后来逐渐被双音多频（Dual-Tone Multi-Frequency，DTMF）按键键盘（图 1.3.5）所取代。这种键盘用不同频率的两个正弦波脉冲代表一位数字，发送一位数字仅需 0.08s 的时间，速度较快。

随着通信网的建设和发展，后来又逐步设计出多种性能更好的自动电话交换机，例如纵横制交换机等。但是自动电话交换机有机械结构复杂、易出故障，且噪声大的缺点。在 1970 年代后期，数字计算机应用普及后，逐渐由数字计算机的程序控制进行交换，代替了机械动作；这种计算机就称为程（序）控（制）电话交换机（图 1.3.6）。程控电话交换机体积小、可靠性高，并且运行安静，是目前广泛应用的电话交换机。

图 1.3.5　按键键盘电话机

图 1.3.6　程控电话交换机

1.3.3　电话线路

最初连接用户的电话线路是沿街道架设的架空明线线路。架空明线是架设在电线杆上的裸铜线。在发明电话仅 4 年后，于 1880 年在美国纽约市某条街道上的架空明线线路已经达到 350 条（图 1.3.7）。为了满足架设日益增长的线路需求，将许多对绝缘电线聚合在一起制成电话电缆，见图 1.3.8。一根电缆中可以有几十或几百对电线，这种电缆可以架设在电线杆上，也可以埋入地下。电话电缆最大的甚至有 1800 对电线（图 1.3.9）。

图 1.3.7　1880 年纽约街貌

图 1.3.8　电话电缆

图 1.3.9　1800 对电线的电话电缆的截面

1.3.4　光纤线路

上面介绍的电话线路是传输电信号的。光波也可以用来传输信号。除了在自由空间中光信号可以远距离传输，长期没有找到可以长距离传输光信号的媒体。直至 1966 年华裔科学家**高锟**（1933—2018 年）（图 1.3.10）首次提出将玻璃纤维作为光波导用于通信的理论，奠定了光纤线路发展和应用的基础。因此，他被认为是“光纤之父”。 光纤（Fiber-optics, 或 Optical fiber）和电缆相比，其优点在于传输带宽更宽，

图 1.3.10　高锟

传输距离更长，并且不受电磁波的干扰。由于它的这些优点，从 1970 年代起，光纤就在核心通信网络中逐渐代替铜线，目前光纤线路在我国许多城市已经进入家庭。光纤已经成为主要的有线传输媒体。

1.4 无线电话通信

1.4.1 早期的无线电话

1895 年意大利人马可尼（G. Marconi）成功地进行了无线电报通信试验，开创了无线电通信的新纪元。无线电话通信则最早出现于 1918 年，德国的铁路系统在柏林和左森之间的军用列车上试验了无线电话通信。在第二次世界大战中，摩托罗拉公司研制出了手持式步话机（Walkie-talkie）（图 1.4.1）。至 1946 年，贝尔实验室研发出的无线电话系统开始能和公共有线电话网相连接。但是这种系统在一定地域范围内只能提供很少的通信频道，这就限制了无线电话通信应用的发展。例如，至 1948 年美国电话电报公司（AT&T）才把移动电话业务发展到 100 个城市和公路附近；用户只有 5000 个，每周大约有 3 万次通话。在任何一个城市同时只能有三对无线电话用户通话。

图 1.4.1 手持式步话机

1.4.2 蜂窝电话网

上述的无线电话通信可以称为第 0 代移动通信。1968 年贝尔实验室提出蜂窝电话网的概念。蜂窝电话网工作的关键原理就是重复使用频率。为了使很多的用户能够同时进行无线电话通信，无线电话网就需要占用很宽的频率范围，并且在此频率范围内的无线电波传播的距离只有几千米至几十千米，因此可以在此距离以外重复使用同一频率同时通话而没有互相干扰。这样就能大大增加同时通话的用户数量。为此，把地面划分成正六边形蜂窝状结构（图 1.4.2）。例如，某一用户在一个正六边形小区中使用频率 f_a 通话时，在距离较远（相隔一个小区）的小区中，可以同时使用频率 f_a 通话。在实际情况中，一个用户的发射电波不会恰好局限在一个正六边形范围内。蜂窝状结构只是一个理论模型。正因为如此，需要相隔较远的小区才可以使用同一频率同时通话。由于可以重复使用频率，使蜂窝网能够容纳大量的用户同时通话。至 1981 年，在北欧国家建立了第一个民用蜂窝电话网，才实际解决了频道数量限制无线电话广泛使用的问题。这种蜂窝网电话系统称为第 1 代（1G）移动通信系统，第 1 代移动电话手机，有如一块砖头，个头大且笨重，只能用来打电话（图 1.4.3）。于 1991 年在北欧开通了第 2 代（2G）移动通信系统，由于采用了数字信号传输，其信号质量有了很大提高，并且可以传输文字（数据）。

此后，蜂窝网电话系统快速发展，出现了第 3 代（3G）、第 4 代（4G）等，目前已经进入第 5 代（5G）。第 3 代在第 2 代的基础上提高了通信速度和可以进行保密通信，实现了多媒体通信和国际漫游。第 4 代大大地提高了小区的容量，信息传输速率要比第 3 代移动通信技术的信息传输速率高一个数量级，能够传输高质量的视频图像和高速下载数据。第 5 代的传输速率比 4G 快数百倍，整部超高清晰度电影可在 1s 之内下载完毕，用智能终端可以分享

3D 电影、游戏以及超高清晰度节目。

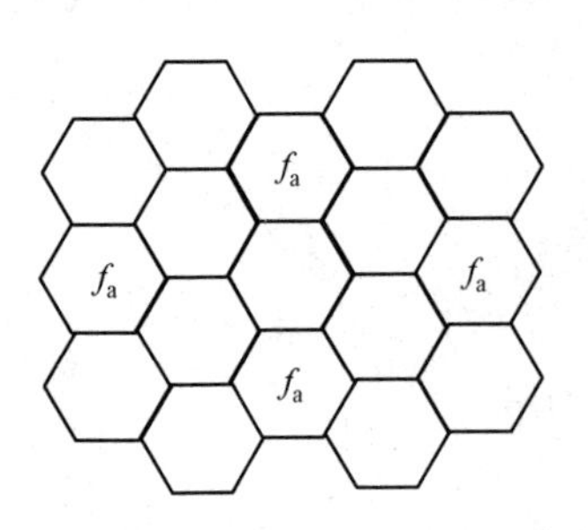

图 1.4.2　正六边形蜂窝状结构

图 1.4.3　第一代移动电话手机

1.4.3　手机的发展

从 2G 时代开始，蜂窝网的手机体积在逐步减小，通话质量逐步提高，并且从 3G 开始出现了智能手机。智能手机是由掌上电脑演变而来的。最早的掌上电脑并不具备手机通话功能，但是随着用户对于掌上电脑的个人信息处理方面功能依赖的提升，又不习惯于随时都携带手机和掌上电脑两种设备，所以厂商将掌上电脑的系统移植到了手机中，于是才出现了智能手机这个概念。

智能手机是指像个人电脑一样，具有独立的操作系统，独立的运行空间，可以由用户自行安装软件、游戏、导航等第三方服务商提供的程序，并可以通过移动通信网络来实现无线网络接入的手机类型的总称。世界公认的第一部智能手机诞生于 1993 年，它也是世界上第一款使用触摸屏的智能手机。智能手机具有照相机、指南针、手电筒、计步器、镜子等多种人们日常需用的功能，以及自动旋转屏幕、自动调节屏幕亮度等功能。

手机从第 1 代像笨重的“砖头”样到当今的薄片状的智能手机，经历了多次不断改进，这主要归功于集成电路、液晶屏、传感器等的进步。图 1.4.4 示出历代手机的演进过程。

图 1.4.4　手机的演进过程

1.5　数 字 通 信

1.5.1　数字信号

上面简述了人和人之间的通信发展历程。自从计算机发明后，就出现了计算机和人之间，以及计算机和计算机之间通信的需求。现在的计算机都是数字计算机，在计算机中数值的大小常用有限位的二进制数表示，即其数值是离散的。因此，计算机需要传输的信号称为数字信号。传输数字信号的通信称为数字通信。

数字通信实质上就是前述电报通信发展的高级阶段。在前面提到过的用莫尔斯电码传送汉字时，用十进制数字表示一个汉字。在数字通信中，与计算机普遍采用的二进制数字一样，主要采用二进制数字，即用 0 和 1 两个数字。二进制数字和十进制数字的对应关系如表 1.5.1 所示。

在通信系统中，用电压（电流）表示二进制数字有不同的方法，例如用 0 伏电压表示数字“0”，用 V 伏电压表示数字“1”；或者用 V 伏电压表示数字“1”，用$-V$ 伏电压表示数字“0”，如图 1.5.1(a)和(b)所示。

表 1.5.1　二进制数字和十进制数字的对应关系

十进制数字	二进制数字	十进制数字	二进制数字
0	0	5	101
1	1	6	110
2	10	7	111
3	11	8	1000
4	100	9	1001

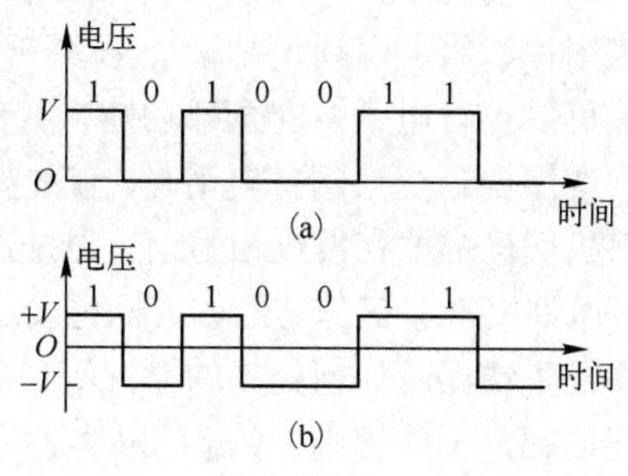

图 1.5.1　用电压表示数字

1.5.2　模拟信号

原始的声音信号（图 1.5.2）不是数字信号，其电压的大小是连续变化的，称为模拟信号，而数字信号的取值是离散的。若将模拟信号的连续取值近似为数字信号，就能和其他数字信号一起在数字通信系统中传输。将模拟信号的连续取值近似为离散值的过程，称为量化（Quantization）（图 1.5.3）。模拟信号经过量化后，会有误差（失真），但是若量化的误差很小，达到能够容受的程度，就可以实际采用。在图 1.5.3 中，阶梯形曲线是量化后的信号波形。

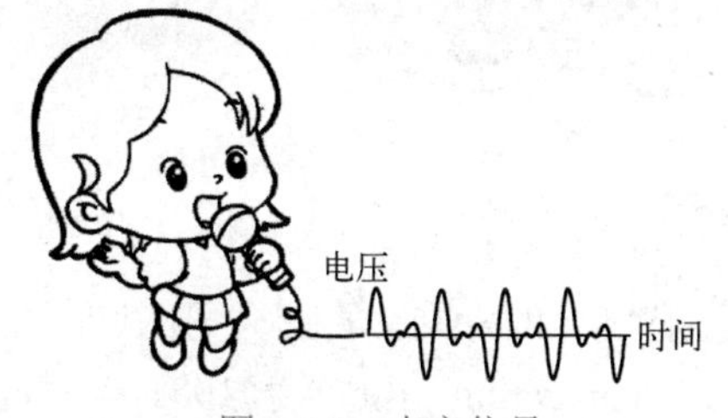

图 1.5.2　声音信号

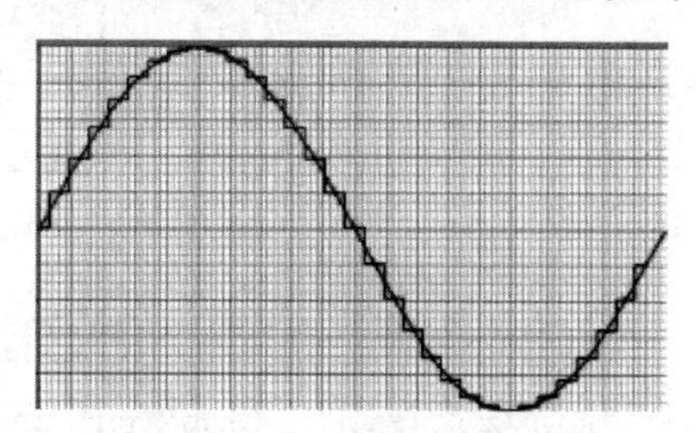
图 1.5.3　模拟信号的量化

将模拟信号量化后，再编成二进制码，和计算机的数字信号一起传输，可以得到很多好处，在本书后面将专门讨论。

1.5.3　数据通信网

数字数据通信网简称数据通信网，它是由计算机组成的网，按照覆盖范围，从大到小可以分为广域网（Wide Area Network，WAN）、城域网（Metropolitan Area Network，MAN）、局域网（Local Area Network，LAN）、个人网（Personal Area Network，PAN）、体域网（Body Area Network，BAN）（图 1.5.4）。广域网的覆盖范围可达几千千米。城域网的覆盖范围为一个城市，一般为 50 km 范围以内。局域网的覆盖范围较小，一般为一幢建筑物或一个庭院的范围。个人网的覆盖范围一般在 1m 以内。体域网是可穿戴的计算设备的无线网络。可穿戴设备可以与人们携带的东西一起，放在衣

主机间距离	各主机位置	
1 m	$1m^2$内	个域网
10 m	室内	局域网
100 m	楼内	
1 km	校园内	
10 km	市内	城域网
100 km	国内	广域网
1000 km	洲内	
10 000 km	全球	

图 1.5.4　数据通信网按照覆盖范围分类

服口袋中、拿在手中或放在各种袋子里。体域网的设备也可以是植入体内的，或者安装在身体表面的一个装置。

用于传输数字信号的通信网传输的内容包括：信件、数字语音、数字音频（音乐等）、数字图片、数字视频（图像）、计算机软件、计算数据、控制指令等。实质上，数据通信网的功能可以包含电话网的全部功能，目前这两大通信网和电视网，三者正在走向逐步合并中。

在用电话交换网打电话时，首先要拨号，通知电话交换机要和谁通话。在数据通信网中，计算机同样需要在发送信号前，先发送通信对方的地址（编号）。此外，还需要为传输数字信号，做许多准备工作。例如，标记发送信号的“头”和“尾”；加入某种信息，以解决传输过程中发生错误时如何处理的办法等。和模拟通信网相比，这些附加的工作相当复杂，并且为此还要制定一些规则，使通信网中各方的计算机都明了和遵守这些规则，才能顺利进行通信。

单个计算机是通过集线器（Hub）或数据交换机连接成计算机网的（集线器和数据交换机的介绍，详见 7.2.3 节）。范围很大的数据通信网是由许多计算机网组成的，这些计算机网是通过路由器（Router）互连起来的（路由器的介绍，详见 7.2.4 节）。多个计算机网互连的网络称为互连网（internet）（图 1.5.5）

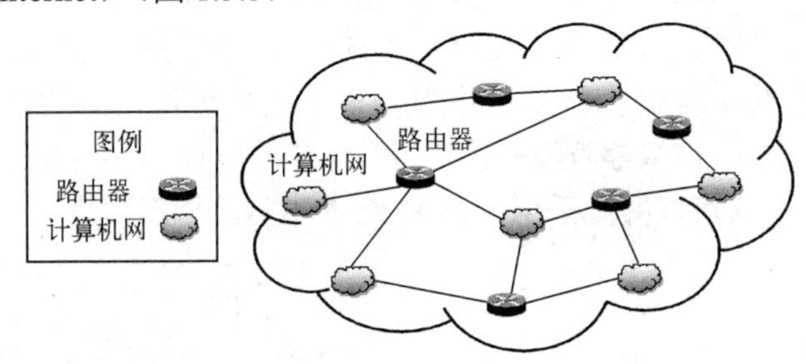

图 1.5.5　由计算机网组成的互连网

为了解决各计算机公司生产的产品性能规格没有统一的标准，不同公司的产品之间很难互连问题，国际标准化组织（International Standard Organization，ISO）于 1981 年制定了开放系统互连参考模型（Open System Interconnection Reference Model），简称 OSI。OSI 虽然在理论上很好地解决了计算机网络互连问题，但是不太实用，反而是非国际标准的 TCP/IP 标准成为了目前广泛使用的事实上的国际标准。按照 TCP/IP 标准建立的互连网则称为互联网（Internet）。需要注意，这里的互联网和上面的互连网汉字发音相同，写法则相差一个字，英文名称的区别仅在于字头的字母大小写不同。

1.5.4　互联网

互联网是应用 TCP/IP 协议连接许多计算机网的全球网络系统，它连接各种计算机网，如专用网、公用网、学术网、商业网和政府网。互联网能够传输大量的各种信息和提供多种应用，例如万维网（WWW）、电子邮件、电话业务、文件传输、电子商务、网上购物、电子政务、信息检索、网络社交（微信、QQ、博客、微博）、网络游戏、网络视频、云盘（互联网存储工具）等。

互联网由于大量的在线信息、商业、娱乐和网络社交而迅速发展。这种快速的增长率要归功于没有中央管理机构，因而容许网络自由发展，以及互联网协议的非专利性，鼓励供应商之间互通，防止任何公司的网络受到太多控制。

物联网中一种非常重要的应用就是在人造地球卫星和地面物体之间建立联系，为任何地面物体提供坐标信息，即提供地面物体的位置信息，并且还能测定移动物体的运动速度，和提供精确的时间。这就是全球卫星定位系统，又称全球导航卫星系统（GNSS）。

互联网应用发展的又一新领域是区块链（Block chain）。区块链是一种新型的数据库，其特点是去中心化、公开、透明、匿名性、信息不可篡改，并且是每人都可以参与记录的，所以区块链也可以看作一个分布式账本。简单说来，区块链就是一个特殊的分布式数据库。

上述物联网、卫星定位系统和区块链等新应用，在后面另辟专章给予介绍。

本章从原始的通信开始，简述了通信科学技术的发展历程，概括地介绍了后续各章讲解的通信科学技术的原理和性能。

本书对于通信的基本概念和主要科学技术给予了通俗的讲解，将初学者领入通信科学技术的大门。

1.6 小 结

- 通过媒体传送消息都属于通信范畴。用人力或物力传送消息称为运动通信。
- 早期广泛应用的电报通信技术采用莫尔斯电码。最早应用的电话机是磁石电话机。最早应用的电话交换机是人工交换机，后来不断改进为自动电话机和程控交换机。
- 最早的电话线路是架空明线，后来改进为电缆。在光纤发明后，光纤在核心通信网络中逐渐代替铜线，成为主要的有线传输媒体。
- 无线电话于 20 世纪初期开始试用，在第二次世界大战中，无线电话曾经在军队中较多地采用。直到 1980 年代，随着蜂窝电话网的出现，无线电话才逐渐得到广泛应用。蜂窝电话网工作的关键原理就是重复使用频率。蜂窝网电话系统快速发展，目前其应用已经发展到第 5 代。
- 手机从第一代像“砖头”样的笨重发展到当今的薄片状的智能手机，这主要归功于集成电路、液晶屏、传感器等的进步。
- 传输数字信号的通信称为数字通信。数字通信中主要采用二进制数字，即用 0 和 1 两个数字。
- 将模拟信号的连续取值近似为离散值的过程，称为量化。将模拟信号量化后，再编成二进制码，和计算机的数字信号一起传输，有很多好处。
- 数据通信网是由计算机组成的网，按照覆盖范围，可以分为广域网、城域网、局域网、个人网、体域网。为使网中计算机能顺利进行通信，需要制定一些各计算机必须遵守的规则。
- 多个计算机网通过路由器互连起来的网称为互连网。按照 TCP/IP 标准建立的互连网则称为互联网。
- 互联网能够传输大量信息和提供多种应用，例如万维网、全球卫星定位系统、物联网、区块链等。

习题

1.1 试述通信的范畴。

1.2 何谓运动通信？

1.3　磁石电话机中的手摇发电机和干电池分别有何用途？

1.4　若用莫尔斯电码发送“LOVE”，需要多少单位时间？

1.5　早期的无线电话为什么不能推广应用？

1.6　蜂窝电话网为什么能够容纳大量的用户同时通话？

1.7　何谓数字通信？

1.8　将十进制数字 17 转换成二进制数字。

1.9　何谓量化？

1.10　何谓数字通信？数字通信中主要采用何种进制的数字？

1.11　数据通信网按照覆盖范围分类，可以分为哪几种？

1.12　什么是互连网？什么是互联网？

1.13　路由器的功能是什么？

1.14　什么是物联网？

1.15　全球卫星定位系统能够提供地面物体的什么信息？

1.16　什么是区块链？

第 2 章　通信科学技术的基本概念

2.1　消息、信号和信息的概念

2.1.1　什么是消息、信号和信息？

消息（Message）是物质状态或精神状态的一种反映，是通信系统传输的对象。消息具有不同的形式，例如语音、文字、音乐、数据、图片或图像等。同样一种消息，例如天气，可以用文字表述，也可以用声音表述。消息可以分为连续消息和离散消息两类。连续消息的状态是连续变化的，例如声音、温度和速度等。离散消息的状态是离散的、可数的，例如计算机数据、文字等。

信号（Signal）是消息的载体，包括电信号、光信号和声信号。在电信系统中，为了传输消息，必须先将消息转变成电信号（如电压、电流、电磁波等）。与连续消息和离散消息相对应，信号也分为连续信号和离散信号。

信息（Information）是构成世界的三大要素之一，此三大要素即物质、能量和信息。爱因斯坦的狭义相对论已经证明，物质和能量可以互换，物质可以转换为能量，能量可以转换为物质；而信息就是信息，不是物质，也不是能量。

简要地说，在通信理论中，信息是消息中包含的有效内容，它能使消息所描述事件的不确定性减小。例如，若消息是“太阳是从东方升起的”，它所描述的事件是确定事件，没有不确定性，则此消息所包含的有效内容等于零，即它所包含的信息等于零。

通信的目的是传递消息中所包含的信息，即接收消息的人所希望知道的东西。信息可以用不同的消息形式传输。例如，若天气预报的内容只有 4 种：晴、云、阴、雨（图 2.1.1），则它可以用语音传输，可以用文字传输（可以用中文，也可以用英文或其他文字），还可以用图形传输，但是接收者所需要知道的只是这四种天气中的哪一种，也就是消息中包含的内容。

晴	clear	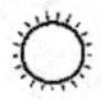
云	cloud	
阴	overcast	
雨	rain	

图 2.1.1　四种天气消息

综上所述，消息、信号和信息之间既有联系又有不同，即信号是消息的载体，信息则是消息的有效内容。

2.1.2　信息量

信息量的多少如何衡量呢？用运输货物做比喻，汽车、火车、飞机、马车等都可以运输货物，接收货物的人主要关心的是货物，而不是运输货物的工具。运输的货物量多少常用质量去衡量。信息可以与货物做类比。美国数学家香农（C. E. Shannon）（图 2.1.2）用概率论作为数学工具，

图 2.1.2　香农

以消息的不确定性定义信息量，以此来度量消息中信息的多少。

仍以天气预报为例，若只用晴和雨 2 种状态预报天气，接收者得到的是比较粗略的信息；若用晴、云、阴、雨 4 种状态预报天气，接收者得到的是比较清楚的信息，换句话说得到了比较多的信息；若用晴、云、阴、雨、雾、雪、霜、霾 8 种状态预报天气，接收者就得到了更详细的信息，即得到了更多的信息。因此，若把天气预报作为一个事件，则一次天气预报的各种可能性越多，即每种天气出现的可能性（概率）越小，接收者得到的信息量就越大。对于确定的事件，例如“太阳从东方升起”，其出现的概率为 1（最大），接收者得到的信息量为 0。也就是说，这种消息没有必要传输，因为对方（接收者）从中得不到什么新信息。

按照上述思路，香农把一个消息（事件）包含的信息量用其出现的概率定义为：

$$I=\log_2\frac{1}{P(x)} \quad \text{比特}^{①}\text{（b）} \tag{2.1.1}$$

式中，I 为信息量；$P(x)$为事件 x 出现的概率。

在上面天气预报的例子中，若只用晴和雨 2 种状态预报天气，并且假设这 2 种状态出现的概率相等，即 $P(x) = 1/2$，则每种状态消息的信息量等于：

$$I=\log_2\frac{1}{1/2}=1\text{b} \tag{2.1.2}$$

若用晴、阴、云、雨 4 种状态预报天气，并且假设这 4 种状态出现的概率相等，即 $P(x) = 1/4$，则每种状态消息的信息量等于：

$$I=\log_2\frac{1}{1/4}=2\text{b} \tag{2.1.3}$$

同理，若用晴、阴、云、雨、雾、雪、霜、霾 8 种状态预报天气，并且假设这 8 种状态出现的概率相等，即 $P(x) = 1/8$，则每种状态消息的信息量等于：

$$I=\log_2\frac{1}{1/8}=3\text{b} \tag{2.1.4}$$

香农用数学方法给出了信息量的定义，从而开辟了把数学引入通信理论的一个崭新领域，为提高通信系统的传输效率和可靠性研究开辟了一条康庄大道。香农创立的信息论是通信理论的最重要的理论基础之一。

2.2 信号概述

信号是用于传递消息的。信号有多种，可以分为非电信号和电信号两大类。例如旗语、哨声是非电信号，电话、电报是电信号。电信号是随时间变化的电压或电流，它反映消息的变化。在数学上它可以表示为时间的函数，按照此时间函数画出的曲线称为信号波形。在本书中只讨论电信号，故后面提到信号时都是指电信号。

2.2.1 模拟信号

用电信号传输消息时，首先要把消息转换成电信号。例如，人的语音是一种声音或

① 比特是信息量的度量单位，是由英文 Bit 音译而来的。

称声波，它由人的声带振动，扰动空气，形成声波，传递入耳，听之为声。所以语音是一种空气振动波。在用电信号传输语音时，首先要用传感器（话筒）把声波转换成电信号。在图 2.2.1 中给出了一段语音信号电压随时间变化的曲线，其横坐标是时间，纵坐标是电压。

静止图像，例如一张照片，在用电信号传输时可以把照片上的图像看成是由非常多的称为“像素”的“点”构成的。传输时要把每“点”图像的亮度转换成电压再传输，若是彩色图像还要把色彩转换成电压再传输。为此，通常沿水平方向逐行扫描（图 2.2.2），把每行逐个“点”上的图像亮度（和色彩）转换成电信号。当行数很大时（数百行至 1000 多行），因为人眼的分辨率有限（一般人眼的分辨率在 3～5 角分之间[①]），所以看到的是一个完整的画面。对于活动图像，则先把图像按照时间分解成一帧一帧的静止图像，再用上述传输静止图像的方法逐帧传输。由于人眼的视觉暂留时间是 0.05s，因此，当逐帧传输的图像超过每秒 24 帧的时候，人眼便无法分辨每幅单独的静态图像，因而看上去是平滑连续的活动图像。

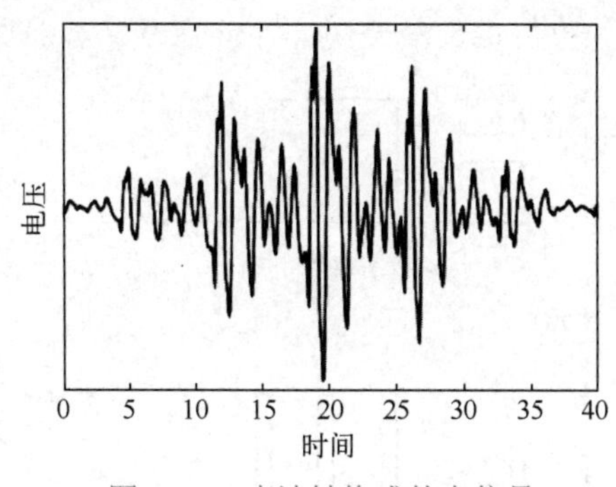

图 2.2.1　声波转换成的电信号

图 2.2.2　图像的扫描

上述语音和图像信号的电压都是可以连续取值的，即电压值可以是任何实数，这种信号称为模拟信号。

2.2.2　数字信号

数字信号不同于模拟信号，其可能的取值是不连续的。例如，计算机键盘输出的信号是数字信号，其电压仅取 2 个值，可以用“1”和“0”表示（图 2.2.3）。若用“1”表示高电平，“0”表示低电平，则表示键盘上的 26 个大写英文字母的电平可以用表 2.2.1 中的数字 1 和 0 编码表示。

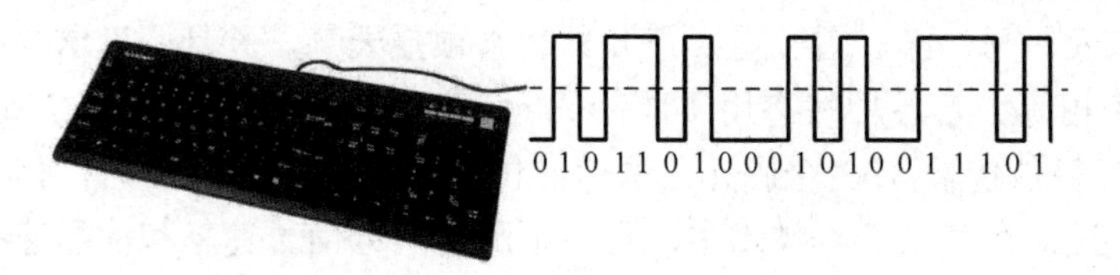

图 2.2.3　计算机键盘输出的数字信号

① 百度百科：角分，又称孤分，是角度度量的单位。

表 2.2.1　大写英文字母的编码

A	1000001	H	0001001	O	1111001	V	0110101
B	0100001	I	1001001	P	0000101	W	1110101
C	1100001	J	0101001	Q	1000101	X	0001101
D	0010001	K	1101001	R	0100101	Y	1001101
E	1010001	L	0011001	S	1100101	Z	0101101
F	0110001	M	1011001	T	0010101		
G	1110001	N	0111001	U	1010101		

这里需要注意的是，区分模拟信号和数字信号的准则，是看其表示信息的取值是连续的还是离散的，而不是看信号在时间上是连续的还是离散的。数字信号在时间上可以是连续的，模拟信号在时间上也可能是离散的。用最简单的波形表示的情况下，代表数字信号一个取值的波形称为一个码元，见图 2.2.4。

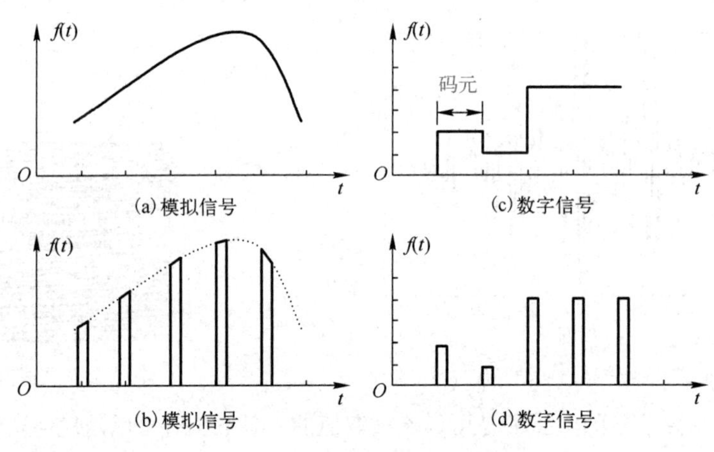

图 2.2.4　模拟信号和数字信号

2.2.3　信号传输速率

数字信号的传输速率可以按照每秒传输多少个码元计算，称为码元速率；码元速率的单位是波特，即

$$\text{波特} = \text{码元数/秒} \tag{2.2.1}$$

每个码元含有的信息量则和可能出现的不同码元的数量有关。仍以上述天气预报为例，假设用晴、阴、云、雨、雾、雪、霜、霾 8 种状态预报天气，并且假设这 8 种状态中每一种状态的出现概率相等。若各种状态用不同的码元表示，则每个码元含有 3 比特的信息量[见式（2.1.4）]。当每秒传输 100 个码元，即信号传输速率是 100 波特时，信息传输速率等于 300 比特/秒。不过，在通信工程技术中，常常不严格区分信号速率和信息速率，常说信号传输速率是 100 波特（Baud）或 300 比特/秒（b/s）。

和上述信号的分类方法相对应，通信可以分为数字通信和模拟通信，通信系统也可以分为数字通信系统和模拟通信系统。这两类通信（通信系统）的特性迥然不同，所以通常对它们分别进行讨论。

2.3　模拟通信和数字通信

用电信号传递消息，最早是从传递文字开始的，然后是传递语音。这就是说，电信最早传输的是数字信号，即最早的电信是传输数字信号的数字通信，然后才是传输模拟信号的模拟通信。信源产生的是原始的数字信号和模拟信号。由于传输信道中的噪声干扰和信道性能不良，接收信号波形可能产生变形，或者说会产生失真，而且这种失真通常很难完全消除，故对传输的模拟信号的接收质量造成较大影响。对于数字信号则不然，当数字信号的传输失真不是很大时，由于数字信号的可能取值数目有限，可以不影响接收端的正确接收（判决）。此外，在有多次转发的线路（见图 2.3.1）中，每个中继站都可以对有失真的接收信号加以整形，消除沿途线路中波形误差的积累，从而使得经过远距离传输后，在接收端仍能得到高质量的接收信号。在图 2.3.2 中给出了失真的数字信号和经过整形后恢复的数字信号波形示意图。

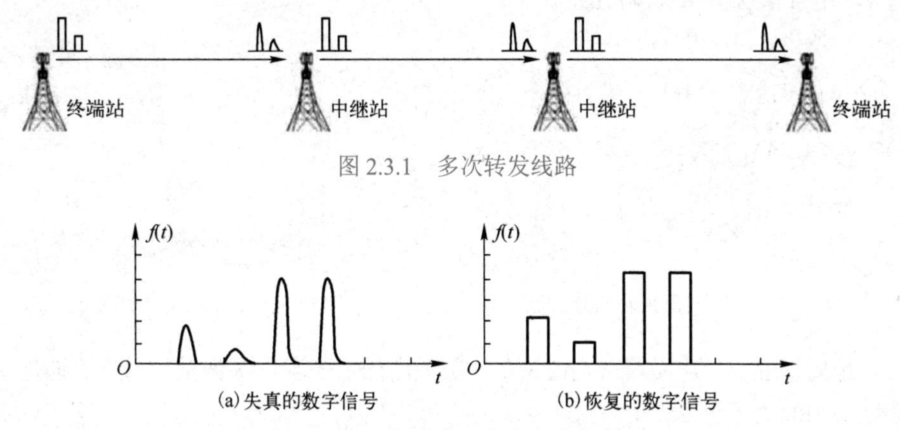

图 2.3.1　多次转发线路

(a) 失真的数字信号　　(b) 恢复的数字信号

图 2.3.2　数字信号波形的失真和恢复

数字通信还有一些优点。例如，在数字通信系统中，可以采用纠错编码等差错控制技术，减少或消除错误接收的码元，从而大大提高系统的抗干扰性；可以采用保密性极高的数字加密技术，从而大大提高系统的保密度；可以用信源压缩编码方法（见 3.8 节）压缩数字信号，以减小冗余度，提高信道利用率。

由于数字通信具有上述许多优点，因此若把信源产生的模拟信号转化成数字信号再传输，就可以获得数字通信的这些优越性能。这种转化就叫作模拟信号的数字化。目前，电话、电视等模拟信号几乎无例外地数字化后采用数字传输技术进行远距离传输。仅在有线电话从电话局接至用户终端的一段电路中，以及在无线电广播和电视广播等少数领域有些还在使用模拟传输技术；但是即使在这些领域，数字化也在逐步发展和取代过程中。模拟信号数字化后，还可以和信源输入的数字信号综合起来，在数字通信系统中传输。因此，数字通信是当前通信技术的主流发展方向。

2.4　信号频谱的概念

“频谱”（Frequency spectrum，简称 Spectrum）一词最早用于光学。日光通过三棱镜或雨滴后分解成彩虹，彩虹是不同颜色的光（从红光到紫光）构成的光谱。光波也是电磁波，在光谱中红光的频率最低，紫光的频率最高，所以光谱就是不同频率光波的频谱（见二维码 2.1）。

二维码 2.1

由严谨的数学分析（傅里叶分析）可证明，一个信号的波形可以分解成许多不同频率的正弦波，或者说信号可以看成是由许多不同频率的正弦波组成的。设这些正弦波可以用公式 $f(t)=A\sin(2\pi ft+\theta)$表示，其中频率 f 的单位是赫兹（Hz），即每秒的周期数；振幅 A 若代表电压，其单位是伏特（V）；相位 θ 的单位是度（°）或弧度（rad）。下面用图粗略地说明频谱的概念。图 2.4.1 中蓝色波形包含频率为 50Hz、150Hz 和 250Hz 的三个正弦波；而图 2.4.2 中的矩形波包含许多（无穷多）个不同频率的正弦波（见二维码 2.2）。这些正弦波的频率与其振幅和相位的（函数）关系就是频谱。需要指出的是，这里频谱是复函数，即每个频率上的信号有其振幅 A 和相位 θ，用数学公式表示为 $A\mathrm{e}^{\mathrm{j}\theta}$。

二维码 2.2

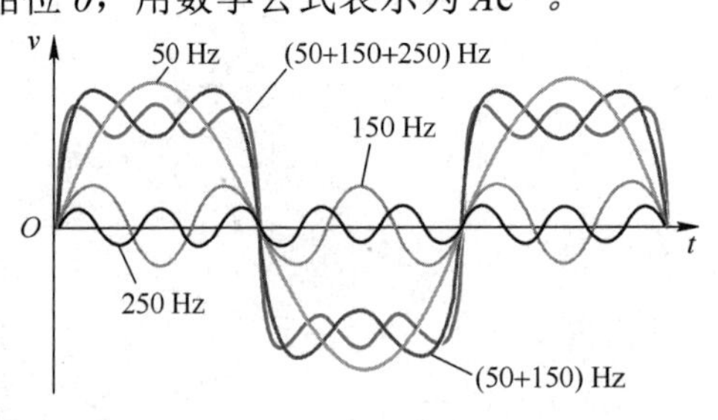

图 2.4.1　三个正弦波的合成波

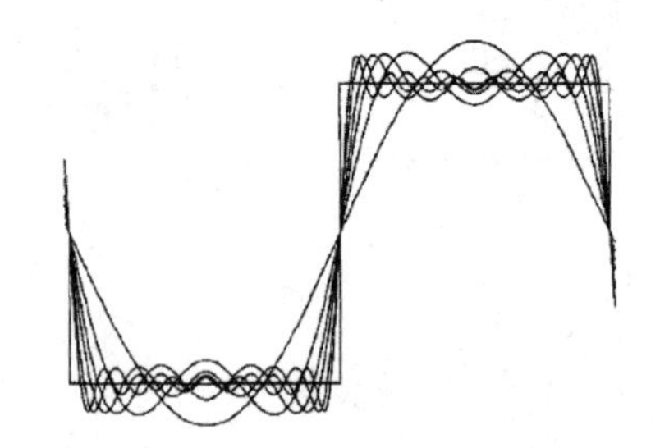

图 2.4.2　矩形波的合成

若信号是周期性的，则其频谱是离散的，在频谱图上表现出离散的谱线。周期性信号 $f(t)$ 的定义是它必须满足下列条件：

$$f(t)=f(t+T),\quad -\infty \leqslant t \leqslant \infty$$

式中，T 为周期。必须注意在上式中 t 的条件是从负无穷大到正无穷大，即必须从$-\infty$到∞上式都成立时才能称其为周期性函数。

在图 2.4.3 中给出的周期性矩形脉冲波形（注意：周期性的波形是在时间上从负无穷大延续到正无穷大的，在此图中只画出了 3 个波形）的离散频谱 C_n 示于图 2.4.4 中（图中只画出了频谱的振幅$|C_n|$，没有画出其相位）。若信号是非周期性的，则其频谱是连续的。在图 2.4.5 和图 2.4.6 中给出了一段声音波形及其连续频谱（图中只画出了频谱的振幅，没有画出其相位）。

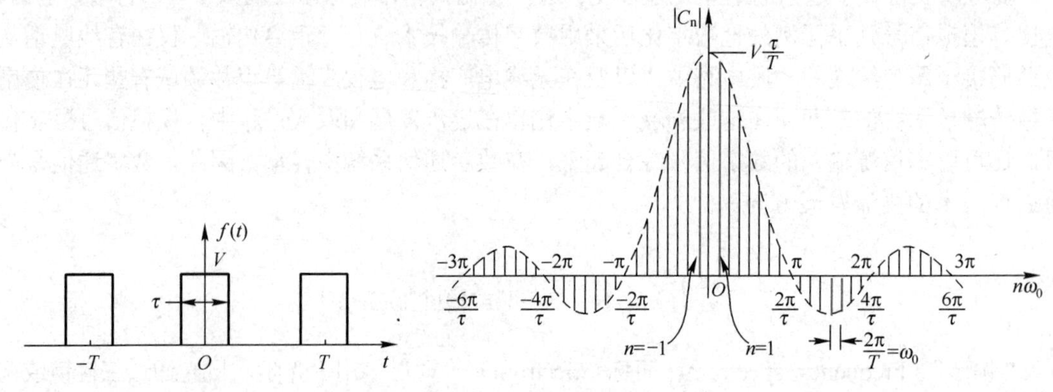

图 2.4.3　周期性矩形脉冲波形，横轴是时间　　图 2.4.4　周期性矩形脉冲的离散频谱，横轴是频率

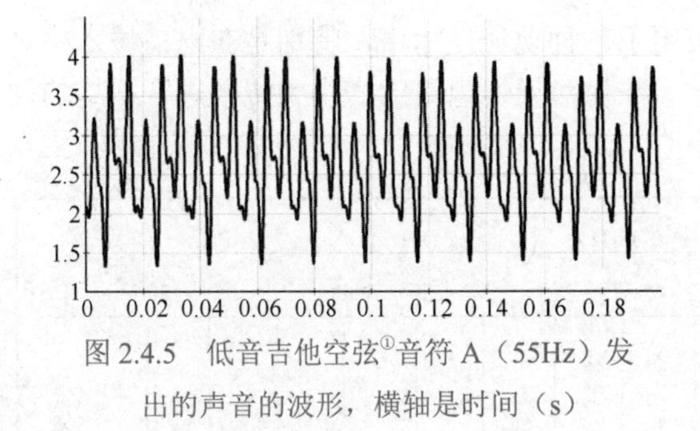

图 2.4.5 低音吉他空弦[①]音符 A（55Hz）发出的声音的波形，横轴是时间（s）

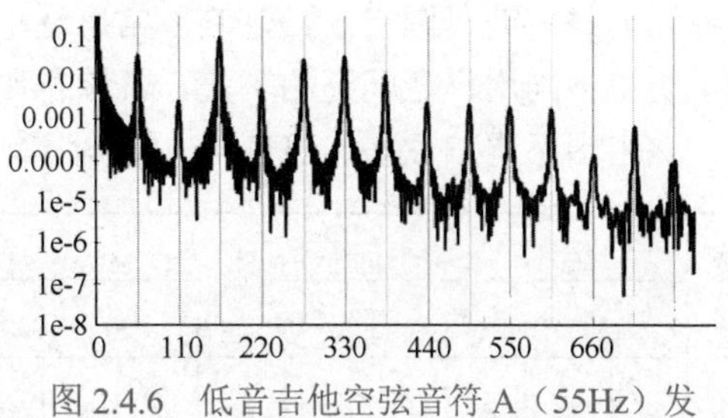

图 2.4.6 低音吉他空弦音符 A（55Hz）发出的声音的连续频谱，横轴是频率（Hz）

上述离散频谱和连续频谱是有本质区别的。在离散频谱的每根谱线的频率上都存在确定值的电压，所以其纵坐标表示的是电压值（V）；而在连续频谱中，只有在一个频率区间上才有确定的信号电压值，其纵坐标是电压密度（V/Hz），即每单位频率范围内的电压值；其纵坐标值乘以频率区间的宽度才是在这一频率范围内的信号电压值。上述结论是数学分析的结果。

我们关心信号频谱的原因是频谱给出信号在频域中的性质。在通信系统中，传输线路和通信设备中的各种电路都具有各自的频率特性，频率特性表示电路对不同频率正弦波的振幅和相位的影响；信号的频谱必须和它所传输的线路的频率特性相适应，否则信号可能受到损害，好像鞋子必须和脚相适应一样。例如，若信号的频谱所占用的频带宽度（带宽）比传输线路的传输带宽更宽，则信号在传输中会受到损伤。损伤小时，会影响接收质量；损伤大时，可能使信号无法接收。用运输货物做比喻，车辆的宽度必须小于道路的宽度，车辆才能通过（图 2.4.7）。

图 2.4.7 道路宽度必须大于车辆宽度

信号按其频谱占用的频带位置不同，可以区分为基带信号和带通信号。基带信号是来自信源的原始信号，其频谱可以（不必须）自直流分量（即零频率）开始，例如声音信号、图像信号等。带通信号则是基带信号经过调制（调制的概念见 3.1 节，这里可以简单地理解为“变换”）后的信号，其频谱被搬移到了较高的频率范围，并且频谱的结构和占据频带宽度也可能有所改变。

研究模拟信号频谱特性的数学工具是傅里叶分析：分析周期性信号的数学工具是傅里叶级数（Fourier Series）（见二维码 2.3）；分析非周期性信号的数学工具是傅里叶变换（Fourier Transform）（见二维码 2.4）。研究数字信号频谱特性的数学工具是从傅里叶变换发展出来的 Z 变换。因此，学习通信理论必须先学好这些数学基础。

二维码 2.3

二维码 2.4

2.5 无线电频段的划分

无线电波频谱是电磁波频谱的一部分，从 3Hz 到 3000GHz（3THz）。在此范围内的电磁

① 在吉他等弦乐器演奏中，手指不在琴弦上按、压，称为空弦。

波称为无线电波（图 2.5.1），它非常广泛地应用于各种现代技术中，特别是在电信技术中。为了防止不同用户之间互相干扰，各国都制定了法律对无线电波的产生和传播进行严格的规定，并由国际电信联盟（ITU）进行协调。

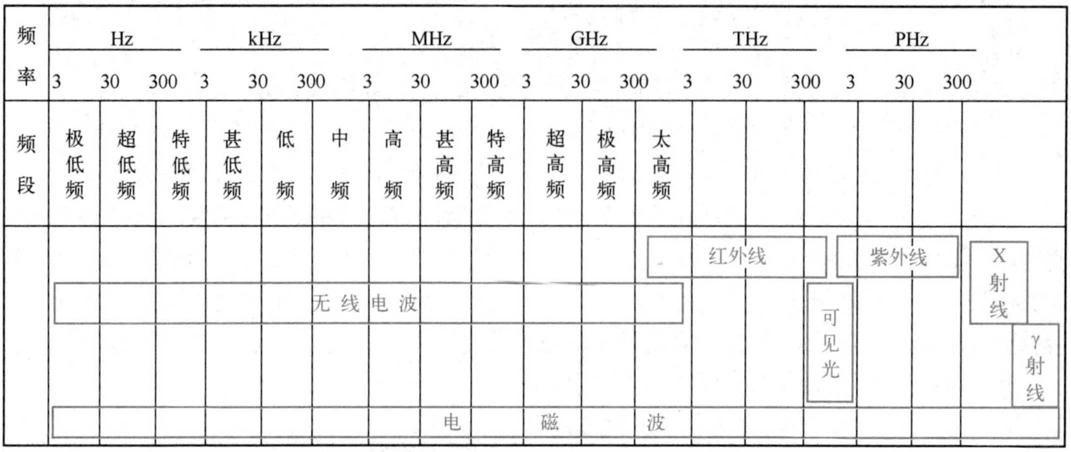

频率	Hz			kHz			MHz			GHz			THz			PHz		
	3	30	300	3	30	300	3	30	300	3	30	300	3	30	300	3	30	300
频段	极低频	超低频	特低频	甚低频	低频	中频	高频	甚高频	特高频	超高频	极高频	太高频						

红外线　紫外线　X射线

无线电波

可见光　γ射线

电磁波

（注：Hz—赫兹　kHz—千赫兹　MHz—兆赫兹　GHz—吉赫兹　THz—太赫兹　PHz—拍赫兹）

图 2.5.1　电磁波谱

ITU 对无线电波频谱的各部分规定了不同的传输技术和不同的应用，在 ITU 的无线电规则（Radio Regulation，RR）中规定了大约 40 种无线电通信业务。在某些情况下，部分无线电波频谱出售或出租给各种无线电业务公司（例如，蜂窝网电话公司或广播电视台）。因为无线电波频谱是一种自然有限资源，对其需求与日俱增，故其占用变得越来越拥挤。

ITU 把无线电通信频谱的每小段频段分配给某些用途的信道，或者留作他用。300GHz 以上的电磁辐射被地球的大气层大量吸收，以致不能穿透，直到近红外（Near-infrared）和部分光波频率范围才又变得透明。为了防止干扰和更有效地使用无线电波频谱，将不同类型的业务分配到不同的频段上。例如，将广播、移动通信，或者导航业务，分配在不重叠的频段上。每一个频段有其基本的配置规划，规定其专用于何处，以及如何共享，以避免干扰，并为发射机和接收机的兼容制定了协议。

为了方便，ITU 把无线电波频谱划分为 12 个频段，每个频段从波长（米）为 10 的 n 次幂（10^n）起，相当于频率为 $3\times10^{8-n}$Hz 起，覆盖 10 倍的频率或波长范围。每个频段有一个惯用的名称。例如，高频（High frequency，HF）是指波长范围从 100m 至 10m，相当于频率范围从 3MHz 至 30MHz（表 2.5.1）。

表 2.5.1　ITU 无线电频谱划分表

频段名	缩略词	ITU 频段号	频率和波长范围	应 用 举 例
极低频	ELF	1	3～30Hz 99930.8～9993.1km	潜艇通信
超低频	SLF	2	30～300Hz 9993.1～999.3km	潜艇通信
特低频	ULF	3	300～3000Hz 999.3～99.9km	潜艇通信，矿井内通信

续表

频段名	缩略词	ITU频段号	频率和波长范围	应用举例
甚低频	VLF	4	3～30kHz 99.9～10.0km	导航，授时信号，潜艇通信， 无线心率监测，地球物理
低频	LF	5	30～300kHz 10.0～1.0km	导航，授时信号，调幅长波广播（欧洲和部分亚洲），视频识别，业余无线电
中频	MF	6	300～3000kHz 1.0～0.1km	调幅（中波）广播，业余无线电，雪崩信标
高频	HF	7	3～30MHz 99.9～10.0m	短波广播，民用波段无线电通信，业余无线电和超视距航空通信，视频识别，超视距雷达，船舶和移动电话
甚高频	VHF	8	30～300MHz 10.0～1.0m	调频广播，电视广播，视距地面与飞机和飞机间通信，地面移动通信和船舶移动通信，业余无线电，气象无线电
特高频	UHF	9	300～3000MHz 1.0～0.1m	电视广播，微波炉，微波设备/通信，无线电天文，移动电话，无线局域网，蓝牙，卫星定位，业余无线电，遥控
超高频	SHF	10	3～30GHz 99.9～10.0mm	无线电天文，微波设备/通信，无线局域网，专用短程通信，雷达，通信卫星，电缆和卫星电视广播，卫星直播，业余无线电
极高频	EHF	11	30～300GHz 10.0～1.0mm	无线电天文，无线电中继，微波遥感，业余无线电，定向能武器，毫米波扫描器
太高频	THF	12	300～3000GHz 1.0～0.1mm	代替 X 射线的实验医疗成像，超快速分子动力学，凝聚态物理，至高频时域光谱仪，至高频计算/通信，遥感，业余无线电

表 2.5.1 中，为每个频段分配一个“ITU 频段号”。这个频段号表示其上限频率和下限频率（以 Hz 计）的近似几何平均值[①]的对数。例如，频段 7 的近似几何平均值为 10MHz，即 10^7Hz。

2.6 信道的概念

通信系统由三大部分组成，即发送设备、接收设备和信道（图 2.6.1）。信道是信号从发送设备传输到接收设备的通道。送入发送设备的信号来自信源，接收设备收到的信号送入信宿。信源是产生信息的实体，例如人的发声器官就是语音信号的信源。信宿是相对于信源而言的，是传输信号的最终接收者，例如人或人耳可以是传输语音信号的信宿。

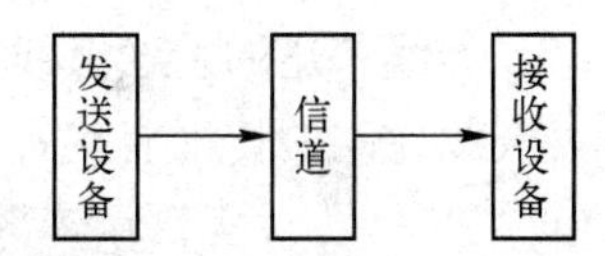

图 2.6.1 通信系统的组成

信道按照传输媒介区分，分为两大类：有线信道和无线信道。按照功能区分，分为单工、双工和半双工信道。

2.6.1 有线信道

有线信道可以是传输电信号的导线，包括架空明线（图 2.6.2）、对称电缆（图 2.6.3）和同轴电缆（图 2.6.4）；也可以是由传输光信号的光纤组成的光缆（图 2.6.5）。早期的有线电话信道是架设在电线杆上的裸铜线，故称为架空明线，一对架空明线只传输一路电话信号。当电话用户大量增加时，电线杆上已经不能架设那么多对线路，因此发明了对称电缆。对称电缆中采用带绝缘包皮的双绞线传输信号，因此可以在一根电缆中容纳成百上千对线路，解决了大量线路架设的难题。

① 几何平均值是 n 个变量值连乘积的 n 次方根。

同轴电缆的传输频带很宽，适合传输视频图像和多路音频信号。光缆中可以包含多根光纤，其中每根光纤都可以传输带宽极宽的光信号。

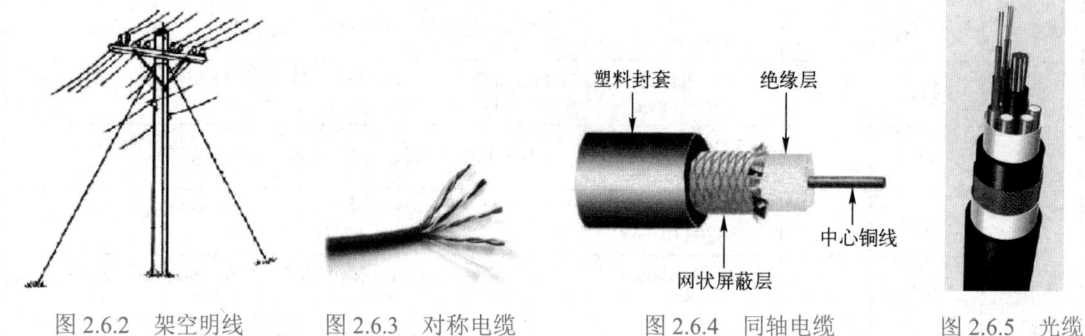

图 2.6.2　架空明线　　图 2.6.3　对称电缆　　图 2.6.4　同轴电缆　　图 2.6.5　光缆

2.6.2　无线信道

1．电磁波

无线信道是利用电磁波在空间传播来传输电信号的，为此在发送设备和接收设备中分别需要安装发送天线和接收天线来发射和接收无线电信号。当无线电信号的频率不太高（约 1GHz 以下）时，所用的天线多是由线状金属导体组成的，统称为线天线（图 2.6.6）；当无线电信号的频率很高时，多用由馈源和反射面组成的面天线（图 2.6.7）。利用电磁波在空间传播来传输电信号时，在发送设备和接收设备之间不需要敷设线路，因此无线信道对于长距离传输非常有益。另外，无线信道在收发设备间没有导线连接，所以适合在移动中通信；在很近的距离传输信号时，它可以代替连接电线，例如计算机主机和鼠标或键盘之间的连线，解除连线的约束。这是目前无线通信迅速发展的主要原因之一。

无线信道的发送天线发射电磁波，接收天线则接收电磁波（见二维码 2.5）。电磁波在收、发天线之间的传播有几种不同的方式，它和电磁波的频率或波长有关。

图 2.6.6　线天线

图 2.6.7　面天线

二维码 2.5

在无线信道中信号传输利用的电磁波是英国数学家麦克斯韦（J. C. Maxwell）（图 2.6.8）于 1864 年根据法拉第（M. Faraday）（图 2.6.9）的电磁感应实验在理论上做出预言的。后来，德国物理学家赫兹（H.Hertz）（图 2.6.10）在 1886—1888 年用实验证明了麦克斯韦的预言。此后，电磁波在空间的传播被广泛地用作通信的手段。原则上，任何频率的电磁波都可以产生。但是，电磁波的发射和接收是用天线进行的。为了有效地发射或接收电磁波，要求天线的尺寸至少不小于电磁波波长的 1/10。因此，频率过低，波长过长，则天线难于实现。例如，若电磁波的频率等于 1000Hz，则其波长等于 300km。这时，要求天线的尺寸大于 30km！所以，通常用于通信的电磁波频率都比较高。

图 2.6.8　麦克斯韦

图 2.6.9　法拉第

图 2.6.10　赫兹

2．电磁波在地面的基本传播方式

除了在外层空间两个飞船之间的电磁波基本上是在自由空间（Free Space）传播的，电磁波的传播总是受到地面和（或）大气层等的影响。根据通信距离、频率和位置的不同，电磁波的传播可以分为直射波、地波和天波（或称电离层反射波）三种。频率较低（约 2MHz 以下）的电磁波趋于沿弯曲的地球表面传播，有一定的绕射能力，这种传播方式称为地波传播。300kHz 以下的地波能够传播的距离超过数百甚至数千千米（见二维码 2.6）。

二维码 2.6

频率较高（约[①]为 2～30MHz）的电磁波能够被电离层反射。电离层位于地面上约 60～400km。它是因太阳的紫外线和宇宙射线辐射使大气电离的结果。根据地球半径和电离层的高度不难估算出，电磁波经过电离层的一次反射最大可以达到约 4000km 的距离。但是，经过反射的电磁波到达地面后可以被地面再次反射，并再次由电离层反射。这样经过多次反射，电磁波可以传播 10000km 以上。利用电离层反射的传播方式称为天波传播。图 2.6.11 示出包括天波的几种电波传播方式。

频率高于 30MHz 的电磁波将穿透电离层，不能被反射回来。此外，它沿地面绕射的能力也很小。所以，它只能类似光波那样做视线传播，称为直射波。为了能增大其在地面上的传播距离，最简单的办法就是提升天线架设的高度，从而增大视线距离，因此我们常看到有架设得很高的天线（图 2.6.12）。

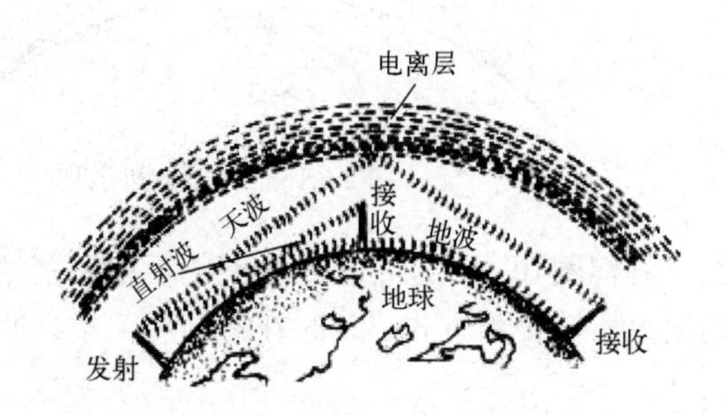

图 2.6.11　几种电波传播方式

图 2.6.12　高架天线

3．卫星信道

利用人造地球卫星将地面发送设备的发射信号转发到地面接收设备的信道称为卫星信道。在距地面 35800km 的赤道平面上，卫星围绕地球转动一周的时间和地球自转周期相等，从地面上看卫星好像静止不动，这种卫星称作静止卫星。利用 3 颗这样的静止卫星作为转发

① 这里“大约”的意思是指这个频率范围是不严格的，因地点、时间、季节和年份的不同而不同。

站就能覆盖全球，保证全球通信（图 2.6.13）。这就是目前国际国内远程通信中广泛应用的一种卫星通信。当卫星与地面的距离较小时，卫星转动周期小于地球自转周期，这时需要多颗卫星，使至少有一颗作为转发站的卫星，能够和收发双方同时保持在视距内，这样才能保证地面两点间的不间断通信。

此外，在高空的飞行器之间的电磁波传播，以及太空中人造卫星或宇宙飞船之间的电磁波传播，都是符合视线传播的规律的，只是其传播不受或少受大气层的影响而已。

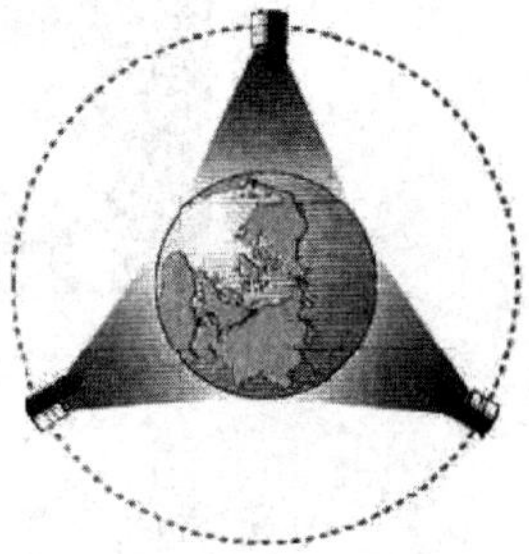

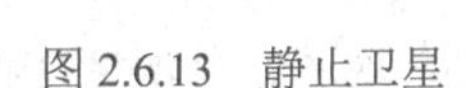

图 2.6.13　静止卫星

4. 散射信道

除了上述三种传播方式，电磁波还可以经过散射方式传播。散射传播分为电离层散射、对流层散射和流星余迹散射三类。电离层散射和上述电离层反射不同。电离层反射类似光的镜面反射，而电离层散射则是由于电离层的不均匀性产生的乱散射电磁波现象。故接收点的散射信号的强度比反射信号的强度要小得多。电离层散射现象发生在 30～60MHz 的电磁波上。对流层散射则是由于对流层中的大气不均匀性产生的。对流层是指从地面至高约 10km 间的大气层。在对流层中的大气存在强烈的上下对流现象，使大气中形成不均匀的湍流。电磁波由于对流层中的这种大气不均匀性可以产生散射现象，使电磁波散射到接收点，称为对流层散射（图 2.6.14）。流星余迹散射（图 2.6.15）则是流星经过大气层时在大气中产生的很强的电离余迹，使电磁波散射的现象。一条流星余迹的存留时间在十分之几秒到几分钟之间，但是空中随时都有大量的人们肉眼看不见的流星余迹存在，能够随时保证信号的断续传输。所以，流星余迹散射通信只能用低速存储、高速突发的断续方式传输数据。

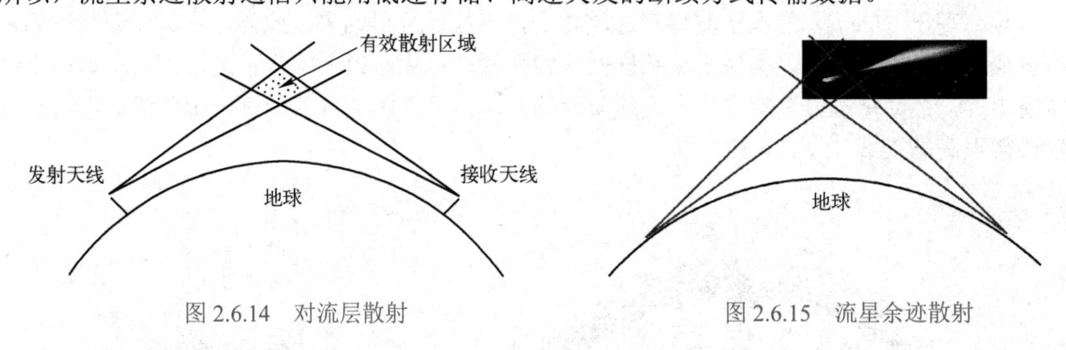

图 2.6.14　对流层散射

图 2.6.15　流星余迹散射

目前在民用无线电通信中，应用最广的是蜂窝网和卫星通信。蜂窝网的手机和基站间使用地波或直射波传播。而卫星通信则只能利用直射波传播方式，这时在地面和卫星之间的电磁波传播要穿过电离层。

5. 链路

上面提到，信道是信号从发送设备传输到接收设备的通道。通常在发送设备和接收设备之间可能需要经过多段有线或无线传输通道的连接，可能还要经过交换设备的转接。这时，每一段传输通道称为一条链路（Link）。链路是定义在一定的频域和空域的，它占用给定的频带和物理空间，并且中间没有任何交换设备。

除了专用通信线路，在一般通信网中发送和接收设备之间还有交换设备（在 1.3 节中已经提到过），它可以作为信道的一部分。在讨论通信系统的性能时通常认为交换设备仅仅提供一个信号的通路，它对信号传输的影响可以忽略不计。

2.6.3 单工、双工和半双工通信

单工（Simplex）通信指只支持信号在一个方向上传输的通信。双工（Duplex）通信又称全双工通信，是指能同时进行双向信号传输的通信。半双工通信（Half-duplex）允许通信双方之间信号能够双向传输，但不能同时进行传输（图 2.6.16）。

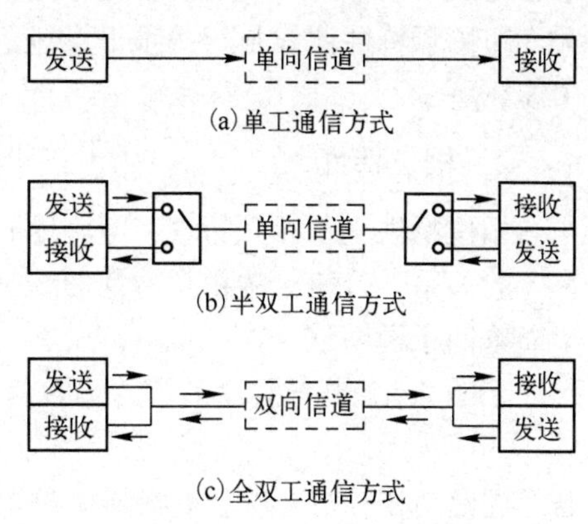

图 2.6.16 按照功能区分的信道

例如普通电话通信是双工通信，在讲话的同时也可以听到对方的声音。手持式步话机（图 1.4.1）的通信是半双工通信，用它打电话时不能在发话的同时收话，需要用一个收发转换开关，控制发话和收话间的转换。普通广播电台的通信是单工通信，它只能单方向地传送电台发送的信号。电报通信也按功能区分为上述几种通信。

2.6.4 信道的带宽

信道能够传输的最高频率和最低频率之差就是信道的带宽。无论是无线信道还是有线信道，信道带宽基本由通信设备的性能决定。例如，普通模拟电话信道的频带为 300～3400Hz，所以其带宽为 3100Hz。这一带宽主要是由于电话机中的带通滤波器将输入的语音信号很宽的频谱（人的发声频率范围大约在 100～10000Hz）限制在此带宽内。因此，信道带宽的单位应该是频率的单位赫兹（Hz）。

此外，在数字传输方面，特别是在互联网被广泛应用的情况下，通常把网络传输速率说成是网络的带宽。例如，网络运营商说 200M 宽带光纤，说的是 200Mb/s 传输速率。这里应当注意，在讨论信号传输时，常用的基本单位是比特/秒（b/s），而在计算机领域中常说的下载基本速度单位是字节/秒（B/s）。1 字节（B）等于 8 比特（b），而且通常是把 1024kb 称作 1Mb，所以 1Mb/s =1024kb/s=128kB/s。这就是说，1M 带宽每秒可以传输 128kB 的数据。

2.7 信道特性对信号传输的影响

2.7.1 恒参信道

各种有线信道和部分无线信道，包括卫星链路和某些视距传输链路，因为它们的特性变化很小、很慢，可以认为它们是参量恒定的信道，通常称为恒参信道。可以把恒参信道当作一个不随时间变化的线性网络来分析。只要知道这个网络的传输特性，就可以利用信号通过线性系统的分析方法，研究信号通过恒参信道时受到的影响。恒参信道的主要传输特性通常可以用其振幅特性和相位特性来描述。

1. 振幅特性

振幅特性又称幅频特性，它表示信号各个频率分量的振幅 $A(f)$，因受到信道的影响，产

生的变化（增益或衰减）和频率的关系，在图 2.7.1 中给出了幅频特性曲线实例。若在信号频谱范围内幅频特性保持平直，即信号各个频率分量通过此信道时受到相同的增益或衰减，则信号波形不会因此而改变。这就是说，无失真传输要求信道的振幅特性在信号频谱范围内与频率无关，即幅频特性曲线是一条水平直线，如图 2.7.1 中虚线所示。

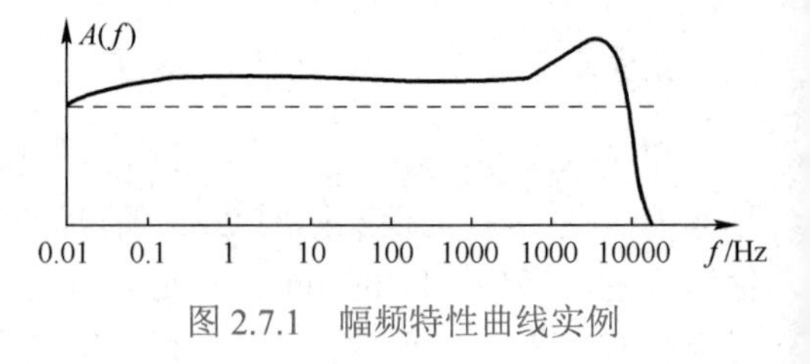

图 2.7.1　幅频特性曲线实例

2．相位特性

相位特性又称相频特性，即因受到信道的影响，信号的各个频率分量的相位θ 改变和频率 f 的关系。若信道的相频特性曲线是一条直线，则信号波形不会因此产生失真。下面用一个简单例子说明这一点。

在图 2.7.2 中，假设信道的输入信号 $s_i(t)$由两个不同频率的正弦波组成，即：

$$s_i(t) = \sin\omega_1 t + \sin\omega_2 t$$

若经过信道传输，这两个不同频率的正弦波受到相同的τ 秒延迟，则信道输出波形没有失真，因为这两个正弦波的相对“位置”保持不变。这时，信道输出信号为：

$$\begin{aligned} s_o(t) &= \sin\omega_1(t-\tau) + \sin\omega_2(t-\tau) \\ &= \sin(\omega_1 t - \omega_1\tau) + \sin(\omega_2 t - \omega_2\tau) \\ &= \sin(\omega_1 t - \theta_1) + \sin(\omega_2 t - \theta_2) \end{aligned}$$

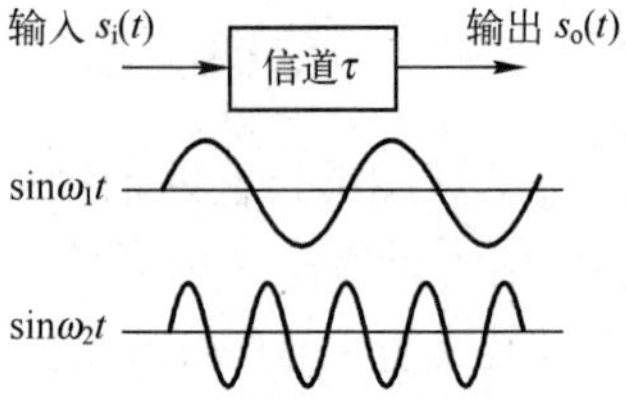

图 2.7.2　信道的延迟

式中　　$\theta_1 = \omega_1\tau$，$\tau = \theta_1/\omega_1$；$\theta_2 = \omega_2\tau$，$\tau = \theta_2/\omega_2$

于是得到　　$\theta_1/\omega_1 = \theta_2/\omega_2$

上式表示，要求相位的变化θ和频率 $f(=\omega/2\pi)$成正比，即要求θ-f 曲线成直线关系。图 2.7.3 给出相频特性曲线实例，图中的虚线是理想的无相位失真的相频特性曲线。

3．码间串扰

若信道的振幅特性不理想，即信道使信号中不同频率分量的振幅受到不同的增益或衰减，则信号产生的失真称为频率失真，该失真会使信号的波形产生畸变。在传输数字信号时，波形畸变通常引起相邻码元波形之间发生部分重叠，造成码间串扰（InterSymbol Interference，ISI）。码间串扰是指一个码元经过信道传输，因其波形畸变而导致其波形宽度扩展，与相邻的码元重叠，如图 2.7.4 所示。信道的相位特性不理想将使信号产生相位失真。在模拟语音信道（简称模拟话路）中，相位失真对通话的影响不大，因为人耳对于声音波形的相位失真不敏感。但是，相位失真对于数字信号则影响很大，因为它还会引起数字波形失真，造成码间串扰，使误码率增大。

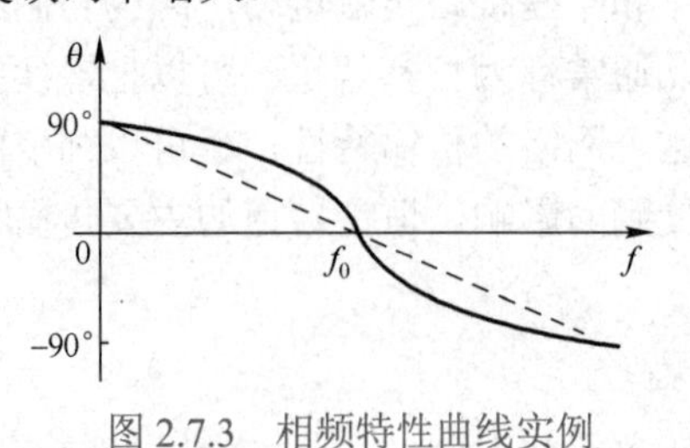

图 2.7.3　相频特性曲线实例

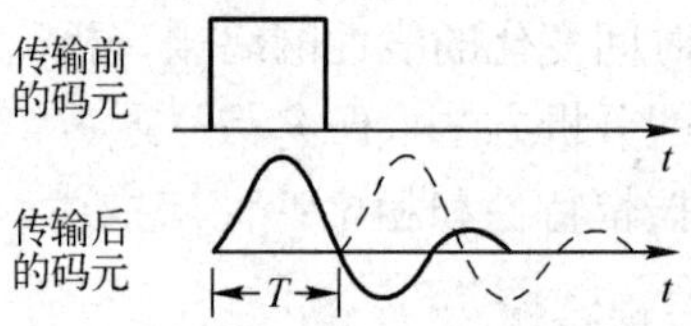

图 2.7.4　码间串扰

4．非线性失真、频率偏移和相位抖动

除了振幅特性和相位特性，恒参信道中还可能存在其他一些使信号产生失真的因素，例如非线性失真、频率偏移和相位抖动等。

非线性失真是指信道输入信号和输出信号的振幅关系不是直线关系，如图 2.7.5 所示。非线性特性将使信号产生新的谐波分量，造成所谓的谐波失真。现在用一个简单的例子说明之。设信道输入信号 $s_i(t)$与输出信号 $s_o(t)$之间有如下平方关系：

$$s_o(t) = [s_i(t)]^2$$

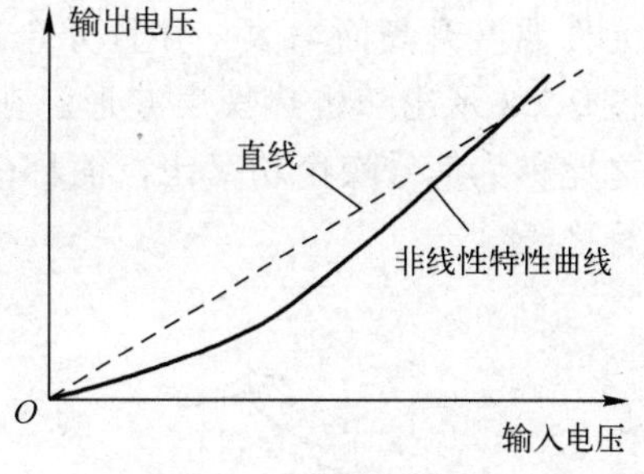

图 2.7.5　非线性特性曲线

则当 $s_i(t)$=sinωt 时，$s_o(t)=\sin^2\omega\tau=\frac{1}{2}(1-\cos 2\omega t)$，它表示输出信号的频率是输入信号频率的两倍，并且增加了直流分量。这就是谐波失真。这种失真主要是由信道中的元器件特性不理想造成的。

频率偏移是指输入信号的频谱经过信道传输后产生了平移。这主要是由发送端和接收端中用于调制、解调或频率变换的振荡器的频率误差引起的。相位抖动也是由这些振荡器的频率不稳定产生的。

相位抖动是指数字信号的相位瞬时值相对于其当时的理想值的动态偏离。相位抖动的结果是对信号产生附加调制。

上述这些因素产生的信号失真一旦出现，很难消除。

2.7.2　变参信道

参量随时间而变的信道是变参信道。例如依靠天波和地波传播的无线电信道、某些视距传输信道和各种散射信道。电离层的高度和离子浓度随时间、日夜、季节和年份而在不断变化；大气层也在随气候和天气变化着。此外，在移动通信中，由于移动台在运动，收发两点间的传输路径自然也在变化。这些因素都使得信道参量在不断变化。各种变参信道具有的共同特性是：（1）信号的传输衰减随时间而变；（2）信号的传输时延随时间而变；（3）信号经过几条路径到达接收端，而且每条路径的长度（时延）和衰减都随时间而变，即存在多径传播现象。多径传播也使信号的波形产生畸变，从而产生码间串扰。

当一个单一频率 f_c 的正弦波经过变参信道传输后，接收信号波形的包络有了起伏，频率也有了扩展，如图 2.7.6 所示。这种接收信号包络因传播而有了起伏的现象称为衰落。

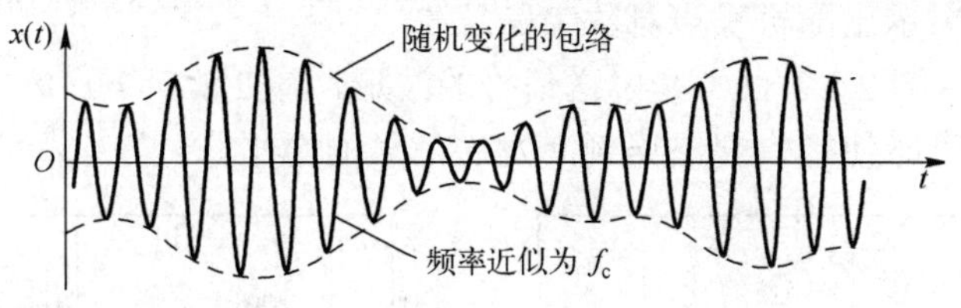

图 2.7.6　经过变参信道传输的正弦波

2.7.3　信道中的干扰

在信道中，特别是无线电信道中，会有干扰电信号引入，例如雷电等天然干扰和电气设备产生火花的人为干扰。这些干扰通常称为电噪声或简称噪声。噪声进入信道是非常有害的，它影响接收信号的质量。在通信设备中的电阻性元件会因电子的随机热运动（布朗运动，见图 2.7.7 和二维码 2.7）产生热噪声，热噪声随元件温度升高而增大，并且分布在极宽的频率范围内，它同样是有害的。图 2.7.8 示出随机热噪声波形。在接收设备中，有用信号功率和噪声功率之比称为信号噪声功率比，简称信噪比，它是衡量接收信号质量的主要指标之一。

二维码 2.7

图 2.7.7　布朗运动

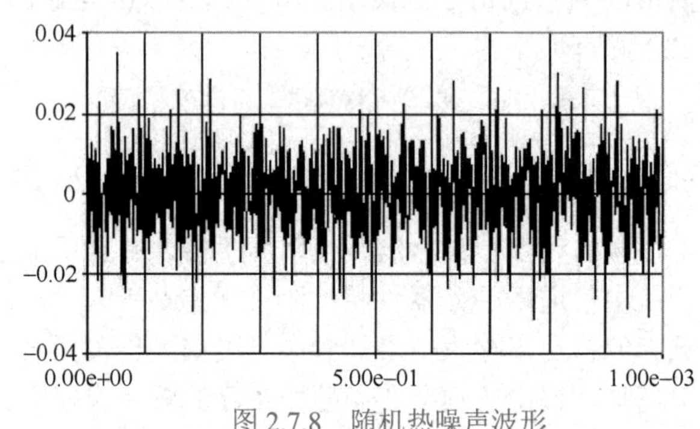

图 2.7.8　随机热噪声波形

2.8　通信系统的质量指标

在模拟通信系统中，信号中携带消息的是其取值连续变化的某个参量，例如话筒输出的声音电压瞬时值。模拟通信系统要求在接收端能以高保真度来复现发送的模拟波形。对于此类系统，传输质量的度量准则主要是输出信噪比。输出信噪比是代表系统输入波形与输出波形之间误差的主要指标之一。

在数字通信系统中，传输的消息包含在信号的某个离散值中。因此，要求在接收端能正确判决（或检测）发送的是哪一个离散值。至于接收波形的失真，只要它还不足以影响接收端的正确判决，就没有什么关系。这种通信系统的传输质量的度量准则主要是产生的错误概率。

影响接收信号质量的主要原因，除了设备电路性能不良对信号产生的确定影响，同样重要的是设备内外引入的各种不希望有的干扰电压。这些干扰电压是随机的，即它是不确定的，并且是不能预测的。例如，在图 2.8.1 中给出随机噪声波形示例。在图 2.8.2 中示出随机噪声对数字信号波形传输的影响，其中图 2.8.2（a）是发送信号的波形，图 2.8.2（b）是接收信号的波形。当随机噪声太大时，可能使接收端错误判断发送信号的电平。

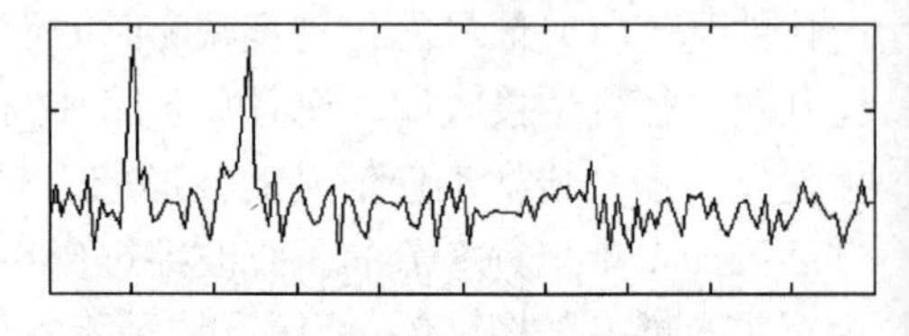
图 2.8.1　随机噪声波形示例

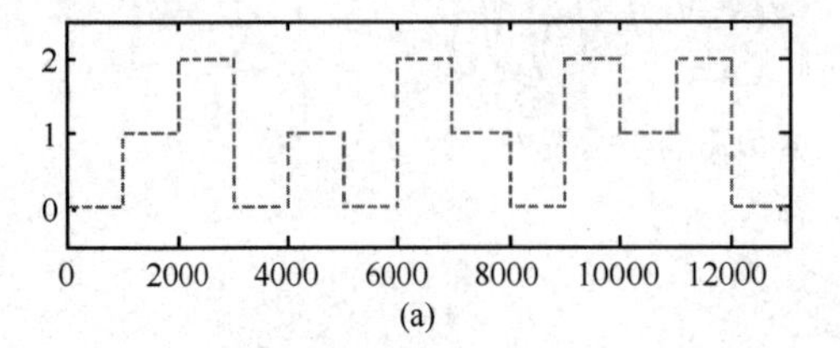

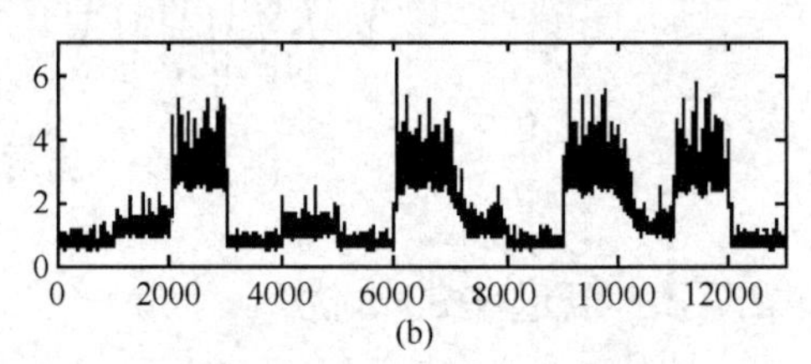

图 2.8.2　随机噪声对数字信号波形传输的影响

这种随机干扰只能用概率理论和随机过程理论去分析解决。因此，概率论和随机过程是学好通信原理的重要数学基础之一。

2.9 小　　结

- 消息中所包含的有效内容即信息。信息可以用不同的消息形式传输。
- 信息量以消息的不确定性来度量。消息的不确定性越大，其信息量越大。信息量的单位是比特（b）。
- 电信号是随时间变化的电压或电流，它反映消息的变化。按照信号的时间函数画出的曲线称为信号波形。
- 区分模拟信号和数字信号的准则，是看其表示信息的取值是连续的还是离散的，而不是看信号在时间上是连续的还是离散的。
- 数字信号的码元传输速率的单位是波特。数字信号的信息传输速率的单位是比特/秒。必须弄清楚比特和波特的区别。正弦波频率f的单位是赫兹。
- 信道中的噪声干扰和信道特性不良，会对模拟信号的接收质量造成较大影响。但是当数字信号的失真不是很大时，可能不影响接收端的正确接收。因此若把模拟信号转化成数字信号再传输就可以获得数字通信的优越性能。这种转化就叫模拟信号的数字化。
- 信号的波形可以分解成许多不同频率的正弦波，这些正弦波的频率与其振幅和相位的（函数）关系就是频谱。若信号是周期性的，则其频谱是离散的；若信号是非周期性的，则其频谱是连续的。在离散频谱的每根谱线的频率上都存在确定值的电压；而在连续频谱中，在每一频率点上的频谱的单位是电压密度，即连续频谱值乘以频率区间的宽度才是在这一频率范围内的信号电压值。这是一个非常重要的必须牢记在心的概念。
- 信号按其频谱占用的频带位置不同，可以分为基带信号和带通信号。带通信号是基带信号经过调制后的信号，其频谱被搬移到了较高的频率范围。
- 无线电波频谱是电磁波频谱的一部分，从 3Hz 到 3THz 的电磁波称为无线电波。ITU 把无线电波频谱划分为 12 个频带。
- 信道是信号从发送设备传输到接收设备的通道。信道分为两大类：有线信道和无线信道。有线信道可以是传输电信号的金属导线或传输光信号的光纤。无线信道利用电磁波在空间的传播来传输电信号。
- 电磁波的传播可以分为直射波、地波和天波三种方式。此外，电磁波还可以经过散射方式传播。散射传播分为电离层散射、对流层散射和流星余迹散射三类。
- 恒参信道的主要传输特性通常可以用其振幅特性和相位特性来描述。变参信道具有的共同特性是：①传输衰减随时间而变；②传输时延随时间而变；③存在多径传播现象。
- 在信道中，干扰电信号通常称为噪声。噪声会影响接收信号的质量。电阻性元件产生的热噪声同样是有害的。信噪比是衡量接收信号质量的主要指标之一。

习题

2.1　试述消息和信息的关系。

2.2　试述信息量的定义。

2.3　信息量的单位是什么？

2.4　设以等概率发送的消息是从 0 至 9 的 10 个阿拉伯数字中的 1 个，试求出 1 个阿拉伯数字的信息量等于多少比特。

2.5　逐帧传输活动图像时，最少每秒应该传输多少帧？

2.6　什么是模拟信号？什么是数字信号？

2.7　区分模拟信号和数字信号的准则是什么？

2.8　试述码元速率和信息速率的关系，以及两者的单位。

2.9　试述数字通信的优点。

2.10　试述周期性信号和非周期性信号频谱的区别，以及两者的单位。

2.11　何谓基带信号？何谓带通信号？

2.12　写出不能穿透地球大气层的电磁波的频率范围。

2.13　试述信源、信宿和信道的定义。

2.14　有线信道包括哪几种线路？

2.15　何谓线天线？何谓面天线？

2.16　天线尺寸和电磁波频率有什么关系？

2.17　电离层的高度是多少？

2.18　能够被电离层反射的电磁波的频率范围是多少？

2.19　何谓地波？何谓天波？何谓直射波？

2.20　有哪几种散射传播方式？

2.21　试述链路的定义。

2.22　何谓恒参信道？何谓变参信道？

2.23　试述恒参信道的主要传输特性。

2.24　为了无失真传输，对信道的相位特性有何要求？

2.25　热噪声是由何处产生的？

2.26　度量数字通信系统传输质量的主要准则是什么？

第3章　通信系统的主要技术

3.1　调制与解调

调制（Modulation）是处理通信信号的最重要的手段之一。调制的主要目的之一是搬移和变换信号的频谱，以满足或适应通信系统对信号频谱的要求。

在无线通信信道中，为了提高信源信号的频率，以便能够利用天线高效率地发射和接收电磁波，通常都利用调制把来自信源的基带信号的频谱搬移到更高的频率范围。这是调制的第一个目的。在图3.1.1中给出一个振幅调制信号波形。其中，图3.1.1（a）是信源送出的一个待发送的基带信号波形，称为调制信号（Modulating Signal）；图3.1.1（b）是一个频率很高的称为载波（Carrier）的正弦波波形；图3.1.1（c）是已调（制）信号（Modulated Signal）波形，其振幅与图3.1.1（a）中的调制信号大小成比例地变化。由于已调信号的频谱通常位于很高的频率范围，因此易于高效率地被天线发射和接收。此时，已调信号的振幅中已经携带调制信号的信息。拿货物运输做比喻，信源信号好比货物，载波好比车辆，已调信号好比装载有货物的车辆。货物只有装在车辆上才能在道路上运输；基带信号只有被调制后才能在无线信道中传输。在接收端收到已调信号后，需要将其恢复成原调制信号，此恢复过程称为解调（Demodulation），如同货车把货物运输到目的地后需要把货物卸载一样。

二维码3.1

无线通信中被调制的载波通常都是如图3.1.1（b）所示的正弦波。一个正弦波有3个参量，即振幅、频率和相位，这3个参量就完全决定了正弦波的波形。信源信号不仅可以载荷在载波的振幅上，也可以载荷在载波的频率或相位上，从而形成3种不同类型的已调信号。这就是说，可以有不同的调制类型，即振幅调制（Amplitude Modulation，AM）、频率调制（Frequency Modulation，FM）（见二维码3.1）和相位调制（Phase Modulation，PM）。在用基带数字信号调制时，这些调制分别称为振幅键控（Amplitude Shift Keying，ASK）、频率键控（Frequency Shift Keying，FSK）和相位键控（Phase Shift Keying，PSK），其波形如图3.1.2所示。这三种调制是基本的调制，在此基础上又发展出多种更复杂的调制方法。

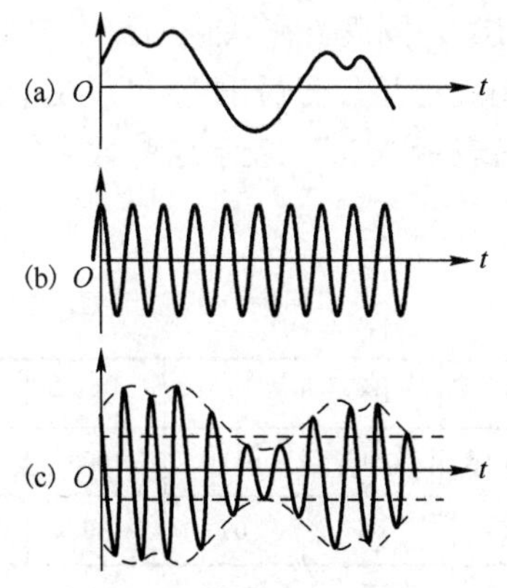

图3.1.1　振幅调制信号波形

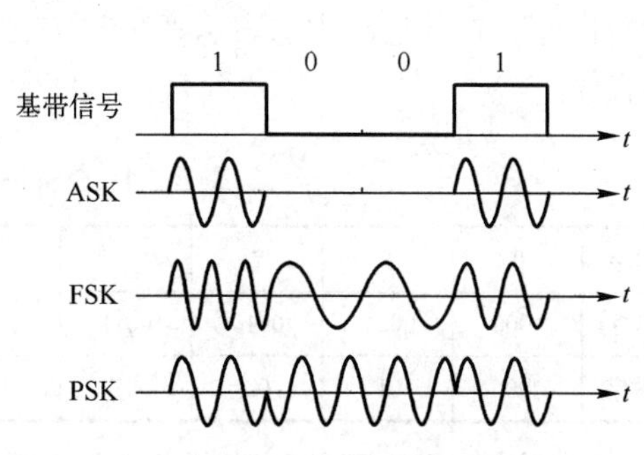

图3.1.2　数字调制波形

调制的第二个目的是提高信道的传输能力。以电话通信为例，用一对导线长距离地传输一路电话信号是比较昂贵和浪费带宽的。因为通常传输一路语音信号只需要占用 300～3400Hz 的频带宽度就够了。而一对导线能够传输的信号的频带宽度非常宽，至少达到几百千赫兹以上。若把信源的语音信号利用调制的方法将其频谱搬移到不同的频段上，则一对导线就能传输多路语音信号，如图 3.1.3 所示。这称为多路信号的复用。此图中只示出了 4 路电话信号在一对导线上传输，实际上可以做到传输 600 路甚至更多路的电话信号。

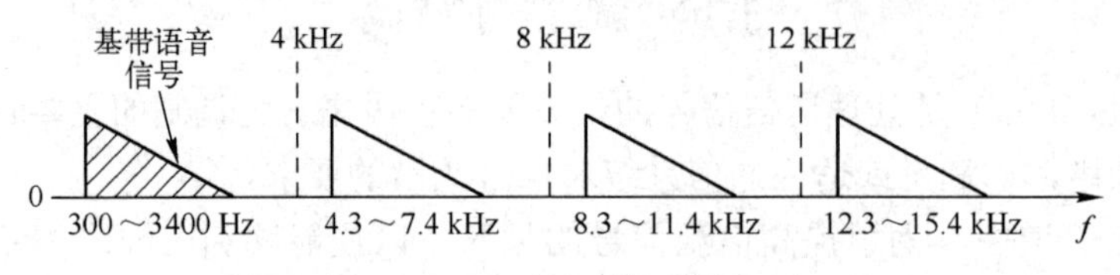

图 3.1.3　多路电话信号的复用

上面提到，调制有多种类型。不同的调制具有不同的抗干扰能力，因此选用适合的调制类型来提高信号传输的抗干扰能力也是调制的目的之一，并且为了提高信号传输的抗干扰能力，人们不断地研发出各种新的调制。仍用运输货物做比喻，道路的路面有多种，例如柏油路、土路、碎石路、石块路等，路面的凸凹不平对车辆的影响类似通信线路中的干扰对信号的影响。为了适应不同路面，需要不同类型的车辆或不同的轮胎，例如越野车、履带车、载重轮胎、矿山用轮胎。与此相似，不同的无线信道需要采用不同的调制，以达到预期的抗干扰效果。

3.2　模拟信号数字化

在 2.3 节中指出，由于数字通信具有许多优点，因此常把信源产生的模拟信号转化成数字信号再传输，这样就可以获得数字通信的优越性能。这种转化就叫作模拟信号的数字化。下面首先较详细地介绍几种常用的数字信号，然后再说明模拟信号需要经过哪些步骤才能转化成数字信号。

3.2.1　常用的数字信号

最常用的数字信号是二进制数字信号。我们知道，十进制数字有 10 个符号，即 0, 1, 2, 3, 4, 5, 6, 7, 8, 9。而二进制数字只有 2 个符号，即 0 和 1。十进制数字逢“十”进位，把“十”写为“10”；二进制数字逢“二”进位，把“二”写为“10”。同理，在八进制数字中把“八”写为“10”。在表 3.2.1 中给出这 3 种进制数字的比较。由此可见，若写出“11”，在十进制中它表示“十一”，在八进制中它表示“九”，在二进制中它表示“三”，表示这些数字的信号都是数字信号。

表 3.2.1　3 种进制数字的比较

十进制数字	0	1	2	3	4	5	6	7	8	9
二进制数字	0000	0001	0010	0011	0100	0101	0110	0111	1000	1001
八进制数字	00	01	02	03	04	05	06	07	10	11

在 16 进制中，因为阿拉伯数字已经不够用了，所以加用拉丁字母，即用 A, B, C, D, E, F

分别表示十进制中的10,11,12,13,14,15。例如，十进制中的“90”，在16进制中为“5A”。

在用数字信号的振幅表示数字时，二进制信号需要有2种不同的电平；八进制信号需要有8种不同的电平，如图3.2.1所示。在数字通信中，使用最多的是二进制信号；在用电平表示时，就是二电平信号。当然，数字信号不是必须用不同振幅表示，也可以用不同频率表示。例如，用2种不同频率表示二进制信号（图3.2.2），这就是上面提到的FSK信号。

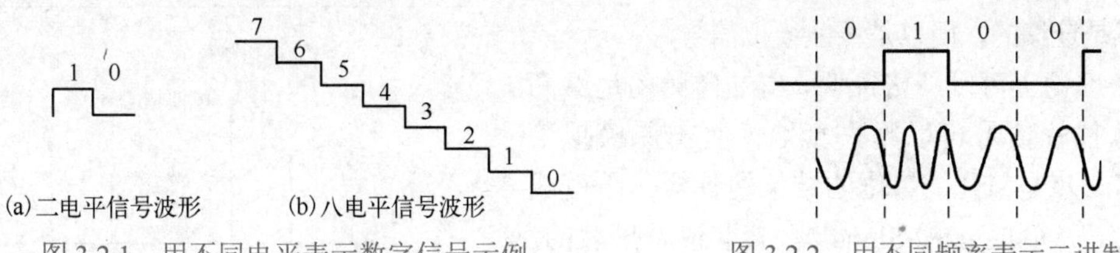

图3.2.1　用不同电平表示数字信号示例

图3.2.2　用不同频率表示二进制信号

表3.2.2示出一些不同进制数字键控信号的特点。多进制信号的好处是一个码元含有多个比特的信息量。例如，一个四进制码元含有2比特；一个八进制码元含有3比特，用它去键控相位信号就产生8PSK信号。为了提高码元中比特含量，除了上面提到过的3种基本的数字键控信号，还有复合调制技术，常用的有正交振幅调制（Quadrature Amplitude Modulation，QAM）技术，它同时利用振幅和相位的不同表示一个码元，由此可以实现16QAM、64QAM及256QAM，甚至更高进制的调制。

表3.2.2　一些不同进制数字键控信号的特点

	ASK		FSK		PSK		QAM
	波　形	振　幅	波　形	频　率	波　形	相　位	振幅和相位
二进制	0 1 t	A	t	f	t		
四进制	00 01 10 11	A	t	f	t		
八进制		A		f			
16进制							
64进制							

3.2.2　模拟信号数字化过程

将模拟输入信号变为数字信号的过程包括三个步骤：抽样（Sampling）、量化（Quantization）和编码（Coding），示于图3.2.3中。输入模拟信号通常在时间上都是连续的，在取值上也是连续的，如图 3.2.3（a）所示；而数字信号代表一系列离散数字，所以数字化过程的第一步是抽样，即抽取模拟信号的样值，如图 3.2.3（b）所示。通常抽样是按照等时间间隔进行的，虽然在理论上并不是必须如此。模拟信号被抽样后，成为抽样信号（Sampled Signal），它在时间上是离散的，但是其取值仍然是连续的，所以是离散模拟信号。

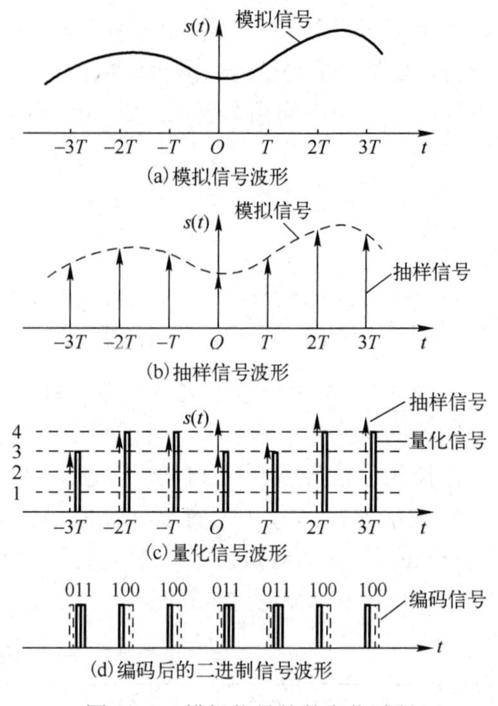

图 3.2.3　模拟信号的数字化过程

在理论上可以严格证明，当抽样频率足够高时，从抽样信号可以无失真地恢复出原模拟信号。第二步是量化。量化的结果使抽样信号变成量化信号（Quantized Signal），其取值是离散的。在图 3.2.3（c）中，用 4 条水平虚线把模拟信号 $s(t)$ 的取值范围划分成 5 个区间。在模拟信号量化时，将抽样时刻信号的幅值量化为最接近的那条虚线的值。在这个例子中，是对抽样值的小数点后面的数做“四舍五入”处理了。这时的量化信号已经离散化为数字信号了，它是多进制的数字脉冲信号。因为通常在通信中传输的是二进制信号，所以需要把这种多进制的数字信号变成二进制信号，这一变换过程称为编码。这是数字化过程的最后一步，它将量化后的信号变成二进制码元。在图 3.2.3（d）中示出编码后的二进制信号波形，在这个例子里，用 3 位二进制数字就可以表示一个抽样值了（见二维码 3.2）。以上将模拟信号变为数字信号的三个步骤又称为脉冲编码调制（Pulse Code Modulation, PCM）。

二维码 3.2

以电话信号的数字化为例，信源输出的电话信号是模拟信号，在数字化前先将其带宽用滤波器限制在 300～3400Hz 内（因为这个带宽已经能够满足人耳听清楚对方语音了。），然后用重复频率为 8000Hz 的脉冲抽样，再对每个抽样脉冲量化并编码成 8 比特一组的二进制码元。这样数字化的结果，就把模拟电话信号变成了数字信号，其码元速率等于 $8000 \times 8 = 64$kb/s。

上面提到，当抽样频率足够高时，从抽样信号可以无失真地恢复出原模拟信号。这就是说，若把抽样当作一种变换，则这种变换是无失真的。但是数字化的第二步“量化”则是有失真的变换了。量化把连续量变成离散量，产生了误差。在量化时划分的量化区间越多，编码时使用的二进制码元数越多，产生的误差越小，但是误差总是存在的。若量化误差足够小，不影响信号的应用，则这样的数字化是合理的和允许的。

3.3　同　　步

3.3.1　位同步

在数字通信中，数字信号的基本单元是码元。在二进制数字通信中，发送的每个码元用二进制数字“0”和“1”表示，在接收端需要识别或判断每个接收码元是“0”还是“1”。为此，接收端需要知道每个码元的起止时刻，以便判断在这段时间内接收码元的值。这就是说，接收端需要有一个时钟，它和发送端的时钟保持同步运行。为此，在接收端就需要有一个复杂的电路能从接收信号中提取出同步信息，用于使接收端时钟和发送端时钟保持同步，从而正确决定接收码元的起止时刻。这种同步（Synchronization）称为位同步（Bit Synchronization）或码元同步，如图 3.3.1 所示。

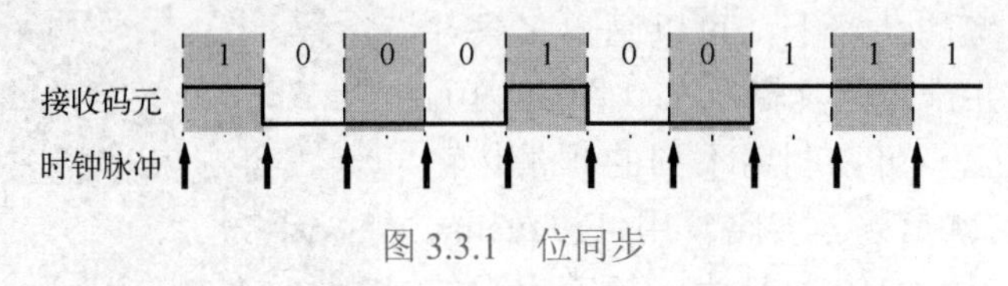

图 3.3.1　位同步

3.3.2　群同步

在接收端解决了位同步问题之后，就能够正确地接收码元信息了，例如接收到“…1000100111…”。若这一串二进制数字代表图 3.3.2 中的天气消息，则不同的分组方法就会得到不同的天气消息。若把它分组为“…10 00 10 01 11…”，则解读为“阴　晴　阴　云　雨”。若把它分组为“…1 00 01 00 11 1…”（见图 3.3.3），则解读为“…1 晴　云　晴　雨　1…”。为了解决此问题，必须在此数字信号序列中为正确分组加入特定的标志符号。在接收端检测此符号并由其产生群同步脉冲，用于正确分组。群同步（Group Synchronization）又称字同步或帧同步。

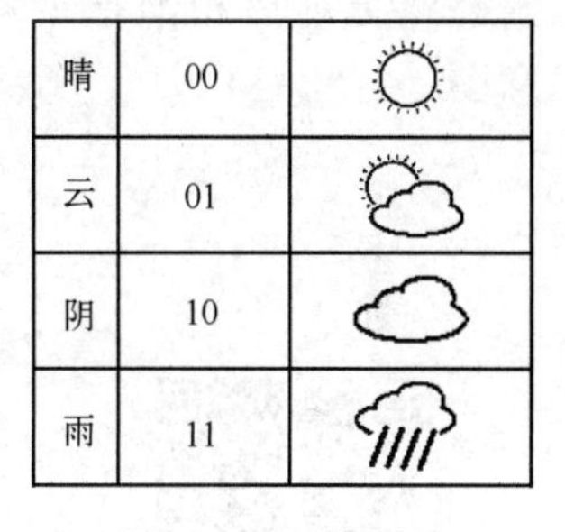

晴	00	
云	01	
阴	10	
雨	11	

图 3.3.2　天气消息

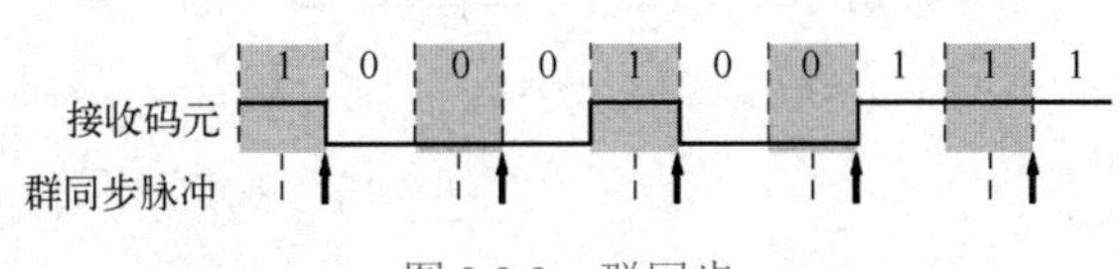

图 3.3.3　群同步

3.3.3　载波同步和网同步

除了在数字通信中需要解决同步问题，在一般通信系统中，当接收端需要产生一个和发送端的载波同频同相的正弦波用于解调时，就需要解决载波同步问题。在有多个用户的通信网内，还有使网内各站点之间时钟保持同步的网同步问题。

同步问题在联合收割机收割小麦时也存在。在收割时，收割机的速度必须和卡车的速度相同，并且相互位置必须对正，才能保证小麦颗粒无损地全部落入车厢中（图 3.3.4）。

图 3.3.4　收割机的同步问题

3.4　多 路 复 用

随着通信系统的广泛应用，对通信系统的容量要求越来越高，所以多路独立信号在一条链路上传输的多路通信技术，被相继研究出来，并称之为多路复用（Multiplexing）技术。在3.1节中提到过，调制的第二个目的是提高信道的传输能力，利用调制技术可以达到多路信号复用的目的。

图 3.4.1　宽阔道路可以并排通行多辆汽车

首先研究出来的是频分多路复用技术。因为通常一条链路的频带很宽，足以容纳多路信号传输；好像在一条很宽的公路上，可以画出多条并行的行车道，可以并排通行几辆汽车（图 3.4.1）。在频带很宽的链路上，可以利用不同的频带传输不同用户的消息，这就是频分多路复用（Frequency Division Multiplexing，FDM）技术。接着出现的是时分多路复用（Time Division Multiplexing，TDM）技术（见二维码 3.3）。时分复用是利用数字信号在时间上离散的特点，在一条链路上不同时间传输不同用户的数字信号；好像在一条公路上前后相继行走着不同车辆。在图 3.4.2 中画出了频分制和时分制多路复用的示意图。

二维码 3.3

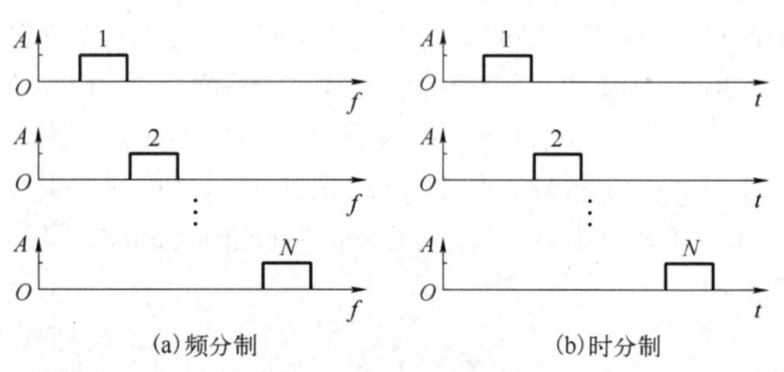

图 3.4.2　多路复用的示意图

除了上述两种复用，还有码分复用、空分（空间划分）复用和极化复用等。码分复用（Code Division Multiplexing，CDM）是利用不同的编码区分不同用户的信号。空分复用（Space Division Multiplexing，SDM）是指在无线链路中利用窄波束天线在不同方向上重复使用同一频带，即将频谱按空间划分复用（图 3.4.3）。极化复用（Polarization Division Multiplexing，PDM）则是在无线链路中利用（垂直和水平）两种极化的电磁波分别传输两个用户的信号，即按极化重复使用同一频谱。最后指出，在光纤通信中还可以采用波分复用（Wave Division Multiplexing，WDM）。波分复用是按波长划分的复用方法（见二维码 3.4）。它实质上也是一种频分复用，只是由于载波在光波波段，其频率很高，习惯用波长代替频率来讨论，故称为波分复用。

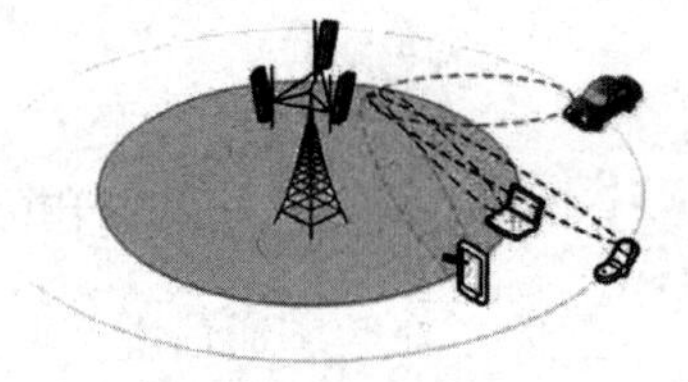

图 3.4.3　空分复用

二维码 3.4

3.5　多 址 接 入

为了使信道资源得到充分利用，发展出了上述各种多路复用技术，将每条链路的多个通路分配给不同用户使用，从而提高了链路的利用率。但是，并不是每路用户在每一时刻都占用着信道。例如，电话用户并不是每时每刻都在打电话，即使在打电话时，也不是每时每刻都在说话，平均而言除了等待（例如找人）时间，只有一半时间在说话，另一半时间在听话。在一个人说话时，还有语句间的停顿等。因此，为了充分利用频带和时间，希望每个通路时时都有用户在使用着。于是在发展多路复用的同时，逐渐发展出了多址接入（Multiple Access）技术。“多路复用”和“多址接入”都是为了共享通信网，这两种技术有许多相同之处，但是它们之间也有一些区别。在多路复用中，用户是固定接入的或者是半固定接入的，因此网络资源是预先分配给各用户共享的。然而，多址接入时网络资源通常是动态分配的，并且可以由用户在远端随时提出共享要求。卫星通信系统就是这样一个例子。为了使卫星转发器得到充分利用，按照用户需求，将每个通路动态地分配给大量用户，使它们可以在不同时间以不同速率（带宽）共享网络资源。计算机通信网，例如以太网，也是多址接入的例子。故多址接入网络必须按照用户对网络资源的需求，随时动态地改变网络资源的分配。多址技术也有多种，例如频分多址（Frequency Division Multiple Address，FDMA）、时分多址（Time Division Multiple Address，TDMA）（见二维码 3.5）、码分多址（Code Division Multiple Address，CDMA）、空分多址（Space Division Multiple Address，SDMA）、极化多址（Polarization Division Multiple Address，PDMA），以及其他利用信号统计特性复用的多址技术等。

二维码 3.5

3.6 正交编码

3.6.1 概述

在 3.4 节和 3.5 节中讨论了码分复用和码分多址。“码分”的意思是用编码来区分一个信道中不同用户的信号。在信道中传输的数字信号一般是二进制码元“0”和“1”。为了区分不同用户的信号码元，可以用不同的编码码组表示不同用户的码元。若不同用户的码组互相正交，则在接收端可以将信道中混在一起的多个用户的信号区分开来。这种多路信道是多路码分信道。这种使各路码组互相正交的编码称为正交编码。正交编码有多种，下面将介绍主要的几种。

3.6.2 正交编码的基本概念

首先说明正交的概念。若两个周期为 T 的模拟信号 $s_1(t)$和 $s_2(t)$互相正交，则有

$$\int_0^T s_1(t)s_2(t)\mathrm{d}t=0 \tag{3.6.1}$$

同理，若 M 个周期为 T 的模拟信号 $s_1(t)$，$s_2(t)$，…，$s_M(t)$构成一个正交信号集合，则有

$$\int_0^T s_i(t)s_j(t)\mathrm{d}t=0\,,\qquad i\neq j;\ i,j=1,2,\cdots,M \tag{3.6.2}$$

对于二进制数字信号，也有上述模拟信号这种**正交性**。由于数字信号是离散的，故可以把它看作一个码组，并且用一个数字序列表示这一码组。这里，我们只讨论二进制且码长相

同的码组。这时，两个码组的正交性可用如下形式的互相关系数来表述。

设长为 n 的码组中码元只取值+1 和−1，x 和 y 是其中两个码组：

$$x=(x_1,x_2,x_3,\cdots,x_n) \tag{3.6.3}$$

$$y=(y_1,y_2,y_3,\cdots,y_n) \tag{3.6.4}$$

其中，$x_i,y_i\in(+1,-1)$ ①，$i=1,2,\cdots,n$。则 x 和 y 间的互相关系数定义为

$$\rho(x,y)=\frac{1}{n}\sum_{i=1}^{n}x_iy_i \tag{3.6.5}$$

若码组 x 和 y 正交，则必有 $\rho(x, y) = 0$。例如，图 3.6.1 所示 4 个数字信号可以看作如下 4 个码组：

$$\begin{cases} s_1(t)\text{：}(+1,+1,+1,+1) \\ s_2(t)\text{：}(+1,+1,-1,-1) \\ s_3(t)\text{：}(+1,-1,-1,+1) \\ s_4(t)\text{：}(+1,-1,+1,-1) \end{cases} \tag{3.6.6}$$

按照式（3.6.5）计算容易得知，这 4 个码组中任意两者之间的互相关系数都为 0，即这 4 个码组两两正交。我们把这种两两正交的编码称为正交编码。

类似上述互相关系数的定义，我们还可以对一个长为 n 的码组 x 定义其自相关系数为

$$\rho_x(j)=\frac{1}{n}\sum_{i=1}^{n}x_ix_{i+j},\qquad j=0,1,\cdots,(n-1) \tag{3.6.7}$$

式中，x 的下标按模 n 运算，即有 $x_{n+k}\equiv x_k$。

例如，设 $x=(x_1,x_2,x_3,x_4)=(+1,-1,-1,+1)$

则有 $$\rho_x(0)=\frac{1}{4}\sum_{i=1}^{4}x_i^2=1$$

$$\rho_x(1)=\frac{1}{4}\sum_{i=1}^{4}x_ix_{i+1}=\frac{1}{4}(x_1x_2+x_2x_3+x_3x_4+x_4x_1)$$

$$=\frac{1}{4}(-1+1-1+1)=0$$

$$\rho_x(2)=\frac{1}{4}\sum_{i=1}^{4}x_ix_{i+2}=\frac{1}{4}(x_1x_3+x_2x_4+x_3x_1+x_4x_2)=-1$$

$$\rho_x(3)=\frac{1}{4}\sum_{i=1}^{4}x_ix_{i+3}=\frac{1}{4}(x_1x_4+x_2x_1+x_3x_2+x_4x_3)=0$$

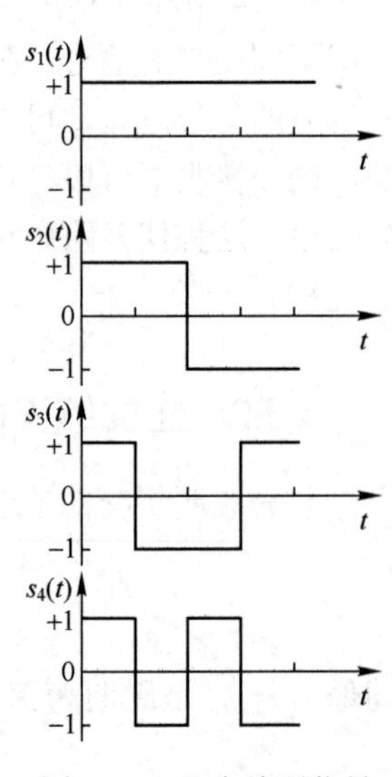

图 3.6.1　正交编码信号

在二进制编码理论中，我们也常常采用二进制数字“0”和“1”表示码元的可能取值。这时，若规定用二进制数字“0”代替上述码组中的“+1”，用二进制数字“1”代替“−1”，则上述

① 式中符号∈读音是“属于”。当一个元素 a 属于集合 A 时，我们说 $a\in A$。例如，如果集合 $A=\{1,2,3\}$，那么数字 $3\in A$，因为它是集合 A 的元素。

互相关系数定义式（3.6.5）将变为

$$\rho(x,y)=\frac{A-D}{A+D} \tag{3.6.8}$$

式中，A 为 x 和 y 中对应码元相同的个数；D 为 x 和 y 中对应码元不同的个数。例如，按照上述规定，式(3.6.6)中的例子可以改写成

$$\begin{cases} s_1(t):\ (0,0,0,0) \\ s_2(t):\ (0,0,1,1) \\ s_3(t):\ (0,1,1,0) \\ s_4(t):\ (0,1,0,1) \end{cases} \tag{3.6.9}$$

将其代入式（3.6.8），计算出的互相关系数仍为 0。

若用式（3.6.9）中的 4 个编码表示 4 个用户的信号，则在接收端能够将各路信号区分开。具体处理方法是，例如，若用 $s_2(t)$表示第 2 路信号，则第 2 路信号的码元“0”将用码组“0011”发送，码元“1”将用“1100”发送；或者反之，即码元“0”用“1100”发送，码元“1”用码组“0011”发送。

式（3.6.8）中，若用 x 的 j 次循环移位代替 y，就得到 x 的自相关系数$\rho_x(j)$。具体地讲，令

$$x=(x_1,x_2,\cdots,x_n),\ \ y=(x_{1+j},x_{2+j},\cdots,x_n,x_1,x_2,\cdots x_j)$$

代入式（3.6.8），就得到自相关系数$\rho_x(j)$。

3.6.3 阿达玛矩阵

在正交编码理论中，阿达玛矩阵具有非常重要的作用，因为它的每一行（或列）都是一个正交码组，所以下面有必要对阿达玛矩阵加以讨论。

阿达玛矩阵是法国数学家阿达玛（Hadamard）于 1893 年首先构造出来的，简记为 **H** 矩阵。它是一种方阵，仅由元素+1 和−1 构成，而且其各行（和列）是互相正交的。最低阶的 **H** 矩阵是 2 阶的，即

$$\boldsymbol{H}_2=\begin{bmatrix}+1 & +1 \\ +1 & -1\end{bmatrix} \tag{3.6.10}$$

下面为了简单，把上式中的+1 和−1 简写为+和−，这样上式变成

$$\boldsymbol{H}_2=\begin{bmatrix}+ & + \\ + & -\end{bmatrix} \tag{3.6.11}$$

阶数为 2 的幂的高阶 **H** 矩阵可以从下列递推关系得出

$$\boldsymbol{H}_N=\boldsymbol{H}_{N/2}\otimes\boldsymbol{H}_2 \tag{3.6.12}$$

式中，$N=2^m$；⊗表示直积。

上式中直积是指将矩阵 $\boldsymbol{H}_{N/2}$ 中的每一个元素用矩阵 $\boldsymbol{H}_2$ 代替。例如

$$\boldsymbol{H}_4=\boldsymbol{H}_2\otimes\boldsymbol{H}_2=\begin{bmatrix}\boldsymbol{H}_2 & \boldsymbol{H}_2 \\ \boldsymbol{H}_2 & -\boldsymbol{H}_2\end{bmatrix}=\left[\begin{array}{cc:cc}+ & + & + & + \\ + & - & + & - \\ \hdashline + & + & - & - \\ + & - & - & +\end{array}\right] \tag{3.6.13}$$

$$
\boldsymbol{H}_8=\boldsymbol{H}_4\otimes\boldsymbol{H}_2=\begin{bmatrix}\boldsymbol{H}_4 & \boldsymbol{H}_4\\ \boldsymbol{H}_4 & -\boldsymbol{H}_4\end{bmatrix}=\left[\begin{array}{cccc|cccc}+&+&+&+&+&+&+&+\\+&-&+&-&+&-&+&-\\+&+&-&-&+&+&-&-\\+&-&-&+&+&-&-&+\\\hline+&+&+&+&-&-&-&-\\+&-&+&-&-&+&-&+\\+&+&-&-&-&-&+&+\\+&-&-&+&-&+&+&-\end{array}\right] \tag{3.6.14}
$$

上面给出几个 $\boldsymbol{H}$ 矩阵的例子，都是对称矩阵，而且第一行和第一列的元素全为“＋”。我们把这样的 $\boldsymbol{H}$ 矩阵称为阿达玛矩阵的正规形式，或称为正规阿达玛矩阵。

容易看出，在 $\boldsymbol{H}$ 矩阵中，交换任意两行，或交换任意两列，或改变任一行中每个元素的符号，或改变任一列中每个元素的符号，都不会影响矩阵的正交性质。因此，正规 $\boldsymbol{H}$ 矩阵经过上述各种交换或改变后仍为 $\boldsymbol{H}$ 矩阵，但不一定是正规的了。

$\boldsymbol{H}$ 矩阵中各行（或列）是相互正交的，所以 $\boldsymbol{H}$ 矩阵是正交方阵。若把其中每一行看作是一个码组，则这些码组也是互相正交的，而整个 $\boldsymbol{H}$ 矩阵就是一种长为 n 的正交编码，它包含 n 个码组。因为长度为 n 的编码共有 2^n 个不同码组，现在若只将这 n 个码组作为许用码组，其余(2^n-n)个为禁用码组，则可以将其多余度用来纠错。这种编码在纠错编码理论中称为里德-缪勒（Reed-Muller）码。

3.6.4 沃尔什矩阵

若将 $\boldsymbol{H}$ 矩阵中各行按符号改变次数由少到多排列，则得到沃尔什（Walsh）矩阵。例如，式（3.6.14）中的 $\boldsymbol{H}$ 矩阵可以重新排列成如下沃尔什矩阵

$$
\boldsymbol{W}_8=\begin{bmatrix}+&+&+&+&+&+&+&+\\+&+&+&+&-&-&-&-\\+&+&-&-&-&-&+&+\\+&+&-&-&+&+&-&-\\+&-&-&+&+&-&-&+\\+&-&-&+&-&+&+&-\\+&-&+&-&-&+&-&+\\+&-&+&-&+&-&+&-\end{bmatrix} \tag{3.6.15}
$$

沃尔什矩阵的每行（列）中符号改变次数逐渐增多，但仍保持其正交性，类似正弦波的频率逐渐升高。

阿达玛矩阵和沃尔什矩阵在通信技术和数字信号处理中都得到应用。

3.7 差错控制和纠错编码

数字信号经过信道传输后，到达接收端时可能因为信道特性不良和干扰的影响而产生错误。对于常用的二进制数字信号码元，当发送码元“0”时，有可能接收到的码元为“1”；反之，发送码元“1”到达接收端时可能错为“0”。为了解决这个问题，首先需要设法在接收端

得知接收码元是否正确。为此，在发送码元序列中增加一些冗余的码元，利用这些特殊的（冗余）码元去发现或纠正传输中产生的错误。最简单的发现错误的方法之一就是把一组码元重复发送一遍，比较这两次收到的码元，当对应位码元不同时就认为该位码元产生了错误。例如，若原待发送的一组码元（简称码组）为“11101”，则实际发送“11101 11101”；当接收到的码组为“11101 11001”时，就知道第3位码元错了，即发现错误了，但是仍不知道是原发送码元“1”错成为“0”了，还是原发送码元“0”错成为“1”了。若想能够纠正错误，可以把待发送的码组重复发送两遍。例如，把待发送的码组“11101”发送为“11101 11101 11101”，在接收端若发现在对应位出现码元不同，则可以按照“少数服从多数”的原则，判断发送的正确码元。

上述这种通过发送冗余码元的方法发现或纠正错误，原理很简单，但是效率不高。为了提高传输效率，可以利用数学方法，减少发送冗余码元的数量。例如，最简单的数学方法之一，就是采用奇偶监督码。这种方法首先把二进制消息码元序列分成一个个码组，每个码组中包括相同数目的消息码元，然后在每个码组中加入一个冗余码元，它称为监督码元 a_0，并使监督码元加入后码元中“1”的个数等于偶数（或奇数）（图 3.7.1）。当接收码组中“1”的个数不等于偶数（或奇数）时，就得知此码组中出现了奇数个（1,3,5,⋯）错码，但是不能确定哪位码元错了，因而不能纠正错误（在二进制通信系统中，若能确定错码的位置，就等于能够纠错了）。实际上，目前已经发明了多种不同性能的编码方法。纠错编码的基本原理详见附录 2

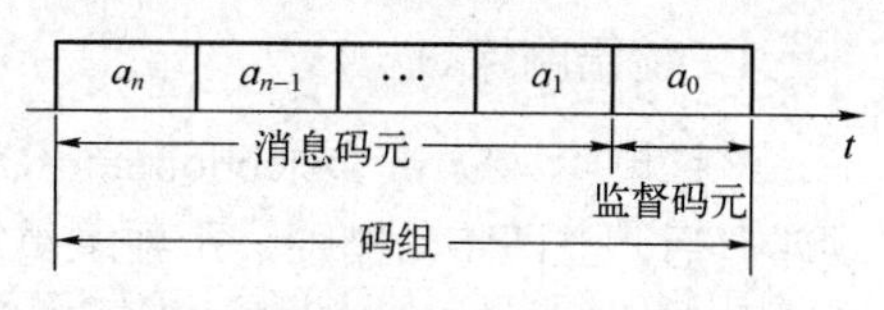

图 3.7.1　奇偶监督码

当通信系统中采用的编码只能发现错码而不能纠正时，下一步的措施是，或者把错码删除（这时接收消息受到损失），或者通过反向信道要求发送端重发。在通信系统中采用的所有发现或纠正传输错误码元的方法统称为差错控制技术。

差错控制技术可以分为以下 4 种。

1. 检错重发

采用检错重发（Automatic Repeat Request，ARQ）技术的系统中，在发送码元序列（信源）中用编码器加入一些差错控制码元，然后发送到接收端，同时还把它暂存在缓冲存储器中。接收端解码器能够利用差错控制码元发现接收码元序列中有错码，但是不能确定错码的位置。当发现错码时，接收端用指令产生器经过反向信道向发送端发送“错误接收”指令，要求发送端重发；这时发送端由重发控制器通知发送端缓冲存储器将暂存的码组重发出去，直到接收端收到的序列中检测不出错码为止（图 3.7.2）。当没有发现错码时，解码器通知指令发生器发出“正确接收”指令，于是重发控制器通知信源发送下一组码元。采用检错重发技术时，通信系统需要有双向信道。

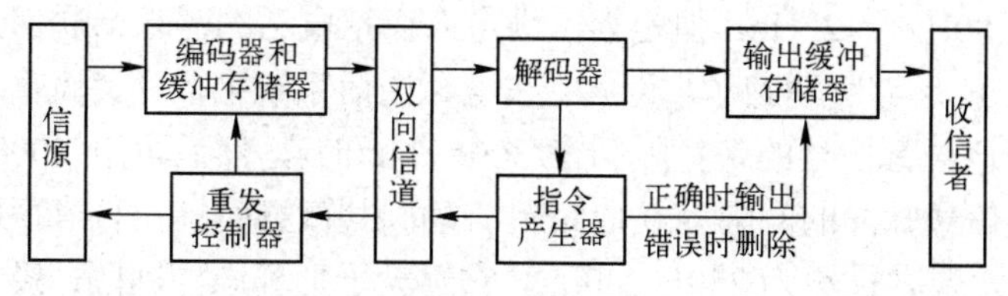

图 3.7.2　ARQ 系统原理方框图

2．前向纠错

采用前向纠错（Forward Error Correction，FEC）技术的系统中，接收端利用发送端在发送序列中加入的差错控制码元，不但能够发现错码，还能确定错码的位置。在二进制码元的情况下，能够确定错码的位置，就相当于能够纠正错码。将错码“0”改为“1”或将错码“1”改为“0”就可以了。

3．反馈校验

采用反馈校验（Feedback Detection）技术的系统中，不需要在发送序列中加入差错控制码元。接收端将接收到的码元转发回发送端。在发送端将它和原发送码元逐一比较。若发现有不同，就认为接收端收到的序列中有错码，发送端立即重发。这种技术的原理和设备都很简单。其主要缺点是需要双向信道，传输效率也较低。

4．检错删除

检错删除（Error Detection and Deletion）技术和检错重发技术的区别在于，在接收端发现错码后，立即将其删除，不要求重发。这种方法只适用于少数特定系统中，其发送码元中有大量**冗余**（Redundancy），删除部分接收码元不影响应用。例如，在循环重复发送类似天气预报这种遥测数据时（由于天气变化速度比数据传输速率慢很多，大部分传输的数据内容都是重复的），以及在多次重发仍然存在错码时，为了提高传输效率不再重发而采取删除的方法，这样在接收端当然会有少许损失，但是却能够及时接收后续的消息。

以上几种技术可以结合使用。例如，检错重发技术和前向纠错技术结合，即检错和纠错结合使用。当接收端出现较少错码并有能力纠正时，采用前向纠错技术；当接收端出现较多错码没有能力纠正时，采用检错重发技术。

3.8　信源压缩编码

信源压缩编码（Source Compression Coding）的目的是减小信号的冗余度，提高信号的有效性，即提高信号的传输效率。来自信源的信号有多种，例如语音、音乐、图片、图像、文字和数据等。在传输语音、图像等信号时，若接收信号存在少许失真，可能不会被人的耳朵和眼睛察觉，因此容许在压缩时信号产生失真，即受到损伤。这种压缩方法称为有损压缩（Lossy Compression）。对于计算机数据和文字等信号，经过传输后不容许有任何错误，故在压缩时只能采用无损压缩（Lossless Compression）的方法；当然，对于容许有损的信号也可以采用无损压缩的方法压缩。真正能够对各种信号有效压缩的方法都是用数字技术进行的。因此对信源来的模拟信号首先需要数字化，然后对其进行压缩。

一种常用的压缩信号方法是利用信号的相关性。以传输语音为例，人们的说话声音占用的频率范围大约为 80Hz～12kHz，但是为了满足人们打电话的需求，通信系统的传输频带只要 300Hz～3400Hz 就足够听清楚了。为此，在电话通信系统中，对话筒输入的语音信号通常都先用带通滤波器把语音信号的带宽限制在 300～3400Hz，然后再用 8000Hz 的频率抽样量化，这样语音抽样信号脉冲的间隔为 0.125ms。人们用普通话发音时，每秒大约能说 3～4 个汉字，即每个汉字发音时长约为 250～330ms，它远大于抽样脉冲间隔；经过抽样后每个汉字发音约持续 2000～2640 个抽样脉冲，因此相邻抽样脉冲的振幅之间相差不大，即变化不大；

用数学语言表述就是相关性较大。利用相关性压缩的原理，最简单的方法是在传输时不传输每个抽样脉冲值，而是传输相邻脉冲值之差。由于此差值比脉冲值小很多，因此传输差值所需的二进制码元数量就少。例如，若传输语音抽样脉冲时用 8 个二进制码元编码，它相当于可以把语音抽样脉冲值分为 256（$=2^8$）级。若语音相邻抽样值之差不大于 16（$=2^4$）级，则用 4 个二进制码元编码就够了，因此传输速率可以减半。万一相邻抽样值之差超过 16 级，则信号将发生失真，所以严格说这种压缩方法是有损压缩方法。图片和图像等信号也可以利用其相关性压缩。

文字和计算机数据等信号传输时不容许有差错，故只能采用无损压缩方法。例如，英文可以利用其字母出现的统计特性编码来压缩其传输速率。对英文字母编码时，出现概率大的字母采用短的编码，出现概率小的字母采用较长的编码，这样就可以使平均的码长减小；在 1.2 节“电报通信”中，已经提到过这个问题。

3.9 天　　线

在第 2 章中提到，无线信道是利用电磁波在空间的传播来传输电信号的，为此在发送设备和接收设备中分别需要安装发送天线和接收天线来发射和接收无线电信号。当无线电信号的频率不太高（大约 1GHz 以下）时，所用的天线（Antenna）多是由线状金属导体组成的，统称为线天线；当无线电信号的频率很高时，多用面天线。

3.9.1 线天线

最基本的线天线是偶极子（Dipole），又称对称振子（Symmetrical Dipole），它由两根导体组成；当波长较短时，导体是金属棒（图 3.9.1）；当波长较长时，导体是金属线；在图 3.9.2 中示出这种天线，在两根导体的近端用同轴电缆的外皮和芯线连接发射机或接收机，天线长度等于半波长（$150\text{m}/f_{\text{MHz}}$）。另一种基本的对称振子是折合振子（见图 3.9.3），它是上述对称振子的变形，由较粗的金属导体制成。这几种基本振子都经过馈线直接连接在发射机或接收机上，所以都称为有源振子。

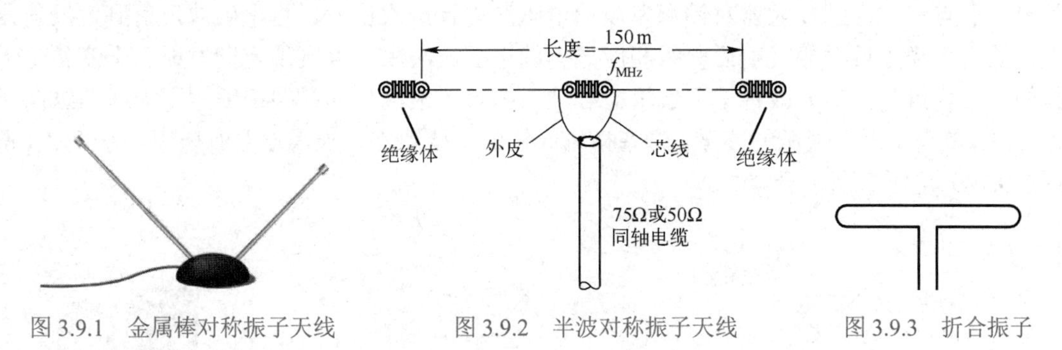

图 3.9.1　金属棒对称振子天线　　图 3.9.2　半波对称振子天线　　图 3.9.3　折合振子

在不少场合，对称振子不易架设，常取其一半简化成为鞭状天线（见图 3.9.4）。鞭状天线经常用在车载电台、背负式电台和手持电台上。

在上述偶极子天线的基础上，于 1920 年代发展出一种被广泛应用的线天线，称为八木天线（Yagi Antenna）。它是由日本东北大学的八木秀次和宇田太郎两人发明的。八木天线一般用折合振子作为有源振子，并在其后增加一个无源反射器。对于发射天线，此无源反射器用于反射有源折合振子发射出来的信号；在有源折合振子的前面增加若干个无源引向器，用于引导有源振子发射出来的信号（见图 3.9.5），因此它的方向性和增益得以增强。对于接收天线，其工作原理类似。为了进一步提高八木天线的性能，可以用多个八木天线组成八木天线阵（见图 3.9.6）。

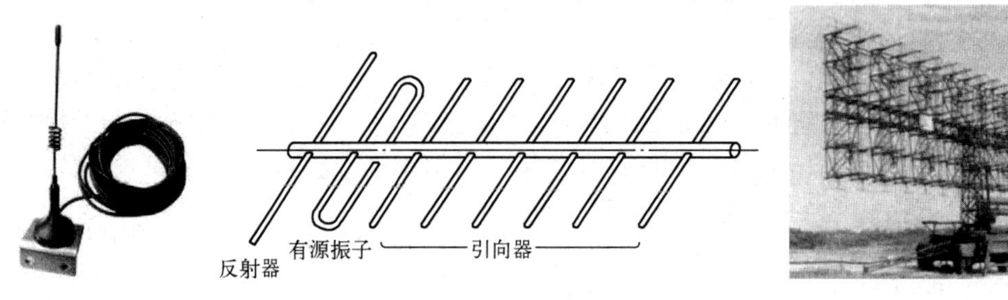

图 3.9.4　鞭状天线　　图 3.9.5　八木天线　　图 3.9.6　八木天线阵

除了上述几种线天线，还有多种较为复杂的线天线，例如，对数周期天线、菱形天线、鱼骨形天线。以上只简单介绍了几种常用的线天线，下面介绍面天线。

3.9.2　面天线

最普通的面天线是抛物面天线，其基本结构包括主反射面、馈源和支架（图 3.9.7）。馈源位于抛物面的焦点。馈源发出的电磁波经过反射面反射后形成定向发射的电磁波（见图 3.9.8），类似手电筒的反射面反射光波。这种面天线的反射面可以是金属板（图 3.8.9），也可以是金属网（图 3.9.10）。金属网可以减轻其质量并减小对风的阻力，但是反射性能会有少许降低。普通抛物面天线还有各种不同的改进型，例如切割抛物面天线（图 3.9.11）、卡塞格伦天线（Cassegrain Antenna）（图 3.9.12）等。卡塞格伦天线由三部分组成，即主反射器、副反射器和馈源。其中主反射器为抛物面，副反射器为双曲面。在结构上，双曲面的一个焦点与抛物面的焦点重合，双曲面的焦轴与抛物面的焦轴重合，而馈源位于双曲面的另一焦点上。由副反射器对馈源发出的电磁波进行一次反射，将电磁波反射到主反射器上，然后再经主反射器反射后获得相应方向的平面波波束，以实现定向发射。卡塞格伦天线的主要优点是：（1）改善了天线增益；（2）缩短了馈线长度；（3）缩短了天线的纵向尺寸；（4）减少了返回馈源的能量。卡塞格伦天线的主要缺点是天线增益有所下降，旁瓣（见图 3.9.14）电平有所上升。

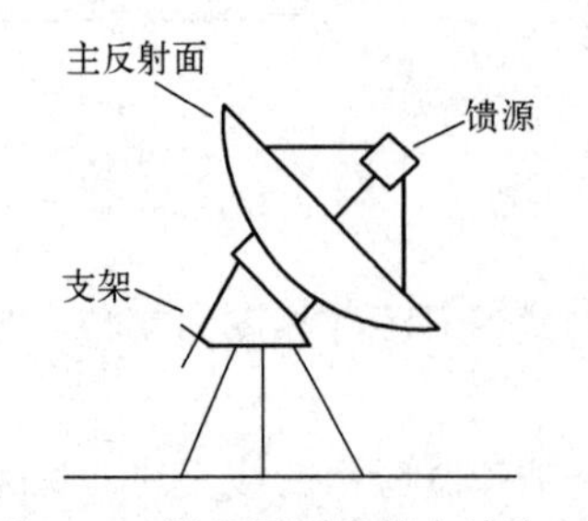

图 3.9.7　抛物面天线基本结构

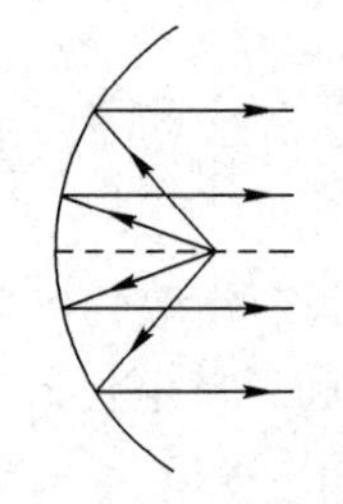

图 3.9.8　抛物面天线原理

图 3.9.9　金属板抛物面天线

图 3.9.10 网状抛物面天线

图 3.9.11 切割抛物面天线

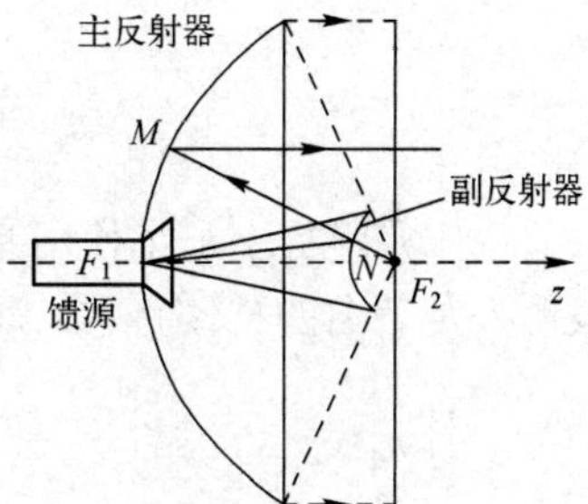

图 3.9.12 卡塞格伦天线

3.9.3 天线的主要性能

天线的主要性能有：方向性（Directivity）、增益（Gain）、效率（Efficiency）。天线的方向性是指天线在三维空间不同方向具有的不同辐射能力或接收能力。在图 3.9.13 中给出了对称振子的方向图。由图可见，对称振子在水平面上，即垂直于振子轴线的平面上，各方向的辐射能力相同，即在水平面上是没有方向性的，或者说在水平面上是各向同性的（Isotropic）；对称振子在振子轴线的方向上则没有辐射。若一个天线在三维空间中各个方向上的辐射能力相同，则它在三维空间是各向同性的。实际的天线都是有方向性的，即三维各向同性天线在实际中是不存在的或不可实现的。三维各向同性天线可以看作一种理想天线，它可以作为标准去衡量一个实际天线的方向性，并由此引出天线增益的概念。

在实际应用中对天线的方向性有不同的要求。例如，对广播电台的天线，要求其在水平面是各向同性的，因为广播电台的听众分布在四面八方。卫星通信地面站的发射天线需要将发射功率集中发射（向卫星），所以需要其天线的辐射最大方向指向卫星，在图 3.9.14 中给出这样一个有方向性的天线方向图。

天线增益定义为：在输入功率相等的条件下，在实际天线最大辐射方向的辐射功率密度与各向同性（理想）天线在该处的辐射功率密度之比。这一比值通常用分贝（dB）表示，所以天线增益的定义可以用下面的公式表示：

$$G = 10\lg\left(\frac{P_1}{P_2}\right) \quad \text{dB}$$

式中，G 为增益；P_1 为实际天线在最大辐射方向的辐射功率密度；P_2 为各向同性天线在该方向的辐射功率密度。

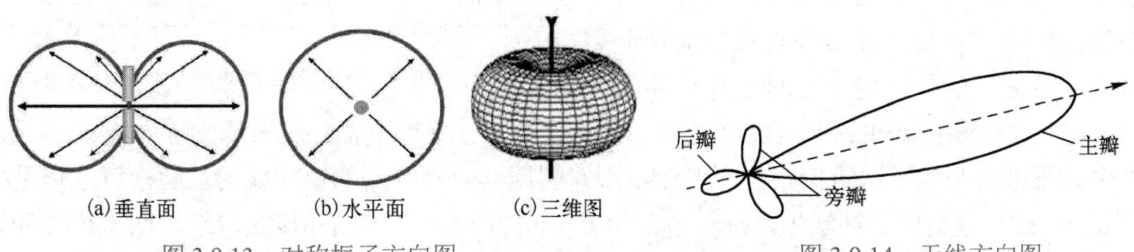

图 3.9.13 对称振子方向图

图 3.9.14 天线方向图

天线效率是指天线辐射出去的功率（即有效地转换为电磁波的功率）和输入到天线的有功功率之比。这一比值恒小于 1。

3.10 通信安全和保密编码

中国是世界上最早使用密码的国家之一，当年最难破解的“密电码”也是中国人发明的，发明人是著名的抗倭将领、军事家戚继光（见附录3）。

3.10.1 密码学

通信保密的目的是保证信息传输的安全。为此，信息在传输之前需要进行加密。这无论对于军事、政治、商务还是个人私事，都是非常重要的。信息安全的理论基础是密码学（Cryptology）。密码学是保密通信的泛称，它包括密码编码学（Cryptography）和密码分析学（Cryptanalysis）两方面。为了达到信息传输安全的目的，首先要防止加密的信息被破译；其次还要防止信息被攻击，包括伪造和篡改。为了防止信息被伪造和被篡改，需要对其进行认证（Authenticity）。认证的目的是要验证信息发送者的真伪，以及验证接收信息的完整性（Integrity）——是否被有意或无意篡改了？是否被重复接收了？是否被拖延了？认证技术则包括消息认证、身份验证和数字签字（“签字”跟“签名”不同。“签字”的目的是表示愿意承担某种责任或义务，多用于严肃或正式的场合。“签名”的目的多为表示友好或纪念，常用于娱乐或非正式的场合——见《现代汉语规范词典》。因此，此处用“签字”为宜，但是目前常见“数字签名”的用法）等三方面。

密码编码学研究将消息加密（Encryption）的方法和将已加密的消息恢复成为原始消息的解密（Decryption）方法。待加密的消息一般称为明文（Plaintext），加密的结果则称为密文。用于加密的数据变换集合称为密码（Cipher）；通常加密变换的参数用一个或几个密钥（Key）表示。另一方面，密码分析学研究如何破译密文，或者伪造密文使之能被当作真的密文接收。

3.10.2 单密钥密码

普通的保密通信系统使用一个密钥，这种密码称为单密钥密码（Single-key Cryptography）。使用这种密码的前提是发送者和接收者双方都知道此密钥，并且没有其他人知道。这就是假设消息一旦加密后，不知道密钥的人不可能解密。在图3.10.1中画出一个单密钥加密通信系统的原理方框图。由图可见，在发送端，信源产生的明文 X，用密钥 Z 加密成为密文 Y，然后通过一个“不安全”的信道，送给一个合法用户。另外，密钥还要通过一个安全信道传给接收者，使接收者能够应用此密钥对密文解密。例如，对于二进制通信系统，可以采用一个很长的随机序列（密钥流）作为密钥 Z，并采用模2加法对明文 X 加密。将此随机序列通过安全信道送给接收者，使接收端能够用其对接收到的密文解密。解密算法仍是模2加法。在二进制模2加法中，1+1=0，0+0=0，所以在发送端和接收端经过两次模2加法运算后，结果等于没有经过任何运算。这样，发送端的明文经过两次相同的模2加法运算后，在接收端就还原成明文 X。例如，若待发送的明文为10101010，密钥为11110000，用符号⊕表示模2加法，则实际发送的密文为10101010⊕11110000＝01011010，在接收端将接收到的

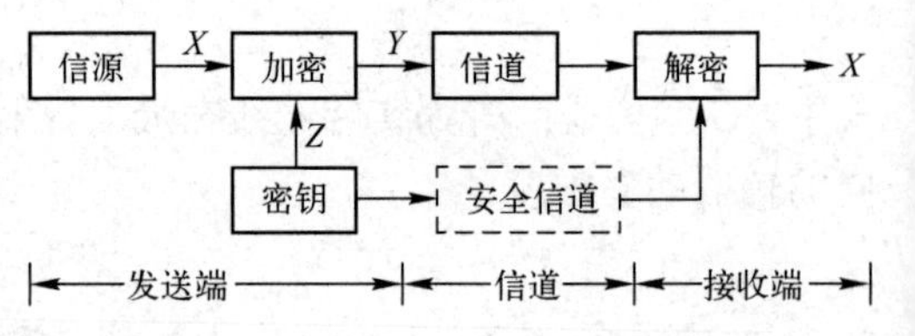

图3.10.1 单密钥加密通信系统原理方框图

密文与密钥再次相加，得到 01011010⊕11110000 = 10101010，于是得到了原发送的明文。

3.10.3 公钥密码

若两个用户要在一条不安全的信道中进行保密通信，则在他们通信之前需要交换密钥信息。在合法用户之间安全地分配密钥，对于所有保密系统都是必须的，无论是何种类型的系统。在普通的密码编码系统中，用户使用一个安全信道（例如，快递或挂号信）分配密钥。然而，使用这样一个辅助信道使普通的保密通信受到很大限制。无庸置疑，使用快递或挂号信分配密钥昂贵，不方便，太慢；并且不总是安全的。

密钥分配问题在大的通信网中特别突出，因为在那里可能的连接数目随$(n^2-n)/2$ 增长，其中 n 是用户数目。当 n 很大时，密钥分配的代价变得非常昂贵。例如，若系统中有 n 个用户，其中每两个用户之间需要建立密码通信，则系统中每个用户须掌握$(n-1)$个密钥，而系统中所需的密钥总数为 $n(n-1)/2$ 个。对 10 个用户的情况，每个用户必须有 9 个密钥，系统中密钥的总数为 45 个。对 100 个用户来说，每个用户必须有 99 个密钥，系统中密钥的总数为 4950 个。因此，如此庞大数量的密钥分发是一个难题。如何能通过一个不安全信道安全地交换密钥信息？

公共密钥密码（Public-key Cryptography，简称公钥密码），也称为双密钥密码（Two-key Cryptography）编码方法中，这个似乎很困难的问题得到了解决。这种方法和普通的密码编码理论完全相反；在普通密码编码理论中密钥需要对敌方破译人员完全保密。

这种体制和普通密码编码理论的区别在于，收发两个用户不再公用一个密钥。这时，密钥分成两部分：一个公开部分和一个秘密部分。公开部分类似公开电话号码簿中的电话号码，每个发送者可以从中查到不同接收者的密码的公开部分。发送者用它对原始发送的消息加密。每个接收者有自己密钥的秘密部分，此秘密部分必须保密，不为人知。

使用上述公钥密码解决安全问题的办法如下。将一个安全通信系统的用户姓名、地址和公钥列于一本“电话簿”中。一个用户需要向另一个用户发送保密消息时，查此“电话簿”，用对方的公钥对消息加密。加密的消息（即密文）只能由持有对应私钥的用户阅读。即使原始消息（明文）丢失了，其发送者也极难从此密文中恢复出明文。

公共密钥密码体制的密钥管理方法使它特别适用于大型的安全通信网络中。

3.10.4 两种简单密码

下面再介绍两种简单的密码。

1. 替代密码

在替代密码（Substitution Cipher）中，明文的每个字符用一种固定的替代所代替；代替的字符仍为同一字符表中的字符；特定的替代规则由密钥决定。于是，若明文为

$$\boldsymbol{X} = (x_1, x_2, x_3, x_4, \cdots)$$

式中，$x_1, x_2, x_3, x_4, \cdots$为相继的字符。则变换后的密文为

$$\boldsymbol{Y} = (y_1, y_2, y_3, y_4, \cdots) = [f(x_1), f(x_2), f(x_3), f(x_4), \cdots] \tag{3.10.1}$$

式中，$f(\cdot)$是一个可逆函数。当此替代是字符时，密钥就是字符表的交换（Permutation）。例

如，由图 3.10.2 可以看到，第一个字符 U 替代 A，第二个字符 H 替代 B，等等。使用替代密码可以得到混淆的密文。

明文字符	ABC DEF GHIJ KL MNOPQRSTUVWXYZ
密文字符	UHNACS VYDXEK QJ RWGOZITPF MBL

图 3.10.2 替代密码

2．置换密码

在置换密码（Permutation Cipher）中，明文被分为具有固定周期 d 的组，对每组做同样的交换。特定的交换规则是由密钥决定的。例如，在图 3.10.3 的交换规则中，周期 $d=4$。按照此密码，明文中的字符 x_1 将从位置 1 移至密文中的位置 4。因此，明文

$$\boldsymbol{X}=(x_1, x_2, x_3, x_4, x_5, x_6, x_7, x_8, \cdots)$$

将变换成密文

$$\boldsymbol{Y}=(x_3, x_4, x_2, x_1, x_7, x_8, x_6, x_5, \cdots)$$

明文字符	x_1	x_2	x_3	x_4
密文字符	x_3	x_4	x_2	x_1

图 3.10.3 置换密码

将简单的替代和置换做交织，并将交织过程重复多次，就能得到具有良好扩散和混淆性能的保密性极强的密码。

【例 3.10.1】 设明文消息为

THE APPLES ARE GOOD

使用图 3.10.2 中的交换字符表作为替代密码，则此明文将变换为如下密文：

IYC UWWKCZ UOC VRRA

假设下一步我们将图 3.10.3 中的置换规则用于置换密码，则从替代密码得到的密文将进一步变换成

CUY IKCWWO CUZ RARV

这样，上面的密文和原来的明文相比，毫无共同之处。若将此结果用上述替代和置换交织方法重复多次，就可以得到保密性极强的密码。

3.10.5 通信安全的重要性

在半个多世纪前，通信保密主要在政府和军事部门受到重视。例如，在第二次世界大战期间，担任日本海军联合舰队司令长官的日本海军大将山本五十六，于 1943 年 4 月 18 日乘坐飞机视察部队，因其行程计划的电报密码被当时中国破译密码专家池步洲（见附录 4）破译，包括其离埠时间、到达时间和相关地点、飞机型号、护航阵容等消息内容都被转知美国，致使其座机在途中被美军飞机击落而毙命。

今日的信息社会，政府、军队、商业、金融、银行、交通运输、科研机构、工矿企业、农业、医药卫生和学校等，都时时需要信息安全得到保证，任何个人也都已经离不开通信安全了。打开手机、电脑需要先输入密码，在银行取款也需要密码，甚至登录 QQ、淘宝网等也需要密码，生活中到处都需要密码。因此，通信安全是一个非常重要的问题，而其核心技术就是密码。现代密码理论涉及较深奥的数学理论及编码技术，所以它在通信理论中往往形成一个独立分支，需要专门进行学习和研究。

3.11 小　结

- 调制的主要功能之一是搬移和变换信号的频谱。信源送出的基带信号波形称为调制信号；经过调制的信号称为已调信号。将已调信号恢复成原调制信号的过程称

为解调。调制的第一个目的是提高信号的频率，以便于用无线电波传输信号；调制的第二个目的是扩大信道的传输能力。基本的调制类型有振幅调制、频率调制和相位调制。在用数字信号调制时，它们分别称为振幅键控、频率键控和相位键控。

- 将模拟信号转化成数字信号的过程叫作模拟信号的数字化。模拟信号数字化的过程包括三个步骤：抽样、量化和编码。表示二进制信号的数字是 0 和 1。多进制信号的好处是一个码元含有多个比特的信息量。
- 同步分为位同步、群同步、载波同步和网同步 4 种。
- 多路复用技术包括频分复用、时分复用、码分复用、空分复用、极化复用和波分复用等。多路复用和多址接入之间的区别在于：在多路复用中，用户是固定接入的或者是半固定接入的；多址接入的网络资源通常是动态分配的。多址技术包括频分多址、时分多址、码分多址、空分多址、极化多址等。
- 差错控制的性能分为检错和纠错两种。差错控制技术可以分为 4 类：检错重发、前向纠错、反馈校验、检错删除。
- 信源压缩编码的目的是减小信号的冗余度。信源压缩方法分为有损压缩和无损压缩两类。有损压缩适用于语音、图像等信号，无损压缩适用于文件、数据等信号。
- 天线用于发射和接收无线电信号。当无线电信号的频率不太高时，多采用线天线；当无线电信号的频率很高时，多采用面天线。
- 密码学是保密通信的泛称，它包括密码编码学和密码分析学两方面。为了达到信息传输安全的目的，首先要防止加密的信息被破译；其次还要防止信息被攻击，包括伪造和篡改。为了防止信息被伪造和被篡改，需要对其进行认证。认证的目的是验证信息发送者的真伪，以及验证接收信息的完整性。认证技术包括消息认证、身份验证和数字签字。

习题

3.1 调制的目的是什么？基本的调制类型有哪几种？

3.2 模拟信号数字化的步骤有哪几个？

3.3 将十进制数字“12”写成八进制数字。

3.4 有哪几种同步？它们分别解决什么问题？

3.5 多路复用的目的是什么？有哪几种多路复用方法？

3.6 多址和多路复用有什么区别？

3.7 何谓直积？

3.8 差错控制技术分为哪几类？

3.9 信源编码分为哪几类？它们都适用于哪些信号？

3.10 天线分为哪两大类？它们分别适用于什么频率？

3.11 天线有哪 3 个基本性能？

3.12 若一个天线的天线增益等于 10dB，它表示什么意思？

3.13 信息安全的理论基础是什么？

3.14 信息传输安全有哪些目的？

3.15 用图 3.9.2 和图 3.9.3 中规定的替代密码和置换密码方案，将明文“YESTERDAY IS NOT TOO HOT”变换成密文。

第 4 章　固定电信网

4.1　电信网的发展历程

自从 19 世纪中叶发明电报并投入实际应用后，开始只是在两点间建立电报线路，后来逐渐发展成在电报局间的有线电报网。在用户和电报局之间必须用运动通信方法人工传递报文，并且报文必须由专人翻译成电码才能传输，即使线路连接到用户，用户一般也不会接收和将电码翻译成电文。自从电话被发明后，没有接收和翻译问题，所以电话线路能够直达用户，因此电话网的规模远比电报网大。在这种有线电话网中，用户终端（电话机）被“绑定”在线路一端，不能移动，因此后来把这种电话网称为固定电话（简称固话）网。至 1980 年代，主要是因为无线蜂窝网的出现而解放了用户被绑定的局面，产生了移动电话网。电话用户也从电话机所在的地点（家庭、办公室等）变成了个人。

在固定电话网中，因为用户电话机一般是模拟电话机，即电话机输出的信号是模拟语音信号，因此从用户到电话局的线路上传输的都是模拟信号，而在电话局之间的干线上。随着数字通信和数字交换机技术的发展，目前传输的都是数字信号，因为数字信号的传输和处理性能都优于模拟信号。与此同时，数字电话机也诞生了。数字电话机输出的是数字语音信号，它经过用户电话线路直接进入数字交换机，因此全网都数字化了。随着其他的数字业务（称为非话业务，例如计算机数据）也进入这种数字化电话网传输，因而这种网就称为综合业务数字网（Integrated Services Digital Network，ISDN）。顺便指出，上述数字电话机在我国没有得到推广应用。

目前在我国除了电信网，还有专为传输计算机数据建立的数据通信网和专为传输电视信号建立的有线电视网。由于技术的进步，在电信网中也可以传输数据和视频信号，在计算机网中也可以传输数字语音信号和图像信号，在有线电视网中也可以传输语音和数据信号，所以从技术上看，这三个网的功能基本相同，因此有可能合并为一个网。“三网合一”在国外有些国家已经实现。在我国“三网合一”也在许多地方发展建设中。

4.2　固定电话网

4.2.1　概述

电话网是开通电话业务的一种网络，可以分为固定电话网和移动电话网。固定电话网已经有了一百多年的历史，它是采用固定终端的一种电话业务网络，固定终端设备也称为电话机或座机。固定电话网由固定终端设备、传输线路和交换设备组成。按照用途区分，电话网可以分为专用交换电话网和公共交换电话网（Public Switch Telephone Network，PSTN）。专用交换电话网是为特定组织、集团内部专用而建立的交换电话网，例如铁路系统、电力系统都有调度专用的固定电话网。下面以公用交换电话网为例讲述。

随着通信技术的发展和用户需求的增长，固定电话网的功能也在不断扩展，出现了一些新的变化。首先，因为电话座机的送受话器和座机间的连线限制了通话人的活动，所以出现了无绳（Cordless）电话机（图 4.2.1），即电话座机和送受话器间用无线电联系，没有连线。第二，在电话用户和电话局之间的连接线路由无线电电路代替有线电路，这样可以免去大量的有线用户线路的架设和维护工作。第三，随着用户数据传输业务的需求增加，出现了在电话网中传输数据的技术和装置，例如在用户电路中通过加用“调制解调器”传输低速数据，和用非对称数字用户线路（Asymmetric Digital Subscriber Line，ADSL）技术（见附录 5）传输高速数据。此外，还有利用电话网传输图片信号的传真机（图 4.2.2）。以上这些都不是固定电话网的基本功能，在本节不再提及。

图 4.2.1　无绳电话机

图 4.2.2　传真机

4.2.2　公共交换电话网的结构

公共交换电话网可以分为本地电话网和长途电话网两部分。

1. 本地电话网

本地电话网是指一个城市或一个地区的电话网，它覆盖市内电话、市郊电话以及周围城镇和农村的电话用户。最基本的本地电话网结构由电话机、用户线（Subscriber Line）、用户端局（简称端局）、局间中继线（Trunk Line）和长话-市话中继线组成（图 4.2.3）。各用户的电话机经过用户线接到端局。端局内设有用户交换机，它按照呼叫用户的信令连接被呼叫用户。端局之间和端局与长途电话网之间通过中继线进行交换。通常在用户线上传输的是模拟电话信号，在中继线上传输的是数字电话信号。

在较大城市中，当端局数量多时，任意两个端局间都需要有中继线连接，为了减少中继线数量，增设有汇接局（Cross Office），如图 4.2.4 所示。汇接局汇聚各端局的连接，并与其他汇接局连接；汇接局内设有交换机，负责转接来自端局和其他汇接局的信号。各端局和汇接局之间用局间中继线连接。长话-市话中继线则用于将汇接局和长途电话网相连接。中继线一般是大容量电（光）缆，用于传输时分多路复用信号。这种网络结构就是目前我国采用的本地网的二级结构。

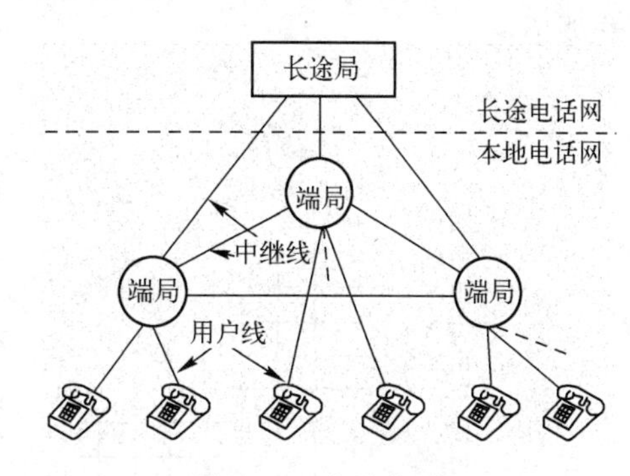

图 4.2.3　本地电话网

2. 长途电话网

我国的长途电话网也采用二级结构，如图 4.2.5 所示。一级交换中心设在各省会、自治区首府和中央直辖市，其功能主要是汇接所在省（自治区、直辖市）的省际和国际话务以及所在地的本地网的长途话务。二级交换中心设在各省的中心城市，其功能主要是汇接所在地的长途话务和省内各地（市）本地网之间的长途转话话务，以及所在中心城市的端局长途话务。

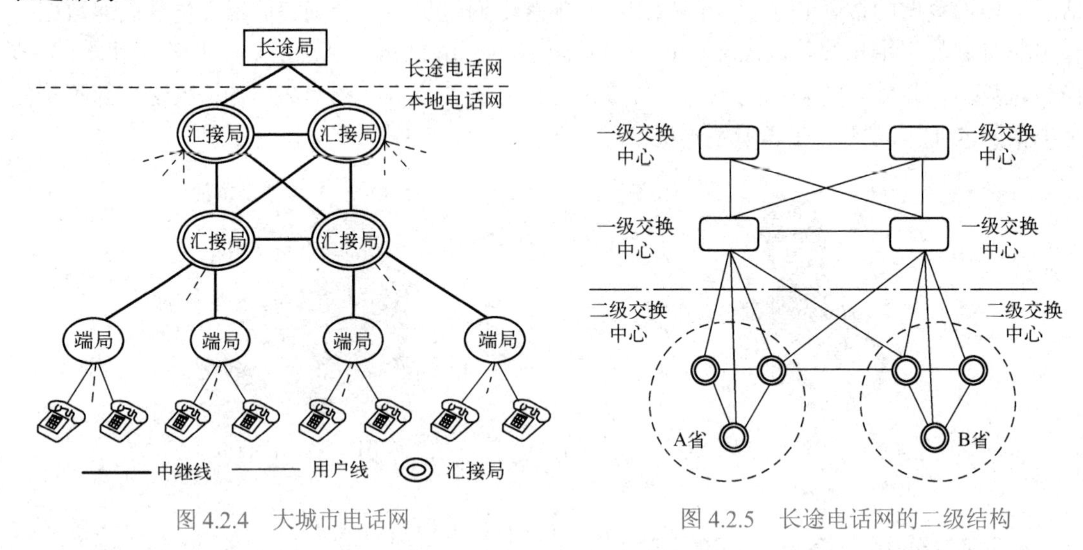

图 4.2.4 大城市电话网

图 4.2.5 长途电话网的二级结构

4.2.3 公共交换电话网的交换

在电话网中各用户线路之间必须通过交换设备的控制才能连通，这种连接称为交换。在早期的电话网中，交换功能是用电路转接的方法实现的，即用控制机械开关接点的方法将两个用户的电路直接相连。其基本原理可以用图 4.2.6 示意。图中画出的是一个开关矩阵的示意图，其中用户 1 和 4 的电路被接通，用户 5 和 8 的电路被接通。这个开关矩阵是双向的，可以满足双向通话的要求。有些时候，例如对于某些数字信号，不适宜通过双向开关时，则可以采用图 4.2.7 所示的单向交换矩阵。这里的每个用户都有入线和出线两条通路，以适应双向通话的需要。和双向交换矩阵相比，这种单向交换矩阵中的开关数目要加倍。

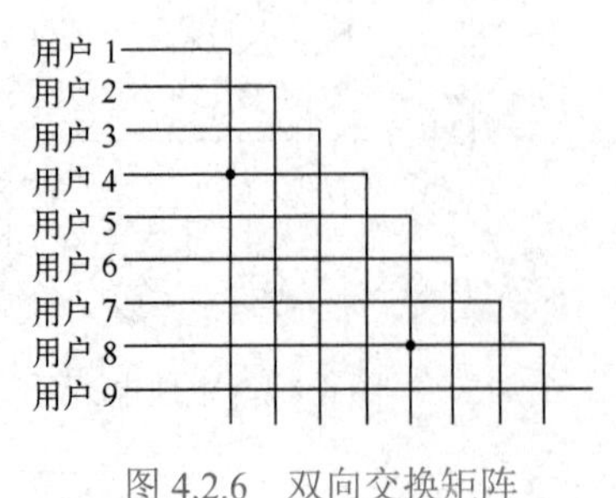

图 4.2.6 双向交换矩阵

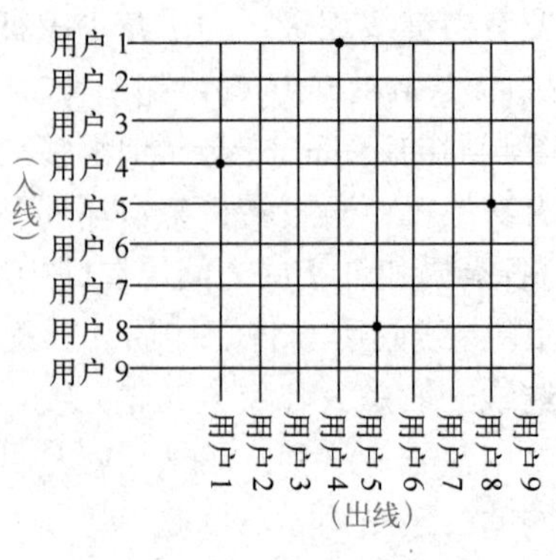

图 4.2.7 单向交换矩阵

1. 信令的种类

实现交换功能的开关，最早是用人工控制的，这时的交换装置是人工交换机（见图 1.3.2）。操作交换机的话务员按照电话用户的语音指令将电路接向另一用户的线路。后来，出现了自动交换机，用机械代替人工控制交换开关，这时控制机械操作的指令不再是语音，而是代表指令的一组数字信号，它称为信令（Signaling）。最初的信令是一组直流电脉冲。这时在电话机中设有一个呼叫对方时用于输入对方电话号码（信令）的拨号盘（图 4.2.8）。拨号盘用机械方法产生直流电脉冲，自拿起送受话器（摘机）开始，电话线路上就加有正电压。拨号时，电压断续，产生负向脉冲。用电脉冲的数目代表每位电话号码，例如数字“4”发送 4 个脉冲（图 4.2.9），数字“0”发送 10 个脉冲。用拨号盘每发送一位电话号码，平均费时 0.55s。

图 4.2.8　拨号盘

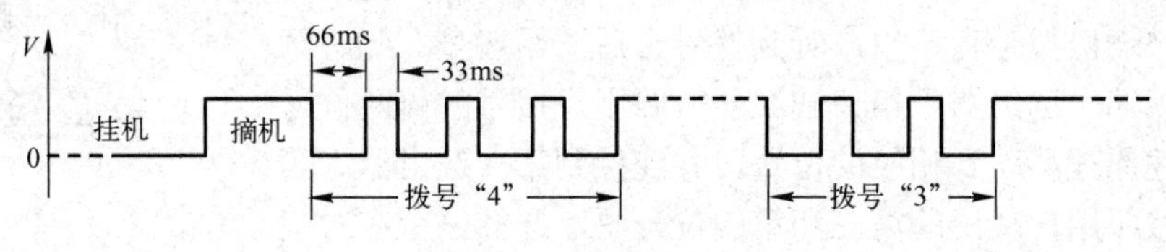

图 4.2.9　拨号脉冲波形

随着电话网的发展，用户的电话号码位数不断增加，拨号费时太长，另外这种方法易受干扰出错，后来逐渐被由美国电话电报公司（AT&T）于 1963 年发明的双音多频（Dual-Tone Multi-Frequency，DTMF）信令所取代（图 4.2.10）。这种信令用不同频率的双频正弦波（指两个不同频率正弦波的叠加）脉冲代表一位数字，发送一位数字仅需 0.08s 的时间，速度较快。例如，当发送电话号码“4”时，电话机送出的信令是频率为（770Hz + 1209Hz）、持续时间为 0.08s 的双频率正弦波脉冲。这样，电话机就从拨号盘式电话机变成了按键式电话机（见图 1.3.4 和图 1.3.5）。

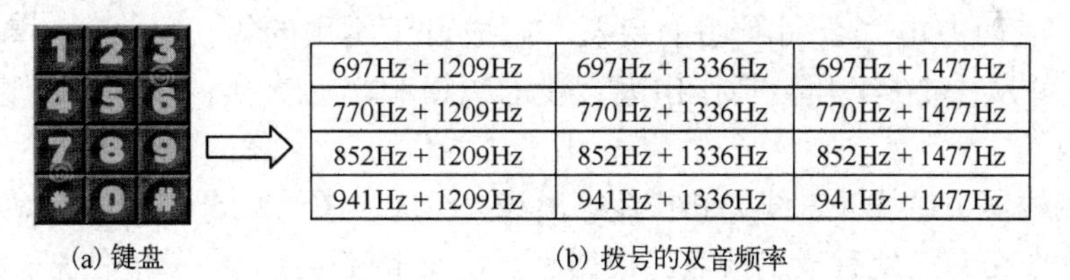

697Hz + 1209Hz	697Hz + 1336Hz	697Hz + 1477Hz
770Hz + 1209Hz	770Hz + 1336Hz	770Hz + 1477Hz
852Hz + 1209Hz	852Hz + 1336Hz	852Hz + 1477Hz
941Hz + 1209Hz	941Hz + 1336Hz	941Hz + 1477Hz

(a) 键盘　　(b) 拨号的双音频率

图 4.2.10　双音多频键盘及拨号频率

自动交换机经过多年的应用，发展出了多种不同类型的机种，例如，步进制、纵横制等，但是用户发送的交换信令只有上述两种。

2. 步进制交换机

步进制交换机（Step-by-Step Switch）（图 4.2.11），又称史端乔交换机（Strowger Switch），由美国人 A.B.史端乔于 1889 年发明，1891 年由德国西门子公司改进并投入生产。步进制交换机利用选择器（又称寻线器）完成通话接续过程。最简单的上升旋转型选择器（图 4.2.12）有一个轴，轴的周围有 10 层弧线，每层弧线含有 10 个接点。轴上装有弧刷，能在各层弧线间上下移动，同时也能沿弧线水平旋转，与各接点相连接。例如，当主叫电话用户拨叫 25

号时，弧刷即上升两步到第二层弧线上，再旋转 5 步，停在 25 号接点的位置，使主叫用户同 25 号用户（被叫用户）的电话接通。

图 4.2.11 步进制交换机

图 4.2.12 上升旋转型选择器

图 4.2.13 示出了步进制交换原理。当主呼用户摘机后，用户预选器的弧刷就一步一步转动，直到接触一个空闲接点停住，同时给主呼用户送出拨号音，用户听到拨号音后开始拨号。此时预选器连接到了第一选组器，第一选组器按照用户拨号的前两位号码，按照上述原理移动到相应的位置，并连接到第二选组器。第二选组器则按照用户拨出的第三和第四位号码，选择停留在对应的位置。如此继续下去，直到终接器，并将线路接到被呼叫用户电话机为止。在图 4.2.13 中有 3 个选组器，可以接收 6 位电话号码的呼叫。

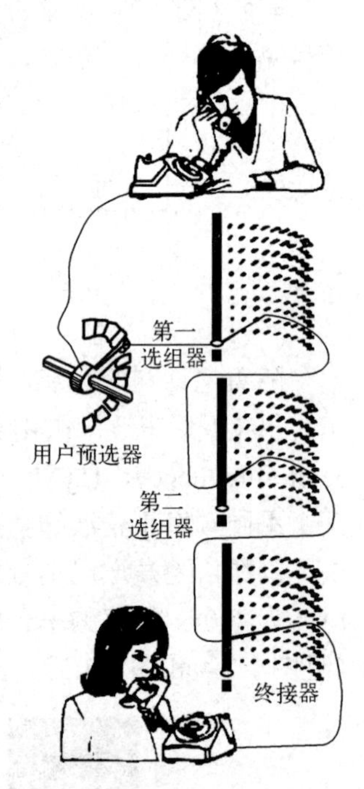

图 4.2.13 步进制交换原理

3. 纵横制交换机

纵横制交换机（Crossbar Switch）最早于 1915 年由美国西方电气公司设计制造出来，当时称为“坐标式接线器（Coordinate Selector）”，但是没有得到应用。1923 年瑞典电信公司（Televerket）的帕尔姆格伦（Palmgren）和贝塔兰德（Gotthilf Betulander），受西方电气公司发明的启发，制成可供实用的纵横制接线器，并从 1926 年开始制作出大容量的纵横制电话交换机（图 4.2.14）。

纵横制接线器由纵线（入线）和横线（出线）组成（图 4.2.15）。平时，纵线同横线互相隔离，但在每个交叉点处有一组接点。根据需要使一组接点闭合，就能使某一纵线与某一横线接通。10 条纵线和 10 条横线有 100 个交叉点，控制这 100 个交叉点处的接点组的闭合，最多能接通 10 个各自独立的通路。

纵横制接线器用推压式接点代替步进制交换机中的旋转滑动接点，其动作轻微，接触可靠，接点磨损小，杂音小，因而通话质量好，维护工作量小，有利于开展数据通信、用户电报、传真电报等业务。

4. 信令的作用

无论采用哪种交换机，在用户线上传送的信令都包括用户向交换机发送的用户线空闲或繁忙信号和控制交换操作信号，以及交换机向用户发送的铃流和忙音信号等。在图 4.2.16 中，通过呼叫和通话过程举例，示出了上述这些信令的作用。

图 4.2.14　纵横制电话交换机

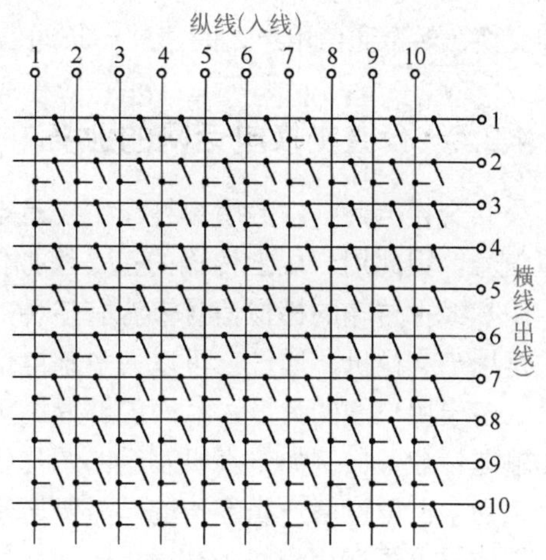

图 4.2.15　纵横制接线器

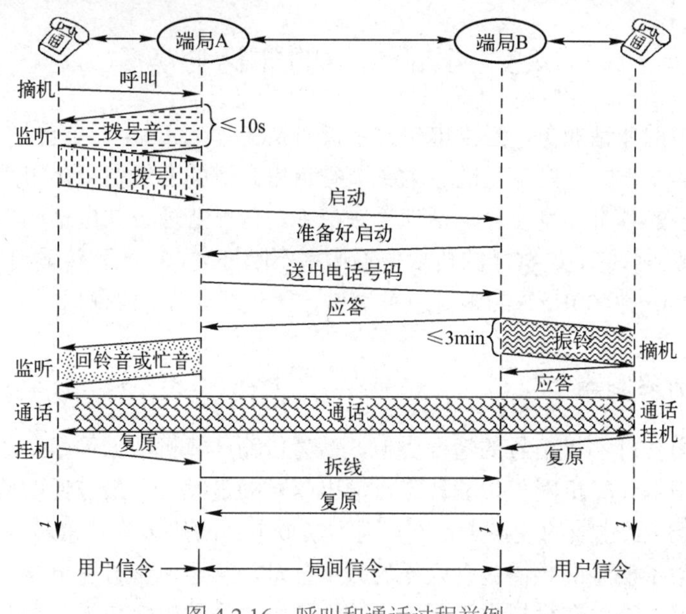

图 4.2.16　呼叫和通话过程举例

在中继线上传送的信令称为局间信令，它是交换机和交换机之间使用的信令，用来控制呼叫接续和拆线。局间信令又可分为具有监视功能的线路信令和具有选择、操作功能的记发器信令。局间信令数量相对要多，不仅复杂而且常常为了传输局间信令需要建立专用的信令网。顺便说明，在其他通信网中也有各自的信令，例如在数据通信网中。

5．程控交换机

目前，由于数字通信技术的发展，在交换设备中一般采用时分数字交换技术，构成数字程序控制交换机，简称程控交换机。这时，被交换的信号是数字信号。若用户线路输入的是模拟信号，则首先应将其数字化，再进行交换。交换后，再经过数/模变换，变成模拟信号送回用户。在数字交换设备中，均采用时分复用 PCM 体制。这样，只需将分配给各用户的时隙位置搬移，即可达到交换的目的。

上述两种（自动和程控）交换机中，前者用开关矩阵实现交换的方法常称为空分交换，后者则称为时分交换。空分交换时刻保持连接通信两端用户的线路处于持续接通状态。或者说，空分交换在两个通信用户之间建立一条通信链路，直至通信结束。时分交换则不然。

4.2.4 公共交换电话网的业务

公共交换电话网中的用户终端主要是电话机。目前我国广泛采用的电话机输出信号都是模拟信号，因此用户线上传输的也是模拟信号。

用户线上传输的模拟信号来源有多种，最常见的是用户的电话机，它直接和用户线相连。其次是用户交换机，通过它可以使多部电话机共享一条或多条用户线；这时电话机的数量总是大大多于用户线的数量，从而能够提高用户线的利用率。除了传输语音信号，用户线还可以传输非话业务，例如传真机发送的图片信号和计算机发出的数据信号。这些信号都是数字信号，为了在模拟用户线上传输，需要先使用调制解调器（Modem，**简称**调解器）将其变换成模拟信号，再在用户线上传输。

4.3 电话网中的非话业务

早期电话网中的非话业务，当推电传打字机（见 2.7 节）通信。电传打字机应用的初期，是通过专线传输其发出的基带信号的。为了节省租用昂贵的专线费用，采用调解器把电传打字机输出基带信号的频带，变换至电话信号频带中，再在普通公共电话网中传输。由于采用更先进的调制和编码技术，调解器的传输传输速率不断提高，在达到传输速率不能再提高时，电话信号频带（300～3400Hz）的限制就被突破，出现了宽带的调解器。

4.3.1 调制解调器

与早期传输电传打字机信号的情况类似，随着传输计算机数据等数字数据业务需求的增长，除了建立专用的计算机网，传输计算机输出信号的最经济且最方便的捷径，是利用现有的、成熟的、已经广泛建成的模拟电话网。因为模拟电话网的传输频带通常为 300～3400Hz，而计算机输出的数字信号的频谱包含极低的频率分量，甚至包含直流分量，因此不能直接通过模拟电话网传输。为了在模拟电话网中传输计算机产生的数字信号，通常的做法也是使用调制解调器，先把数字信号“调制”为模拟的已调信号波形。已调模拟信号的频谱为 300～3400Hz，它可以通过电话线路传送到接收端，在进入接收端计算机之前，要经过接收端的调解器把模拟信号波形解调为数字信号。通过这样一个“调制”与“解调”的过程，从而实现了两台计算机之间的通信。图 4.3.1 中计算机输出的是数字信号，经过调解器后，变为模拟信号波形送入模拟电话网。

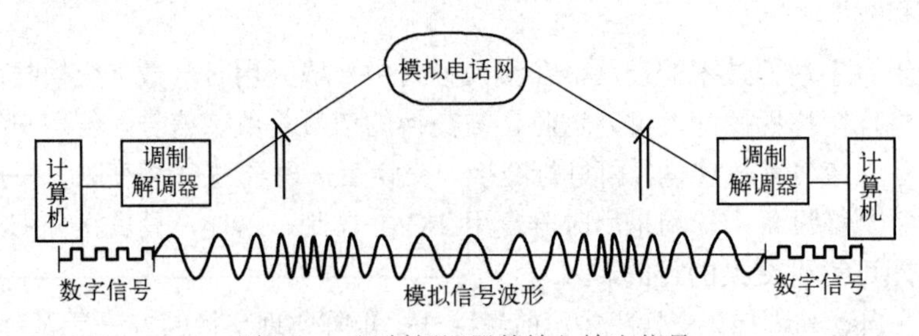

图 4.3.1 调制解调器的输入输出信号

图 4.3.2 中示出的是早期的外置式调解器，它放置于机箱外，通过计算机串行通信口与计算机连接。这种调解器方便灵巧、易于安装，但外置式调解器需要使用额外的供电电源与电缆。随着个人计算机（Personal Computer，PC）结构的发展，出现了插在 PC 内的内置式调解器（图 4.3.3），但是它在安装时需要拆开机箱，并且要对中断和通信口进行设置，安装较为烦琐。这种调解器要占用计算机主板上的扩展槽，但无须额外的电源与电缆，且价格比外置式调解器要便宜一些。为了适应笔记本计算机的需要，还有一种 PCMCIA（Personal Computer Memory Card International Association，PC 内存卡国际联合会的缩写）插卡式调解器（图 4.3.4），它体积小巧，可以插入笔记本计算机中，适合用于移动上网。随着集成电路的发展，现在的调解器已融入计算机内，只是计算机中的一块芯片了。

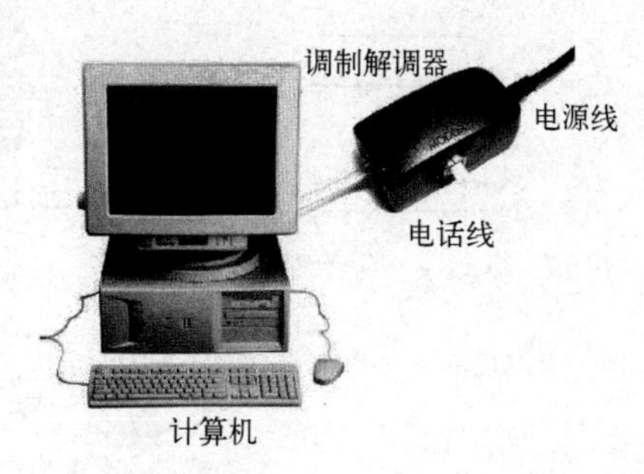

图 4.3.2 用外置式调解器接入电话网

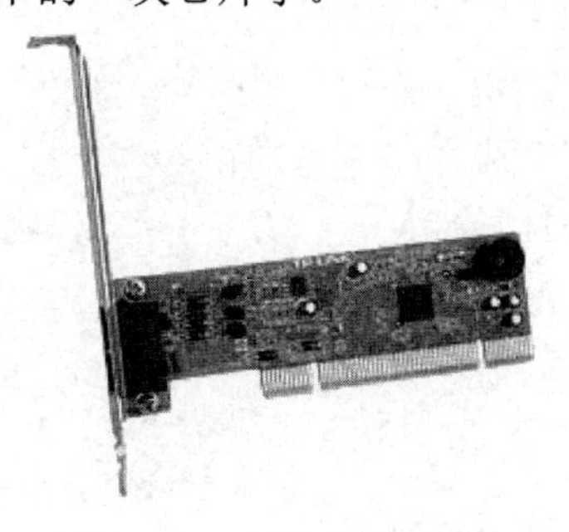
图 4.3.3 内置式调解器

图 4.3.4 PCMCIA 插卡式调解器

此外，随着调解器采用的调制和纠错编码技术不断改进，调解器能够传输的数据速率也不断提高，从最初的 300b/s 逐渐提高到数十千比特每秒。在表 4.3.1 中列出了调解器的速率。

表 4.3.1 调解器的速率

调解器（标准）	调　制	速率（kb/s）	发布年份
300 波特调解器（V.21）	FSK	0.3	1962
600 波特调解器（V.22）	QPSK	1.2	1980
600 波特调解器 （V.22bis）	QAM	2.4	1984
1200 波特调解器（Bell 202）	FSK	1.2	
1200 波特调解器 （V.26bis）	PSK	2.4	
1600 波特调解器 （V.27ter）	PSK	4.8	
2400 波特调解器（V.32）	QAM	9.6	1984
2400 波特调解器 （V.32bis）	Trellis	14.4	1991
2400 波特调解器 （V.32terbo）	Trellis	19.2	1993
3200 波特调解器（V.34）	Trellis	28.8	1994
3429 波特调解器（V.34）	Trellis	33.6	1996

4.3.2 宽带调解器

1. ADSL 原理

一种目前广泛采用的利用电话线传输高速数字信号的宽带调解器称为非对称数字用户线路（ADSL）调解器。标准双绞线电话电缆在较短距离内的传输带宽比电缆额定的最高传输频率大很多，ADSL 调解器就利用了这个特点。然而，ADSL 的性能随着电缆长度的增加而逐渐下降，这就限制了用户至电话局之间的距离不能太远。

ADSL 的上行和下行带宽不等（不对称），因此称为非对称数字用户线路。ADSL 利用频分复用技术把电话线路的传输带宽分成语音、上行数据和下行数据 3 段，形成 3 个独立的信道。

为了把语音信号和ASDL数据信号分离，在电话线路用户输入端需要接入一个信号分离器，把电话信号和ASDL数据信号分开（见图4.3.5和图4.3.6），而ASDL调解器（图4.3.7）则连接到信号分离器上。

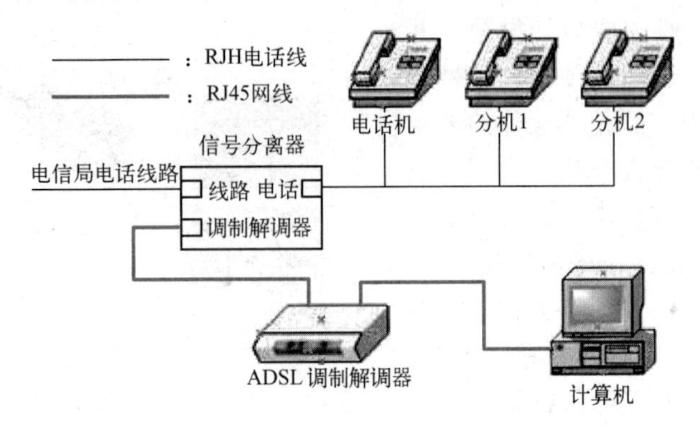

图4.3.5　ADSL调解器的连接

图4.3.6　信号分离器

ADSL中传输的数据信号采用离散多音（Discrete Multi-Tone，DMT）调制，它将传输数据的频带划分成200多个带宽较窄的子频道，根据各个子频道的瞬时衰耗特性、群时延特性和噪声特性，把输入数据信号动态地分配给各个频道。

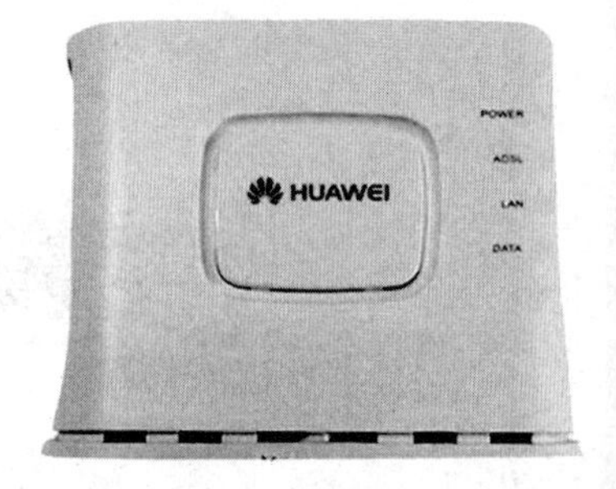

图4.3.7　ASDL调解器

2．ADSL标准

用于ADSL的DMT调制有两个标准：一个是北美标准ANSI T1.413，另一个是ITU标准G.992.1。G.992.1标准现在常称作G.dmt标准，它是目前世界上采用最广泛的标准，但是ANSI T1.413标准以前在北美普遍采用。两者大同小异，仅在帧结构上有所不同。下面以G.dmt标准为例进一步介绍。

按照G.dmt建议，用户可以在通电话的同时在一对双绞线上最高传输上行1.5Mb/s，下行8Mb/s的数据。2008年发布的新标准ADSL2+ 版本（ITU G.992.5 Ann M）可以提供最高24Mb/s的下行速率，和3.3Mb/s的上行速率。ADSL2+的理论最大下载速率和传输距离有关。例如，当距离为0.3km时，下载速率为24Mb/s，若下载一个9.3MB的MP3文件（4min时长），需时约3.0s；当距离为3.0km时，下载速率仅为8.0Mb/s，若下载同一文件，需时约9.3s。

DMT调制把ADSL信号划分到以4.3125kHz的倍数为中心频率的255个子载频上。编号为N的子载频的中心频率等于$(N \times 4.3125)$kHz。DMT有224个下行子载频和31个上行子载频。N=0的子载频为直流，不能用于传输数据，把4kHz以下频段分配给传统电话信号使用（图4.3.8）。ADSL使用的最低子载频为子载频7 ($= 7 \times 4.3125 = 30.1875$kHz)。每个子载频频道的频谱宽度不必须为4.3125kHz，其频谱与相邻频道的频谱互相重叠（在图4.3.8中没有显示出相邻频道的频谱可以重叠），但是不会互相混淆，因为采用的是编码正交频分复用（Coded Orthogonal Frequency Division Multiplexing，COFDM）调制，使之没有互相干扰。此外，COFDM调制还可以在任何瞬间获得最高的总传输速率。

在COFDM中每个子频道采用正交振幅调制（QAM）或者相移键控（PSK）编码（参看3.2节），以获得好的抗噪声性能。用QAM和PSK调制的目的是通过这种调制将原来每个二进制码元含有的1b信息量，即传输速率为1b/Baud（参看2.2节），变成每个码元含有更多的信息量，因此提高了传输速率。

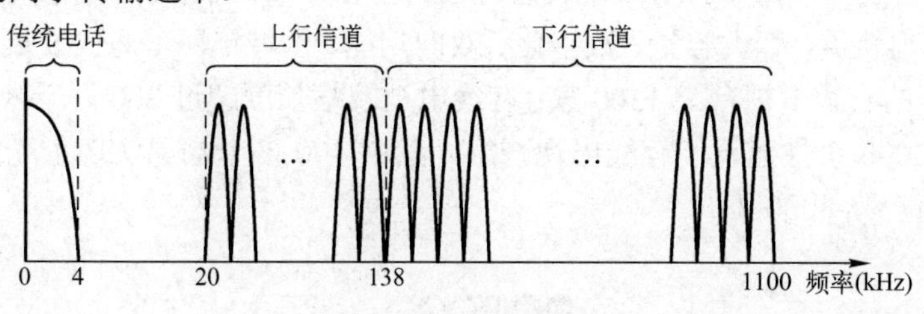

图 4.3.8　ADSL 的频率划分

因为各子频道的瞬时衰减和信噪比不同，COFDM 可以按照信噪比的不同随时调整分配给各子信道的传输速率。一般说来，比噪声电平高 3dB 可以获得 1 比特的可靠编码，例如，一个子频道具有 18dB 的信噪比，将能提供 6 比特的编码。在线路质量良好的条件下，这种调制每个子载频的编码能够达到 15 比特/符号。关于 DMT 和 COFDM 的关系，见二维码 4.1。

通常在 138kHz 两边的几个子频道不用，以防止在上行和下行子频道间的干扰。这些作为保护频带的不用子频道由制造厂商选定，不是由 G.922.1 协议规定的。

上述频率划分可以归纳如下：

- 30Hz～4kHz，用于语音；
- 4～25kHz，保护频带，未用；
- 25～138kHz，25 个上行子频道（7～31）；
- 138～1104kHz，224 个下行子频道（32～255）。

二维码 4.1

4.4　有线电视网

4.4.1　概述

有线电视（Cable Television，CATV）网是通过同轴电缆用射频信号发送电视节目给付费用户的系统。较新建设的系统大都通过光缆用光信号传输电视节目。有线电视不同于广播电视（Broadcast Television），后者的电视信号通过无线电波在空中传播，由电视机上的天线接收。有线电视也不同于卫星电视（Satellite Television），后者的电视信号由地球轨道上的通信卫星发送到屋顶上的卫星面天线。模拟电视是 20 世纪的标准，到了 21 世纪有线电视网已经升级到传输数字电视信号了。

有线电视电缆还可以用于调频无线电节目、高速互联网、电话业务以及其他非电视业务。由于其免去了另外铺设线缆的麻烦，只需要在用户端增加少许设备就可以提供这些非电视业务，因而有线电视网可以成为一种高效廉价的综合网络，它具有频带宽、容量大、功能多、成本低、抗干扰能力强、支持多种业务连接千家万户的优势。

实际上，最早在地势不良，接收不到广播电视信号的一些地区，选择在地势好的地点架设天线接收广播电视信号，并建立有线电视网，用非常长的电缆将天线接收到的信号，送到一个社区（Community）的许多用户的电视机。由于来自天线的信号在经过电缆传输时有衰减，所以必须按一定的间隔放置放大器来增强信号，使其能满足电视机的需要（图 4.4.1）。因此，CATV 原来是“Community Access Television”或“Community Antenna Television”的缩写词。

1990 年 11 月我国颁布了《有线电视管理暂行办法》，标志着我国有线电视进入了高速、规范、法制的管理轨道，朝大容量、数字化、双向功能、区域连网等方向发展。到 1997 年底，经广电总局批准的有线电视台为 1300 家；有线电视网络长度超过 200 万千米，其中光缆干线 26 万千米；近 2000 个县建设了有线电视网络，其中 400 多个县已实现了光缆到乡镇或到乡村；有线电视用户为 8000 万户。

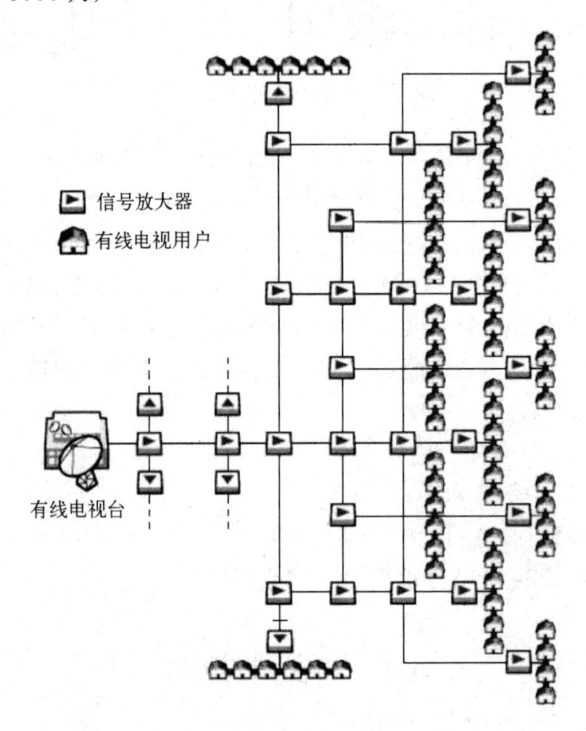

图 4.4.1　有线电视网

4.4.2　工作原理

在大多数传统的模拟信号有线电视网中，很多路电视频道通过同轴电缆，用频分复用（Frequency Division Multiplexing，FDM）技术，送达各个用户。在用户住宅的室外电缆分线盒处，由引入电缆将信号连接到各个房间。有线电视送到用户的信号是射频信号，射频信号是从电视机的天线接口进入的，经过解调，变成视频信号。有些由有线电视公司经营的网络，可能在每个电视机处，都装有一个机顶盒（Set-top Box）（图 4.4.2），它用于把所需频道的信号转换成其原来频道的频率，以防止未付费的盗用者接收电视信号。有线电视网络具有数百兆赫兹的入户带宽，可以同时传输 60 套以上模拟电视节目。

图 4.4.2　机顶盒

在新型的数字电视网中，通常在用户端都加用机顶盒，并且信号通常都是加密的。机顶盒在工作前需要用网管单位设置的激活码激活。若用户没有交费，网管单位能发送一个信号到机顶盒，使其不能接收信号。机顶盒输出的数字电视信号是视频信号，直接送入电视机的视频信号输入端口。将模拟电视信号转换为数字信号，利用 MPEG 压缩技术压缩后，在标准的 6MHz 电视频道中传输时，可以传输多达 10 个频道的数字视频信号。我国典型的有线电视网的带宽是 860MHz，故在一个数字电视网上可以传输多达 1000 多个频道的数字电视节目。

数字技术还允许纠错，有助于确保接收视频信号质量。此外，在数字电视网中，通常可以利用“上行”信道，从用户机顶盒向电缆输入端发送数据，从而得到更多的用途，例如点播付费电影或其他节目，接入互联网，以及 IP 电话业务等。

现代的电缆系统规模很大，常常单个网络的一个输入端即可为整个城市发送信号，因此许多系统采用光缆-同轴电缆混合（Hybrid Fiber-Coaxial，HFC）系统。这就是说，从输入端至本地小区的干线用光纤传输信号，以提供更大的带宽，并为今后发展预留额外的容量。在输入端，将包含所有信道的射频电信号调制到一束光束上，并发送给光纤。光纤干线连接到若干个配送中心，把信号用多根光纤分送到各本地社区的称为光节点（Optical Node）的盒子上。在光节点上，从光纤来的光束变换回电信号，并用同轴电缆，经过一些信号放大器和无源射频分接头，配送给用户。目前有线电视网已经发展到光缆直接到户，在用户处把从光纤来的光信号变换回电信号，再送入电视机。

1999 年国家广播电影电视总局为了适应广播电视发展的需要，重新颁发了《有线电视广播系统技术规范》（GY/T106－1999）。该标准对未来有线电视频率配置做了新的规划，更多地考虑了有线电视未来的发展，特别是对上行信号及数据传输给予了一定的考虑。具体的波段划分见表 4.4.1。

有线电视网最大的优势是频带很宽。我国典型的有线电视网络的带宽是 860MHz。在传输数据业务时，若一个下行频道的带宽为 8MHz，在用 256QAM 调制时数据速率达到了 55.6Mb/s，减掉 10%的比特用于前向纠错，可实现 50Mb/s 到用户桌面。如果全部网络带宽资源用于传输数据信号，可实现高达 5Gb/s 的速率！

表 4.4.1　有线电视系统的波段划分

波　段	频率范围（MHz）	业 务 内 容
R	5～65	上行业务
X	65～87	过渡带
FM	87～108	广播业务
A	108～1000	模拟电视、数字电视、数据业务

4.4.3　机顶盒

这里讨论的机顶盒仅限于为接收数字有线电视节目使用的机顶盒。

电视信号原本是模拟信号，为了减小电视信号在传输过程中受到干扰和损耗的影响，电视台将模拟信号先转换成（已调）数字信号，传送到用户的机顶盒后，再将数字信号转换成（解调后的）基带模拟信号送给模拟电视机。机顶盒的主要功能有：信道信号解调、信源解码、上行数据的调制编码、显示控制和加扰、解扰。

机顶盒中的信道信号解调功能，根据目前已有的调制方式，应当包括对 QPSK、QAM、OFDM、VSB 信号的解调功能。解调后的信号中除了数字电视（包括视频和音频）信号，还有数据信号，因此当完成信号的信道解调以后，首先要解复用，把数据流分成视频、音频和数据；使视频、音频和数据分离开；其中的数字电视信号在传输前，还采用 MPEG2 标准做了信源压缩编码（关于 MPEG 的介绍，见二维码 4.2）。因此，在机顶盒中对解调后的电视信号必须相应地进行解压缩编码，还原出音、视频信号。为了进行交互式工作，机顶盒还需要考虑上行数据的调制编码问题。

二维码 4.2

上述信号的信道解调后的各种功能，都是在机顶盒的嵌入式 CPU 完成的。CPU 是嵌入式操作系统的运行平台，它要和操作系统一起完成解复用、图文电视解码、数据解码、网络管理、显示管理、有条件接收管理等功能。机顶盒软件在机顶盒中占有非常重要的位置。除了音视频的解码由硬件实现，包括电视内容的重现、操作界面的实现、数据广播业务的实现，直至机顶盒和个人计算机的互连以及和互联网的互连，都需要由软件来实现。

随着平板电视机的出现，机顶盒一词已经不大适用了，因为它经常放在电视机的下面了，或许采用数据盒（Digibox）一词较为合适。

4.5 小　　结

- 本章阐述的固定电信网涉及电报网、电话网和电视网。随着用户在电话网中传输非话业务的需求增加，出现了调制解调器和非对称数字用户线路（ADSL）技术，以及传真机等设施。
- 电话机的发展从磁石电话机、共电式电话机、拨号盘式电话机，直到目前广泛应用的按键式电话机。用户电话机发出的信令有直流脉冲式和双音多频（DTMF）两种。在用户线上传送的信令包括用户发送的信号和交换机向用户发送的信号。电话交换机的发展从人工交换机到机械式的自动交换机，直至目前的程控交换机。
- 公用交换电话网分为本地电话网和长途电话网两部分。我国的长途电话网采用二级结构。一级交换中心设在各省会、自治区首府和中央直辖市。二级网设在各省的地（市）本地网的中心城市。
- 传统的调制解调器工作在话路频带内。宽带调制解调器工作在话路频带之上，采用ADSL 技术。
- 传统的有线电视网用射频信号发送电视节目。数字电视网在用户端加用机顶盒，机顶盒输出的数字电视信号是视频信号。数字电视网在标准的 6MHz 模拟电视频道中可以传输多达 10 个频道的数字电视信号。

习题

4.1　电报网为什么没有像电话网那样普及应用？

4.2　电话机有几种类型？

4.3　试述用户电话机发出的拨号脉冲信令的格式。若用其发送数字“0”需要多少时间？

4.4　若有一个 11 位的电话号码，分别用脉冲式拨号盘和按键式拨号盘发送，各需用多长时间？（注：用脉冲式拨号盘发送的时间按平均时间计算）

4.5　简述公共交换电话网中端局的功能。

4.6　宽带调解器 ADSL 技术采用离散多音调制有什么好处？

4.7　比较模拟有线电视网和数字有线电视网的区别。

4.8　机顶盒的主要功能有哪些？

第 5 章　移动通信网

5.1　概　　述

5.1.1　移动通信的概念和分类

一般而言，移动通信泛指在移动对象之间或固定对象和移动对象之间的通信，而无论这些通信对象在地面、地下、水上、水下、空中和太空。但是，最常遇到的，也是这里将讨论的，是地面移动通信，即地面上移动用户之间的通信。移动通信的概念不仅指通信对象可以移动，而且更重要的是要求通信对象可以在运动中通信，例如在汽车、飞机在行进中通信。因此，移动通信的这个特点决定了它必定是一种无线通信。上面对移动通信的要求可以归纳为：在任何时间（Whenever）、任何地点（Wherever）、任何人（Whoever）向任何他人（Whomever），以任何方式（Whatever）通信，通常称为“5W”。

按照移动通信类型区分，有移动电话、移动数据（包括文字、图片等）、移动多媒体通信、无线寻呼（Paging）等。按照移动通信工作方式区分，有单工、半双工、双工通信等。按照组网方式区分，有专线（一对一）、广播网、集群网、自组织（无中心）网、蜂窝网（Cellular Network）等。

5.1.2　移动通信的发展历程

在历史上，各种移动通信网中值得一提的有两种。

1．无绳电话（Cordless Telephone）系统

在 4.2.1 节中曾经提到，因为在固定电话网中电话座机的送受话器和座机间的连线限制了通话人的活动，所以出现了无绳电话机，即电话座机（基站）和送受话器（手机）间用无线电联系，没有连线。这是最简单的无绳电话系统，它仅由一个基站和一部手机组成，称为单信道接入系统，它还不能算作移动通信系统，只能算作从固定通信向移动通信发展的萌芽。不过这种无绳电话机目前仍有在室内使用的。在此基础上，后来发展了能有效利用频率的多信道接入系统，这种系统由一个（或几个）基站和多部手机组成，允许手机在一组信道内任选一个空闲信道进行通信，这种系统称为第一代无绳电话（CT1）系统，它可以认为是移动通信系统的始祖。它是模拟调制体制的。

在此基础上发展出来的第二代无绳电话（CT2）系统采用数字技术，是按照英国 1987 年制定的数字无绳电话技术规范公共空中接口（Common Air Interface，CAI）生产的，工作于 864～868MHz，通话质量较高，保密性强，抗干扰性好，价格便宜，但是用户只能呼出，不能呼入。1992 年，欧洲电信标准协会制定了增强数字无绳通信（DECT）系统的标准，它可以双向呼叫，并能传输数据。它也属于第二代无绳电话系统。

第二代无绳电话系统除了以家用基站形式安装在办公室或家中，还可以在公共场所应用。公共场所应用的第二代无绳电话系统，包括手机、基站和网管中心（含计费中心）（图 5.1.1）。CT2 的同一个手机既可以在家里和办公室使用，也可以在公众场所使用。在行人较多的公众场所（如车站、机场、医院、购物中心等）还设立公用无绳电话基站，基站的服务半径约数百米，视环境条件而定。行人在基站附近即可拨号呼叫，进行通话。

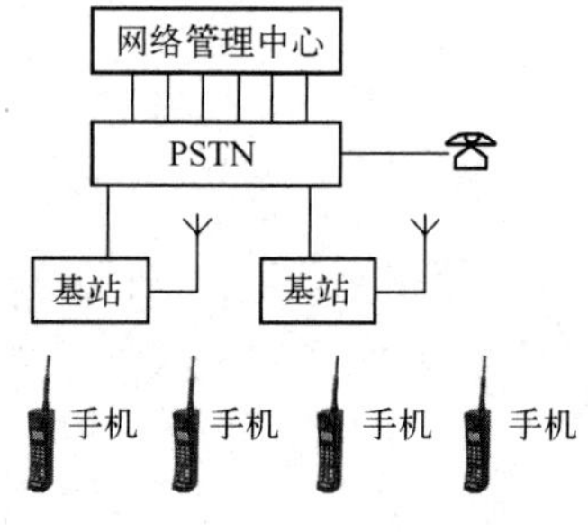

图 5.1.1　第二代无绳电话系统

第二代无绳电话的最大缺点是不能漫游。漫游（Roaming）是指移动台（手机）离开自己注册登记的服务区域，移动到另一服务区后，移动通信系统仍可向其提供服务的功能。随着蜂窝网的迅速发展，目前第一代和第二代无绳电话系统已经退出历史舞台。对无绳电话系统的补充介绍，见附录 6。

2. 无线寻呼系统

无线寻呼系统是一种没有语音的单向广播式无线选呼系统，它是将自动电话交换网送来的被寻呼用户的号码和主叫用户的消息，变换成一定码型和格式的数字信号，经数据电路传送到各基站，并由基站寻呼发射机发送给被叫寻呼者。其接收端是可以由用户携带的高灵敏度收信机，通常称作寻呼机（Beeper-BP, 或 Pager）（图 5.1.2）。在寻呼机收到呼叫时，就会自动振铃、显示数码或汉字，向用户传递特定的信息。寻呼机只能接收呼叫方的电话号码和简短的文字消息，例如“请回电话”“请速回公司”等。寻呼机用户收到对方呼叫后，若需要回电话，则必须找一个电话机回拨对方的电话机（图 5.1.3）。对无线寻呼系统的详细介绍，见附录 7。

图 5.1.2　寻呼机

图 5.1.3　寻呼机用户收到呼叫时，用固定电话机回答

对于只能呼出不能呼入的 CT2 用户，恰好可以和寻呼机配合使用。当寻呼机收到呼叫时，就可以用 CT2 手机回答。我国在 20 世纪 80 年代开始启用寻呼机，至 1991 年底，已经开放了 426 个寻呼系统，寻呼机达 87.7 万个。但是随着蜂窝网的发展，无线寻呼系统也很快地退出了历史舞台。

上面介绍的两种移动通信系统基本上已经被淘汰了，淘汰的主要原因是它们未能完全满足对移动通信的要求，即用户能在运动中通信，包括在快速运动中通信，以及在大范围内的移动。

第三种移动通信系统是无线集群通信系统。这种系统的发展经历了发展、衰落、再发展的起伏过程，下面对其做简单介绍。然后，我们将以目前广泛应用的地面基站蜂窝网为例，做重点介绍。最后扼要介绍卫星基站蜂窝网。

5.2 无线集群通信系统

5.2.1 无线集群通信的功能

无线集群（Trunking）通信系统是把少量无线电信道集中起来给大量无线电话用户使用的系统，由于每个用户只有少部分时间在使用无线电话通信，因此它既可充分利用无线电信道，又可以保证用户的通信，从而达到使大量无线电话用户自动共享少量无线电信道的目的。它把有线电话中继线的工作方式运用到无线电通信系统中，把有限的信道动态地、自动地、迅速地和最佳地分配给整个系统的所有用户，以最大程度地利用整个系统的信道频率资源。可以说，无线集群通信系统是一种特殊的用户程控交换机（图 5.2.1）。对无线集群通信系统的详细介绍，见附录 8。

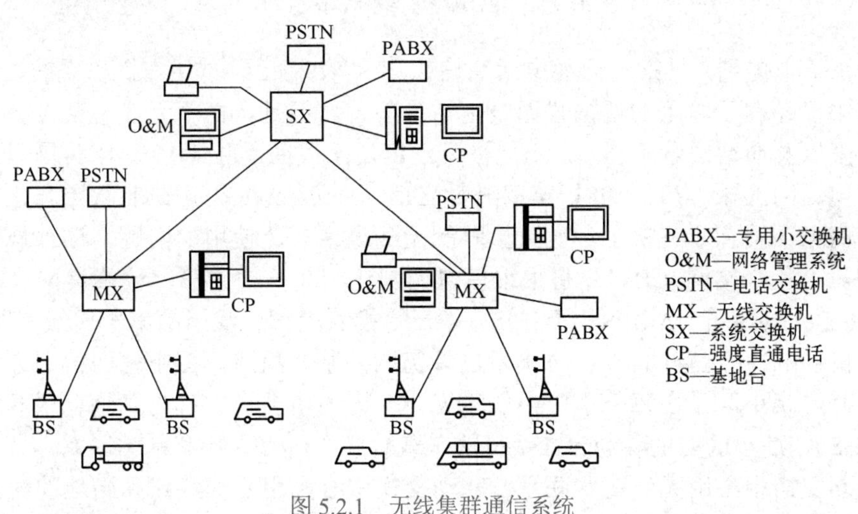

图 5.2.1　无线集群通信系统

这种系统在 20 世纪 70 年代发展起来，曾经被广泛应用于许多机关、企业等集团用户，作为传统的专用无线电调度网的高级发展阶段。20 世纪八九十年代是集群移动通信在专用无线电通信中占据比重较大的年代，它是与蜂窝网移动通信同时发展的一种先进的通信系统。随着用户数量急剧增长，模拟集群网所能提供的容量已不能满足用户需求，曾经一度衰落，但是近年来，由于模拟集群移动通信系统走向数字集群移动通信系统，使得集群移动通信系统再次兴旺起来。

5.2.2 无线集群通信的特点

集群通信的最大特点是语音通信采用一按即通方式（Push To Talk，PTT）接续，被叫用户无须摘机即可接听，且接续速度较快，并能支持群组呼叫等功能，它的运作方式以单工、半双工为主，主要采用信道动态分配方式，并且用户具有不同的优先等级和特殊功能，通信时可以一呼百应。

随着蜂窝网技术的发展，已能在 2.5G 网络上提供 PoC（PTT over Cellular）业务。PoC 是一种通过蜂窝网提供 PTT 服务，双向、即时、多方通信方式，允许用户与一个或多个用户进行通信。该业务类似移动对讲业务——用户按键与某个用户通话或广播到一个群组，接收方收听到这个呼叫后，可以没有任何动作，例如不应答这个呼叫，或者在听到发送方呼叫之前，被通知并且必须接收该呼叫。在该呼叫完成后，其他参与者可以响应该呼叫消息。PoC 通信是半双工的，每次最多只能有一个人发言，其他人接听。PoC 虽然接通时间较长，占用资源过大，会影响公众用户通信，但它能满足对接通时间要求不高的小规模低端用户的需求。

我国无线集群移动通信系统使用 450MHz 和 800MHz 频段，主要应用于非邮电系统的各个专业部门使用，例如军队、公安、消防、交通、防汛、电力、铁道、金融等部门。

数字集群移动通信与模拟集群移动通信相比，具有频谱利用率高、信号抗信道衰落能力强、保密性好、支持多种业务、网络管理和控制更加有效和灵活等优点。

5.3 地面基站蜂窝网

在第 1 章中提到，早期的无线电话通信在 20 世纪初已经试用在铁路系统上，在二次世界大战中已经有了军用的便携式无线电话设备了。但是，由于无线电话设备可用的频道数量有限以及通话质量不佳，它不能被广泛应用于民间。直到 1968 年美国贝尔实验室提出蜂窝电话网的概念后，1981 年瑞典爱立信（Ericsson）公司在北欧国家建立了第一个民用蜂窝电话网，才解决了频道数量限制无线电话广泛使用的问题。这种蜂窝网电话系统称为第一代蜂窝网（1G），它采用模拟调制体制。美国的第一代蜂窝网（Advanced Mobile Phone System，AMPS）于 1983 年开始投入运营。我国的第一代蜂窝网是 1987 年 11 月开始在广州运营的。图 5.3.1 示出蜂窝网的基本组成。图中地面被划分成许多无缝相接的蜂窝状小区，在每个小区中心设立一个无线电台，它称为基地台或基站（Base Station，BS），在小区内的移动台（手机或车载台等）可以直接和基站联系。每个基站和当地的移动交换中心用无线链路联系。移动交换中心则用有线线路和当地的（固定）电话交换中心联系。

目前，蜂窝网被认为是解决地面移动通信的主要方法，特别是在人口比较稠密的地区。1991 年诞生的第二代蜂窝网（2G，2nd Generation）采用了数字调制体制。第二代蜂窝网和第一代相比，无论在语音质量还是容量上，都有明显的改善。第二代蜂窝网目前仍在不少国家使用，尚未完全退出历史舞台。为了进一步提高其性能和解决全球漫游问题，并提高传输速率和提供多媒体服务，2000 年第三代（3G）蜂窝网诞生了。目前我国主要应用的是第三代蜂窝网和第四代（4G）蜂窝网。它们能快速传输数据、高质量音频和视频信号，能够满足几乎所有用户对于无线通信服务的要求。

蜂窝网的传输速率也在不断地快速提升。从第二代到第四代蜂窝网的传输速率见表 5.3.1。

下面介绍蜂窝网的基本知识和发展概况。

5.3.1 蜂窝网的小区划分和频率规划

无线通信需要无线频率资源。在人口密集的地区建立无线公共电话网，需要占用大量的频率。长期以来，频率资源已成为建立无线公共电话网的瓶颈。蜂窝网的体制就是在不同地区重复使用相同频率来解决这个问题的。

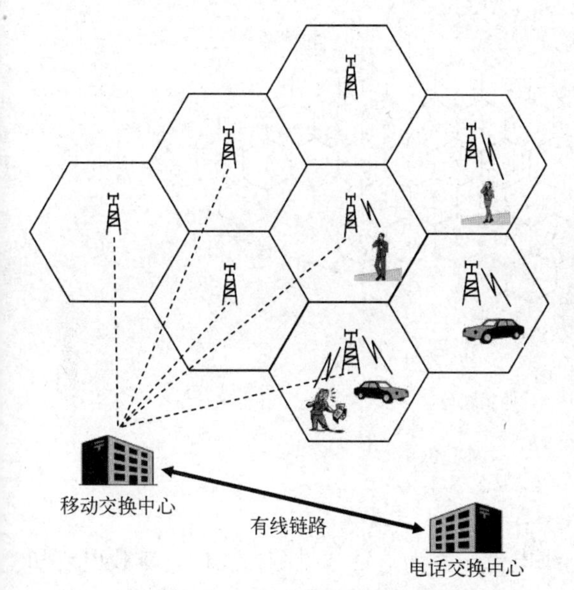

图 5.3.1　蜂窝网的基本组成

表 5.3.1　蜂窝网的传输速率

2G 网络	GSM 体制		CDMA 体制
下行速率	384kb/s		153kb/s
上行速率	118kb/s		153kb/s
3G 网络	CDMA2000 体制	TD-SCDMA 体制	WCDMA 体制
下行速率	3.1Mb/s	2.8Mb/s	14.4Mb/s
上行速率	1.8Mb/s	2.2Mb/s	5.76Mv/s
4G 网络	TD-LTE 体制		FDD-LTE 体制
下行速率	100Mb/s		150Mb/s
上行速率	50Mb/s		40Mb/s

在微波频段附近，电磁波仅在视距范围内传播。所以，在相距较远的两个地区可以重复使用同一频率工作而互相不干扰。这样就能增大系统可以使用的频率数量。为此，将地面按正六边形划分成蜂窝状，将每个正六边形称为一个小区（Cell），小区的半径 r 为 10～30km。在一个小区内使用的频率经过一定距离后在另一小区可以重复使用，如图 5.3.2 所示。图中频率 f_a 不得在相邻小区重复使用。小区划分成正六边形只是为了在理论上便于讨论，实际的电磁波传播是不会被限制在正六边形内的。

上述划分蜂窝小区的目的是解决频率资源不敷需求的问题。为了在用户非常密集的地区进一步增大用户容量，以解决频率资源仍然满足不了需求的问题，还可以采用如下两种办法。第一，可以用小区分裂（Splitting）方法将小区再次划分成微蜂窝（Micro cell），如图 5.3.2 中右上方虚线所示。在微蜂窝中，基站的天线高度和发射功率等可以降低，从而使微蜂窝基站的服务半径减小，在原来小区范围内可以再次重复使用频率，增大了用户容量。第二，可以用扇区（Sector）方法，即在小区基站上采用几个定向天线分别覆盖不同方向，形成几个扇区。在图 5.3.2 中右下角示出一个小区被分为 3 个扇区 A、B 和 C；同一频段在这 3 个扇区中可以重复使用，这相当于此小区内可用频率数量增至 3 倍。当然，扇区的数目可以设计得更多，在图 5.3.2 的下方还示出了分为 6 个扇区的小区。

在蜂窝网中频率划分的方案主要有两种，见图 5.3.3。图 5.3.3（a）中的方案采用 4 组频率重复使用；图 5.3.3（b）中的方案采用 7 组频率重复使用。在这两种方案中，相邻同频基站的距离分别为：

$$d_4 = 2\sqrt{3}r = 3.46r \qquad (5.3.1)$$

$$d_7 = 4.5r \qquad (5.3.2)$$

式中，r 为小区半径。

比较上面两式可见，方案（a）的距离 d_4 小于方案（b）的距离 d_7。但是，方案（a）中总可用频段分为 4 组，方案（b）中则分为 7 组。故若可用频段范围给定，则方案（a）中每个小区可用频率的数量比方案（b）多。

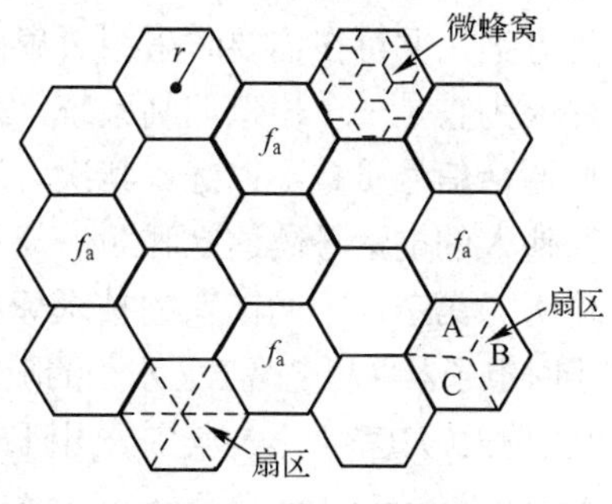

图 5.3.2　正六边形蜂窝结构

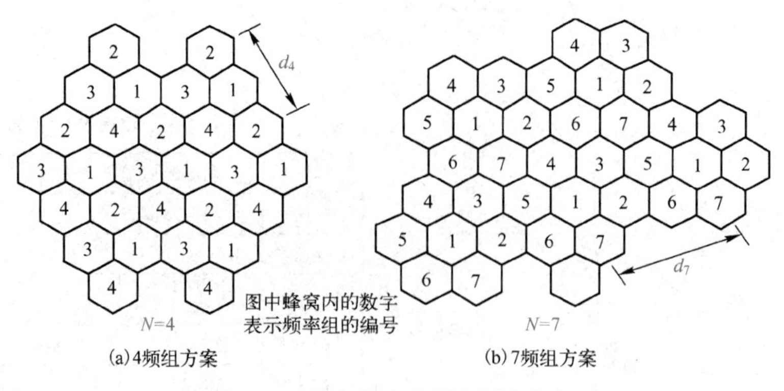

图 5.3.3 蜂窝网中的频率划分方案

5.3.2 蜂窝网的组成

蜂窝网在每个小区的中心建立一个固定无线电台，称为基站（见图 5.3.1）。车载电台和手（持）机称为移动台。在一个小区中的移动台都可以和本小区的基站直接建立无线链路。在移动台运动到相邻小区时，即转向和邻区的基站建立链路。这一过程称为越区“切换（Handover）”。切换时不应使通信中断。若切换是瞬间完成的，即移动台在转换到相邻基站的瞬间立即切断和原基站的联系，则称为硬切换（Hard Handover）。若切换过程是缓慢过渡的，即移动台和原基站的联系信号强度逐渐减弱，和相邻基站的联系信号强度逐渐增强，则称为软切换（Soft Handover）。

在同一小区内两个移动台之间的通信必须经过基站的转接。在不同小区的两个移动台之间的通信则要经过这两个基站的转接。信号在基站之间的转接是在移动交换中心进行的。移动交换中心和各基站之间有固定的链路相连。移动交换中心和有线公共电话交换中心之间还有有线链路相连，以便转接移动台和有线电话用户通话的信号。移动台在不同移动交换中心之间的运动则称为漫游（Roaming）。

5.3.3 蜂窝网的发展概况

1. 第一代蜂窝网

第一代（1G）蜂窝网诞生于 1980 年代初，它发送的是模拟信号，只能用来打电话，当时典型的系统是由美国 AT&T 公司开发的高级移动电话系统（Advanced Mobile Phone System，AMPS），它工作在 800MHz 频段，采用频率调制。在小区划分方面采用上述 7 组频率重复使用方案，并可在需要时采用“扇区”和“小区分裂”来提高系统用户容量。在缺点方面，首先因为它是一个模拟调制系统，系统容量十分有限，并且很容易受到静电和噪音的干扰，因此通话信号质量不很好。其次，这种系统容易复制和克隆到另一个手机，别人的手机容易盗用他人的电话号码建立呼叫，却不需要付话费，而且这种系统也没有安全措施阻止扫描式的偷听。第三，不同国家的技术标准各不相同，国际漫游就成为一个突出的问题。此外，由于当时电子器件和电路工艺水平的限制，手机的体积、质量都很大，人们常将其比作“砖头”，称为“大哥大（大疙瘩）”。与美国公司研发的 AMPS 类似的，是 1983 年英国研发的全接入通信系统（Total Access Communication System，TACS），工作在 900MHz 频段。我国于 1987 年 11 月在广州建立的第一个蜂窝网即采用了TACS体制。

2. 第二代蜂窝网

（1）第二代蜂窝网标准的制定

第二代（2G）蜂窝网的标准，首先于1982年由北欧国家提出并开始制定，于1987年确定了第二代蜂窝网的第一个标准，即采用频分多址（FDMA）的全球移动通信系统（Global System for Mobile Communication，GSM）标准，并于1991年在北欧开通了第一个GSM系统。第二代蜂窝网已经改为发送数字信号，因此信号质量有很大提高，并且可以传输文字信号，即手机之间可以互相发送短信了。后来美国又制定了第二个2G蜂窝网标准，即码分多址（CDMA）标准IS-95。IS全称为Interim Standard，即暂时标准，它是由高通公司（Qualcomm）研发的第一个采用CDMA体制的蜂窝网，1995年被美国电信工业协会（Telecommunications Industry Association，TIA）和美国电子工业协会（Electronic Industries Association，EIA）发布作为标准——TIA/EIA/IS-95。我国于1995年开始建设第二代蜂窝网，并沿用至今，正在逐步退出历史舞台。在我国，上述两种体制分别为不同的公司采用，但是多数用户采用的是GSM体制。下面简要介绍GSM体制。

（2）GSM体制

① GSM体制的工作频段

基本的GSM体制蜂窝网工作在900MHz频段，每个频道占用200kHz带宽，上行信号（即手机向基站发送的信号）和下行信号（即手机接收的基站信号）分别采用不同的频率，即采用频分制。最初其上下行信号占用的频段分别是890～915MHz和935～960MHz（见图5.3.4），共容纳124个频道，后来扩展为880～915MHz和925～960MHz频段，这样共可容纳174个频道。由于频道数量不能满足需要，又增加了使用1800MHz频段（见图5.3.5），上行信号占用1710～1785MHz频段，下行信号占用1805～1880MHz频段，共可容纳374个频道。

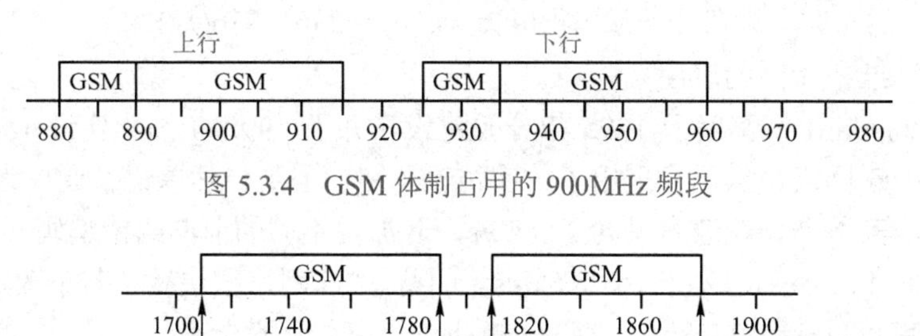

图5.3.4　GSM体制占用的900MHz频段

图5.3.5　GSM体制占用的1800MHz频段

② GSM标准的频道划分

GSM体制200kHz带宽的频道中采用时分多址（TDMA）方式，又把频道的每帧时间划分为8个时隙，分别给8个用户使用（图5.3.6）。这就是说，在传输数字电话信号时，对每路模拟语音信号用8kHz的频率采样，然后经过量化和编码进行传输（见3.2.2节）。因此每路语音信号每间隔125μs（= 1/8000s）采样一次，或者说语音信号的帧长为125μs。现在把每帧的时间划分为8个时隙，每个时隙分配给一个用户使用。因此，一个带宽为200kHz的频道容纳了8个用户，相当于每个用户只占用25kHz带宽。

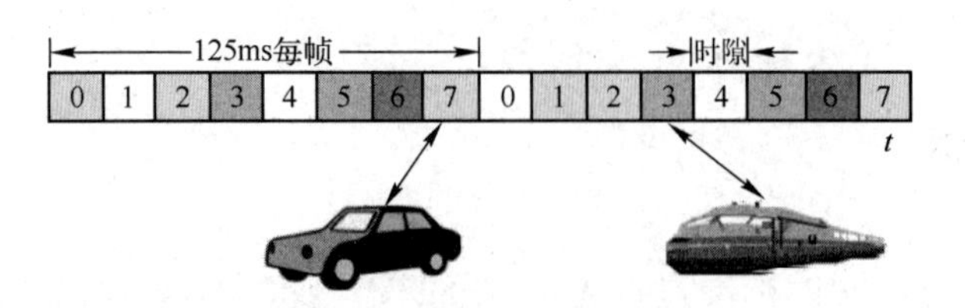

图 5.3.6　GSM-TDMA 原理

③ GSM 标准的频道容量

GSM 在 900MHz 频段共有 174 个频道可用。若按照图 5.3.7 中示出的两种扇区划分方法，174 个频道可以分为 9 组或 12 组，则可以计算出每组中容纳的频道数：

174/9 = 19.3≈20　频道/组；174/12=14.5≈15　频道/组于是，每个小区可以容纳的同时通话的信道数：

$$8 \times (15\sim20) = 120\sim160$$

一个信道在通话时实际是两端用户在对话，因此可以同时通话的用户数为 240～320 户。

在 1800MHz 频段，还可以容纳 374 个频道，若仍然按照上面的分组方法，每组中的频道数为：

374/9 = 41.6　频道/组；　　374/12=31.2　频道/组

于是，在 1800MHz 频段，每个小区可以容纳的同时通话的频道数为：

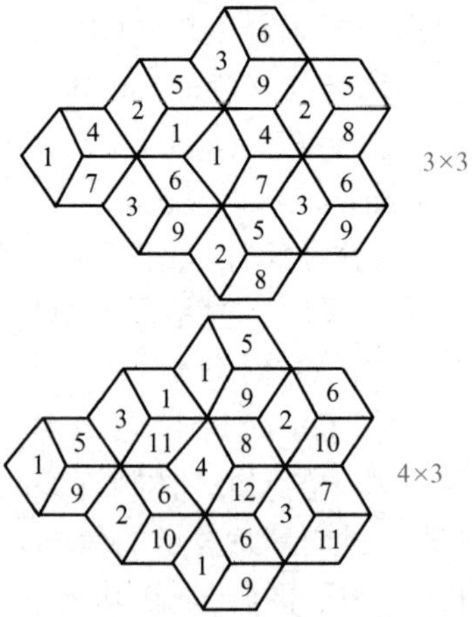

$$8 \times (31\sim41) = 248\sim328$$

图 5.3.7　GSM 的频率重复使用

通话时实际是两端用户在对话，因此可以同时通话的用户数为 496～656 户。

最后得到：按照上述方案计算，第二代 GSM 体制的小区可以同时通话的用户数为：

$$(240\sim320) + (496\sim656) = 736\sim976(\text{户})$$

④ GSM 标准在我国的应用

我国第二代 GSM 蜂窝网于 1995 年开始建设，并于 1998 年开始建设 1800MHz 频段的 GSM 蜂窝网。2G 网络虽然已经采用了数字传输体制，但是仍然以语音通信为主，且语音质量还不算很高，其数据传输速率仅为 22.8kb/s，若加用不同的前向纠错编码（FEC），则其数据传输速率仅为 14.5kb/s、12.6kb/s、3.6kb/s。因此，2G 网络很快做了若干改进，称为 2.5G，其数据传输速率可以达到 384kb/s。对 2G 的补充介绍，见附录 8。

3．第三代（3G）蜂窝网

3G 网络是第三代无线蜂窝电话，它是在 2G 的基础上发展的高带宽数据通信，并提高了语音通话安全性。国际电信联盟于 1996 年提出一个发展 3G 的 IMT-2000 计划，即在 2000 年后，在 2000MHz 频段，速率达到 2000kb/s。

（1）IMT-2000 的总目标包括：

① 全球化：能无缝隙地覆盖全球，实现国际漫游；

② 个人化：实现大容量、高质量和保密通信；

③ 综合化：能综合各种业务，实现多媒体通信。

（2）IMT-2000 对传输速率的具体要求是：

① 在室内环境中：2Mb/s

② 在城市环境中：384kb/s（最高移动速率可达 120km/h）

③ 在各种环境中的最低速率：144kb/s

（3）IMT-2000 的业务按照传输延迟时间的大小分为 4 个等级：

① 会话类：按照实时连接发送，端至端的延迟时间最小，一般应小于 400ms，但是容许有一定的误码。双向业务是对称的或接近对称的。这类业务有语音通信、可视电话、交互式游戏等。

② 数据流类：将数据当作稳定的连续流传送，有类似于语音通信的要求（端至端的延迟时间小，可以容许有一定的误码），但是其双向业务是极不对称的。例如，点播的视频流、点播的高质量音频流、语音广播等。

③ 交互类：这是数据交换业务，一般是请求-应答型业务。它要求以低差错传输速率（10^{-5}～10^{-8}）透明传输[①]，并保持信息的完整性。其容许的传输延迟时间大于传输语音时的延迟时间。希望数据的总延迟时间在 1s 以内。这类业务有：网络浏览、数据库检索、文件传送、电子商务等。

④ 后台类：这类业务对延迟时间不太敏感，不需要透明地传输，但是被传输的数据必须无误地接收。例如，传送电子邮件（E-mail）、传真、下载数据库、传输测量记录等。

3G 的数据通信带宽一般都在 500kb/s 以上。目前被 ITU 推荐的 3G 标准有 3 种：欧洲提出的 WCDMA、美国提出的 CDMA2000、中国提出的 TD-SCDMA。3G 传输速率相对较快，可以很好地满足手机上网等需求，不过播放高清视频较为吃力。对 3G 的补充介绍，见附录 10。

4．第四代（4G）蜂窝网

（1）对 4G 的要求

4G 网络是指第四代无线蜂窝网，它集 3G 与无线局域网（局域网见第 10 章）于一体并能够传输高质量视频图像，传输的图像质量与高清晰度电视不相上下。从 3G 到 4G 的飞跃，让高速下载获得了质的提升。在 3G 网络中，我们几乎不可能观看高质量的视频节目。这也是过去几年中 4G 网络得以推广的原因之一。

2008 年 ITU-R 规定了对 4G 系统的要求，即 IMT-Advanced（International Mobile Telecommunications Advanced）计划，它对 4G 提出的基本要求如下：

① 必须基于全 IP 分组交换网络。

② 高速移动（例如，汽车）时，峰值数据速率应达到大约 100Mb/s；低速移动（例如，步行）时，峰值数据速率应达到大约 1Gb/s。

③ 能够动态地共享网络资源，以支持每个小区中有更多的同时通信的用户。

④ 信道带宽可以在 5～20MHz 间调整，也可以调整到高达 40MHz。

⑤ 下行的频谱利用率峰值达到 15b/s/Hz，上行的频谱利用率峰值达到 6.75b/s/Hz（即下行能够在小于 67MHz 的带宽中达到传输速率为 1Gb/s）。

---

① 透明传输就是不管传的是什么，所采用的设备只是起一个通道的作用，把要传输的内容完好地传到对方；比如寄信，只需要写好地址交给邮局，对方就能收到你的信，但是中途经过多少车站和邮递员，你根本不知道，所以对于你来说邮递的过程是透明的。

⑥ 在室内，系统频谱利用率下行达到 3b/s/Hz/cell（每小区每单位带宽的最大传输数据速率），上行达到 2.25b/s/Hz/cell。

⑦ 在异构网络[1]间能平滑切换。

（2）4G 网络的标准

4G 网络的标准有两种国际建议，即 FDD-LTE 和 TD-LTE。LTE 是“长期演进技术”的意思，其主要特点是在 20MHz 频谱带宽下能够提供下行 100Mb/s 与上行 50Mb/s 的峰值速率，相对于 3G 网络大大地提高了小区的容量，同时将网络延迟大大降低，其基站天线可以发送更窄的无线电波波束，在用户行动时也可进行跟踪，可处理数量更多的通话。

因为 LTE 的第一个版本支持的传输速率远小于 1Gb/s 的峰值速率，所以它们并不完全符合 IMT-Advanced 的要求，但是一些通信公司常常将其称为 4G。按照使用方看，新一代网络应该采用一种新的非后向兼容（后向兼容是指一个新的改进的产品能继续同旧的功能弱的产品一同工作）的技术。不过，2010 年 12 月 6 日的会议上，ITU-R 认为这两种技术，以及其他不满足 IMT-Advanced 要求的超 3G 技术，仍然能认为是“4G”——若它们的性能接近符合 IMT-Advanced 的要求，并且“相对于目前使用的第三代系统性能有最低程度的改进”。LTE 项目是 3G 的演进，它改进并增强了 3G 的空中接口[2]技术，采用正交频分复用（OFDM）和多输入多输出（MIMO，见第 15 章）作为其无线网络演进的唯一标准，因此可以称为 4G。在严格意义上只有升级版的 LTE Advanced 才满足国际电信联盟对 4G 的要求。

4G 移动通信技术的信息传输速率要比 3G 移动通信技术的信息传输速率高一个数量级。对无线频率的利用率比 2G 和 3G 系统都高得多，且抗信号衰落性能更好。除了高速信息传输，它还具有高速移动无线信息存取、安全密码等功能，具有极高的安全性，4G 终端还可用于诸如定位、告警等。对 4G 的补充介绍，见附录 11。

2013 年 12 月工业和信息化部向有关通信公司正式发放了 TD-LTE 体制的 4G 业务牌照，这标志着我国开始进入了 4G 时代。截至 2021 年底，全国电话用户总数达到 18.24 亿户，其中移动电话用户总数 16.43 亿户，4G 用户总数达 10.69 万亿户。

5. 第五代（5G）蜂窝网

第五代（5G）蜂窝网的容量要比 4G 的容量更大，可容纳更多的宽带移动用户，并支持海量的更可靠的物体对物体的通信，它工作于毫米波波段（28GHz、38GHz 和 60GHz）。5G 的研发目标还要求延迟时间比 4G 更小，电源消耗更低，能更好地实现物联网。目前还没有完整的 5G 标准可用。有关 5G 的参考文献，见二维码 5.1。

（1）对 5G 标准的要求

下一代移动网络联盟规定了 5G 标准应当满足的要求如下：

① 为数千用户提供数十兆比特每秒的数据速率。

② 在大城市区域，数据速率达到 100Mb/s。

③ 为同一楼层办公室的众多工作人员同时提供 1Gb/s 的数据速率。

④ 能够同时连接数十万个无线传感器。

⑤ 频谱利用率比 4G 大为提高。

二维码 5.1

① 异构网络是指运行不同的操作系统和通信协议，由不同制造商生产的计算机、网络设备和系统组成的网络。

② 空中接口是相对于有线通信中的“线路接口”概念而言的。有线通信中“线路接口”定义了接口物理尺寸和一系列的电信号或者光信号规范；无线通信技术中，“空中接口”定义了终端设备与网络设备之间的电波链接的技术规范。

⑥ 覆盖范围增大。

⑦ 信令传输效率提高。

⑧ 延迟时间比 LTE 大为减小。

5G 的传输速率将比 4G 快数百倍，整部超高清晰度电影可在 1s 之内下载完成。随着 5G 技术的诞生，用智能终端分享 3D 电影、游戏以及超高清晰度节目的时代已向我们走来。5G 不仅需要满足人们对信息传输的需求，而且需要连接更多的物体，例如，家用电器、监控设备、智能门禁、无人驾驶汽车、可穿戴设备、牲畜和宠物的智能项圈等，5G 将渗透到各个领域，使万物互连，与工业设施、医疗设施、海陆空各类交通工具等深度融合。

（2）5G 研究进展和应用

2015 年 10 月 26 日至 30 日，在瑞士日内瓦召开的 2015 年无线电通信全会上，国际电联无线电通信部门（ITU-R）正式批准了三项有利于推进未来 5G 研究进程的决议，并正式确定了 5G 的法定名称是“IMT-2020”。

2017 年 12 月 21 日，在第三代合作伙伴计划（3rd Generation Partnership Project，3GPP）无线接入网（Radio Access Network，RAN）第 78 次全体会议上，5G 新空中接口（New Radio，NR，简称新空口）首发版本正式发布，这是全球第一个可商用部署的 5G 标准。所谓空口，指的是移动终端到基站之间的连接协议，是移动通信标准中一个至关重要的标准。例如，3G 时代的空口核心技术是 CDMA。负责监管无线标准的 3GPP 已于当日正式宣布了 5G 的官方标识（图 5.3.8）。

图 5.3.8　5G 的官方标识

目前，中国的 5G 发展处于全球领先位置。2023 年 5 月 17 日，中国电信、中国移动、中国联通、中国广电宣布正式启动全球首个 5G 异网漫游试商用。工业和信息化部发布的“2023 年 1～7 月份通信业经济运行情况”显示，截至 7 月底，我国累计建成 5G 基站 305.5 万个，占移动基站总数的 26.9%。我国 5G 移动电话用户达 6.95 亿户，占移动电话用户总数的 40.6%；千兆宽带接入用户达 1.34 亿户，占用户总数的 21.7%。

6. 第五代半（5.5G）蜂窝网

5.5G，即 5G-A 移动通信技术，全称 5G-Advanced，是增强版 5G。5.5G 技术在时延、带宽、速率、可靠性等关键指标上介于 5G 和 6G 之间。因此，形象地称呼它为“5.5G”。

按照 3GPP 的定义，5G 到 6G 间共存在 R15（Release15）到 R20（Release20）六个技术标准，其中 R15 到 R17 作为 5G 标准的第一阶段，R18 到 R20 作为 5G 标准的第二阶段。从 R18 开始，被视为 5G 的演进，命名为 5G Advanced（5G-A），即 5.5G（见图 5.3.9）。预计仍然将会有 3 个版本。也就是说，5.5G 的命名方式，实际上是为了将未来的 R18-R20 版本和此前的 R15-R17 加以区分。

2019 年，3GPP 冻结了第一个 5G 的完整版本——R15，2020 年和 2022 年又冻结了 R16、R17 版本。

5.5G 是通信技术从 5G 走向 6G 的必要过渡和衔接，发挥着“承前启后”的重要作用。从技术能力上看，5.5G 比 5G 能带来多至 10 倍网络能力的提升。

5.5G 在速率、时延、连接规模和能耗方面全面超越现有 5G，有望实现下行万兆和上行千兆的峰值速率、毫秒级时延，实现下行万兆速率从核心网、基站到终端的关键技术要求。5.5G 还将具备通感一体、无源物联、内生智能等“超能力”。它不仅能实现通信，还具备感知能力，能将感知到的味觉、触觉、嗅觉乃至“意念”等复杂多元信息实时共享给他人。

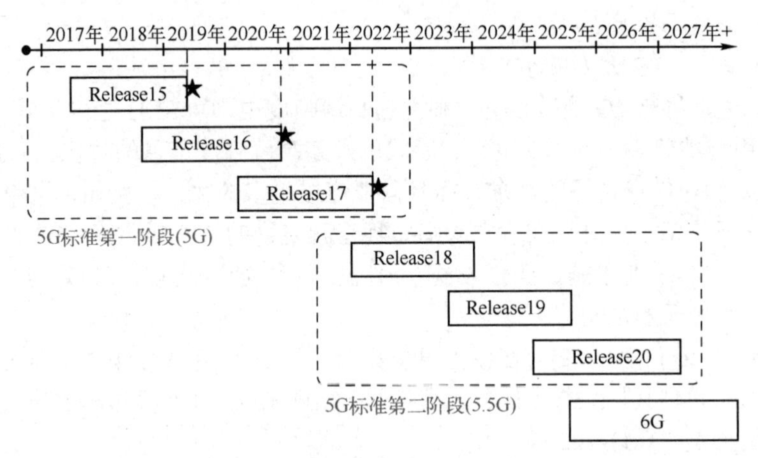

图 5.3.9　5G 标准的演进

5.5G 性能的改进详见二维码 5.2。

二维码 5.2

7. 第六代（6G）蜂窝网

2019 年 3 月，全球首届 6G 峰会在芬兰举办，商议拟定了全球首份 6G 白皮书，明确 6G 发展的基本方向。白皮书认为 6G 的大多数性能指标相比 5G 将提升 10～100 倍，给出了衡量 6G 技术的几个关键指标如下：

（1）峰值传输速率达到 100Gb/s～1Tb/s，而 5G 仅为 10Gb/s；

（2）室内定位精度 10cm，室外 1m，相比 5G 提高 10 倍；

（3）通信时延 0.1ms，是 5G 的十分之一；

（4）高可靠性，中断概率小于百万分之一；

（5）高密度，连接设备密度达到每立方米过百个；

（6）此外，6G 将采用太赫兹频段通信，网络容量大幅提升。

目前全球 6G 发展正在从概念形成走向技术突破阶段，6G 的标准化制定时间会在 2025 年，预计商用时间将在 2030 年左右。

5.4　卫星基站蜂窝网

5.4.1　早期的卫星基站蜂窝网

上述地面基站蜂窝网在原理上能够无缝隙地覆盖全球。事实上，由于间距十多千米或几十千米就需要建立一个基站，在无法这样密集建站的地区（例如，沙漠、海洋、高山等）或人烟稀少的地区和无人区，将无法建立蜂窝网或在经济上不宜建立。

真正能够实现无缝隙地覆盖全球的移动通信网是将基站建在卫星上。按照这种原理建立起来的第一个典型移动通信系统是“铱”系统。在“铱”系统中，共用 66 颗低轨道（轨道高度 780km）卫星，分布在 6 个轨道平面上（“铱”系统的卫星分布，见二维码 5.3）。在每个卫星上设置一个基站，地面移动台直接

二维码 5.3

和某个卫星上的基站建立无线链路，如图 5.4.1 所示。卫星基站之间也有无线链路联系。每个卫星覆盖地面一个小区，在小区之间有少许重叠，以保证无缝隙覆盖。因此至少有一个卫星基站能和地面上的移动台建立链路连接。“铱”系统基站的覆盖范围，见二维码 5.4。

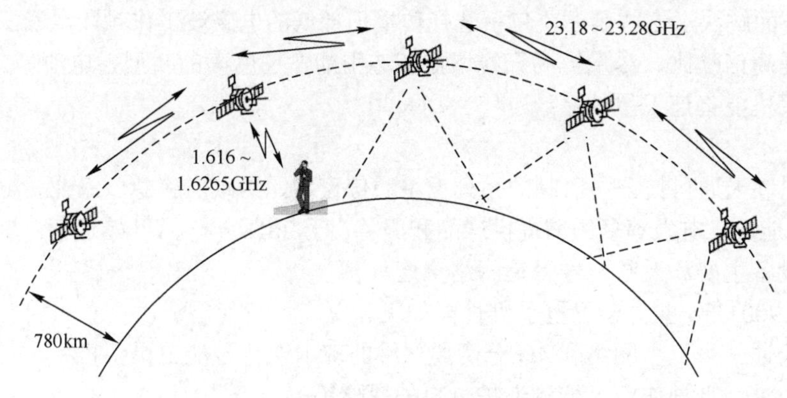

图 5.4.1 “铱”系统示意图

二维码 5.4

在地面基站蜂窝网中基站不动，移动台可以在不同小区间移动并将链路切换到相邻小区。而在卫星基站蜂窝网中，由于低轨道卫星和地面做相对运动，这相当于基站在运动，所以即使移动台在地面上不动，也有越区切换发生。由此可见，卫星基站蜂窝网和地面基站蜂窝网类似，也具有蜂窝网结构。

图 5.4.2 铱系统电话终端

把蜂窝网的基站放在卫星上，就使地面移动站和基站的距离增大一百倍左右，因此地面移动站的发射功率需要相应地增大，所需电源（电池）的体积、质量也大为增加。因此，地面移动站就比手机大很多，不再能手持了，见图 5.4.2 和图 5.4.3。

“铱”系统在原理上是正确的，在技术上是可行的，但是在经济上和商务运作上是不成功的，因此运行十多年后，在 2010 年左右就逐步消亡了。

图 5.4.3 铱星数传终端

除了“铱”系统，以卫星为基站的通信网还有国际海事通信卫星（International Maritime Satellite）系统，简称 Inmarsat，它由四颗在地球静止轨道上的卫星构成，分别覆盖太平洋、印度洋、大西洋东区和大西洋西区。这一系统主要用于保证各个船站之间和岸站与船站之间的电话、电报和数据通信。Inmarsat 系统是由国际海事卫星组织管理的全球第一个民用卫星移动通信系统。1999 年，国际海事卫星组织改革为商业公司，更名为国际移动卫星公司，Inmarsat 系统更名为“国际移动卫星通信系统”，此后又成功发射了第四代移动通信卫星。Inmarsat 系统不仅解决了船舶的通信问题，还逐渐发展到能为陆地上的移动通信服务。关于 Inmarsat 系统的详细介绍，见附录 12。

5.4.2 近期的卫星基站蜂窝网

早期的卫星基站蜂窝网，因为卫星在数百千米之外的高空，地面移动台与卫星进行全双工通话是相当困难的，因为上行链路通信距离远，手机发射功率受限，以及手机内置天线增益和电池供电的限制，地面移动台的体积、质量较大，不能做到像一般手机那样轻便。

近期新研制出的手机，有些已经能够直连卫星基站了。为了解决上行链路通信距离远的难题，这些手机从多方面解决了这些难题，包括选择传播损耗低的电磁波工作频段、设法减小信号的传输带宽以提高信噪比、尽量提高天线增益和选用能量密度高的新型蓄电池等。

下面将介绍几种手机能直连卫星的系统。

（1）星联天通

星联天通是深圳星联天通科技公司研制的系列卫星通信设备，为政府应急、渔业、电信运营商、公安、铁路、能源、电力等多领域提供产品和服务，于2018年3月开始运营。星联天通生产的各种通信设备主要和天通一号卫星网络直连。

例如，其生产的T900+Pro型直连卫星手机性能如下。

基本性能：支持天通一号卫星网络和4G全网通网络的双卡双待智能卫星手机

适用场合：应急救灾、野外作业、能源巡护、户外探险等

工作频段：S频段（上行1980～2010MHz，下行2170～2200MHz）

业务种类：语音、数据、短信、定位、数据回传

共享服务：Wi-Fi、蓝牙、GPS/北斗、NFC、指纹识别

速率：1.2kb/s～384kb/s

质量：249g

体积：150mm×75mm×16.6mm

接口：TYPE-C、USB3.0、3.5mm耳机、TF卡槽

摄像头：前置-1600万像素、后置-2400万像素（主摄）

电池：5000mAh，待机时长160小时，工作时长10小时

天通直连卫星手机外形见图5.4.4。

图5.4.4　天通直连卫星手机外形

天通一号卫星移动通信系统（Tiantong-1）是中国自主研制建设的首颗卫星移动通信系统。2016年8月6日，成功发射天通一号01星；2020年11月12日成功发射天通一号02星；2021年1月20日成功发射天通一号03星。这三颗卫星均为地球同步轨道卫星，位于赤道上空，距离地面约35800千米。其中01星定点于东经101.4°，服务中国大陆及南海诸岛地区；02星定点于东经125°，服务西北太平洋；03星定点于东经81.6°，服务东南亚。

图5.4.5示出天通一号的覆盖范围。这几个不规则的覆盖范围，实际上是每颗卫星用109个小波束天线组合出来的效果，单颗卫星的覆盖面积约1500万平方千米。用许多定向发射的小波束组合起来，对特定地区提供精准定向覆盖，能节约电波能量，提升信号强度，是地球同步通信卫星的标准设计。这样还可以对重点地区提供更强波束，从而降低对地面移动终端体积、质量及发射电平的要求，并且可以灵活切换功率和带宽，动态地进行分配，哪个区域需要资源更多，就可以将资源更多地分配到哪个区域。

最近天通一号系统可能调整02和03星的覆盖范围，暂时取消用户使用不多的西北太平洋区域，而把同等的覆盖面积调整到了用户需求更多更急迫的“一带一路”主地带。01星的覆盖范围也小有调整，不再负责南海南部海区，部分波束改到覆盖西部国境线外的中亚巴基斯坦和印度恒河平原一带。

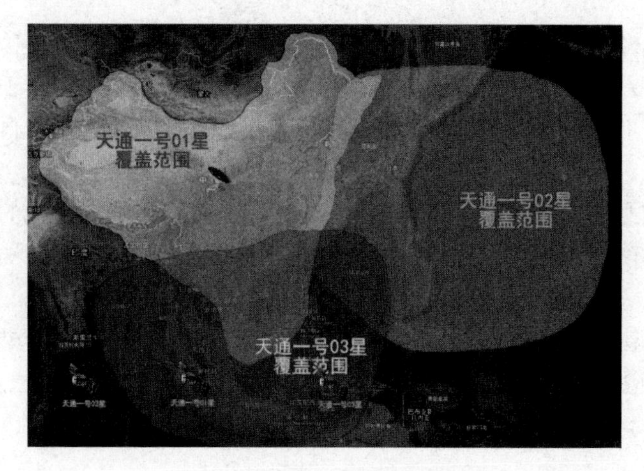

图 5.4.5　天通一号覆盖范围

天通卫星系统上下行的频带均为 30MHz。业务速率为语音 1.2～4kb/s，数据 64～384kb/s，支持语音、短信、数据等业务。

按同步通信卫星较好的频谱效率 2bit/Hz 计算，总传输速率在 60Mb/s 左右。以语音速率 4kb/s 计算，一颗卫星可同时支持 15000 路语音通话。如果把单个通话编码限制到 0.8kb/s 的极低水平，并把带宽全部用于语音通信，则最高可支持 75000 路通话。

（2）华为 Mate60 系列

华为 Mate60 系列是华为技术有限公司的产品，包括 Mate60、Mate60Pro 和 Mate60Pro+。三者都可以直连卫星，Mate60 和 Mate60Pro 两款手机在屏幕、摄像头、续航、充电等方面都有一些区别，但它们在性能、系统、通信等方面都是一样的；Mate60Pro+在卫星通信方面进行了改进，还增加了双向短报文功能。

Mate60 系列使用双卫星通信，在通话时使用天通一号卫星，在传输短消息时 使用北斗卫星（见第 13 章）中 3 颗静止轨道卫星的双向短报文功能。

- 地面手机为了解决上行链路困难，Mate60 采取了以下措施：①采用 2GHz 频段，由于频率低，所以电波传播损耗较低；②每一路数字话路速率仅为 1.2～4kb/s，这样上行链路占用带宽很窄，从而大大提高了上行链路话路的功率谱密度，当然这种方案语音质量是不高的；③内置天线由薄的合金金属构成，它放置在喇叭上方。天线采用了环绕机身的形状，从而使增益大为增加，并使天线成为定向天线，所以通话时手机天线的辐射方向必须要对准卫星天线；④手机（4G 和 5G）发射功率通常只有 0.2W，但 Mate60 采用 2～4W 功率。为了确保这么大的功率输出，通话时需要将一些耗电的功能，例如 Wi-Fi、定位、相机等各种无关的耗电应用暂时关闭。由于卫星电话实际都是应用在无地面蜂窝网信号的野外开阔地区，环境的电磁干扰很小，所以 2～4W 功率足够直连卫星。
- 提供区域短报文服务的北斗三颗静止轨道卫星，分别定点于东经 80°、110.5°和 140°。用户发射信号的频段为 1610.0～1626.5MHz，接收信号的频段为 2483.5～2500MHz。

北斗系统提供的区域短报文功能覆盖中国和周边地区（东经 75°～135°，北纬 10°～55°区域），全球短报文还没有对外开放使用。北斗系统根据卡的等级，对发送频率、长度、权限等有不同的限制。例如，字数限制就取决于卡的等级，从 49 个汉字到 1000 个汉字不等。从搜星到发出短报文仅需几秒。

- Mate60 也会提供手机姿态检测与提示，由手机自身的陀螺仪等传感器提供手机的三轴态势感知，结合北斗定位和卫星轨道数据引导用户对准 3580 千米外的卫星。为了使手机连上卫星，并保持更好的通话质量，最好开着免提模式，自然举手握持手机对星对讲即可。

目前许多人在试用 Mate60 卫星电话时，姿势都是不正确的。手机的握持角度太高了，近乎垂直。这样的角度对地处中纬度的中国来说，都指到天顶去了。要知道卫星大部分时间没有这么高的角度，而是斜挂在天上的。

卫星电话的典型用途，是供海上渔业生产、海上交通运输、陆上野外作业人员使用，或者在地面通信网络遭遇天灾人祸受到破坏时发挥作用。

（3）星链卫星系统

① 计划

星链（Starlink）计划是马斯克（Elon Reeve Musk）在 2015 年最早提出的想法，由他投资成立并任首席执行官兼首席技术官的美国太空探索技术公司（SpaceX）提出计划。

星链卫星系统由三个主要部分组成：地面站、卫星链路和用户终端。地面站是星链卫星系统的控制中心，负责与卫星进行通信和控制。卫星链路是卫星之间的通信链路，为卫星之间传递数据。用户终端则是用户用其接入星链卫星系统的设备，例如手机、电脑、路由器等。

所公布的计划，主要通过搭建一个低轨道的通信卫星星座，达到用特定频段的电磁波来提供互联网服务的目的。星链计划最初是想要将约 1.2 万颗通信卫星发射到轨道，从而取代地面上传统的通信设备。2020 年，该计划将卫星投放数量由最初的 1.2 万颗改成了 4.2 万颗。

星链卫星系统的关键技术有：①大量部署低轨道卫星。星链卫星系统需要通过快速、频繁地发射卫星，才能实现低轨道卫星的大规模部署，为星链卫星系统的建设打下主要的设备基础。②卫星之间的高速数据传输。为了满足卫星之间的高速、可靠的数据传输需求，星链卫星系统采用了激光通信技术。激光具有高速、宽带的特点，而且在太空中没有云雾等影响，可以实现卫星之间的快速、可靠数据传输。③网络管理和优化技术。星链卫星系统涉及大量卫星的运行和管理。为了解决这一问题，星链卫星系统采用了自主研发的网络管理和优化技术。通过智能化的网络管理系统，可以实时监控卫星的状态和性能，并根据实际情况进行网络调整和优化，以提供更好的通信服务。

② 建设

星链卫星系统的轨道建设主要分为两个阶段，第一阶段为 540～570km 高度处的轨道建设，预计 2027 年 3 月完成全程建设；第二阶段为 335.6～345.6km 高度处的轨道建设，预计 2027 年 11 月完成总共发射 4.2 万颗卫星的全部建设。

2019 年 5 月 23 日，“星链”计划首批 60 颗卫星成功送入轨道。

2022 年 1 月 16 日，马斯克在社交媒体上披露，1469 颗星链卫星处在运行状态，272 颗正在进入运行轨道，卫星的激光链路通信很快就会激活。

2022 年 3 月，该系统在 15 个国家的平均下载速度超过了 100Mb/s，已为全球超过 25 万个用户提供互联网接入服务。同年 5 月 22 日，星链卫星互联网服务最高下载速度达到了 301Mb/s。

③ 威胁和隐患

a．美国天文学会研究卫星对天文学影响的团队成员表示始终担心密布的星链低轨卫星将不可避免地成为天文学者和爱好者观测太空的障碍。

b．星链作为一种低轨卫星互联网通信系统，可以提供全球无死角的侦察和通信服务，全方位支援陆海空军的作战计划，将对国家安全构成威胁。

c．星链这种低轨道卫星距地面更近，会大大增加卫星所搭载的光学传感器的分辨率，使其能够以更高的精度拍摄照片，这对其他国家安全会构成巨大威胁。

d．将极大增加太空轨道的拥挤程度，如果星链计划中的卫星全部入轨，那么留给其他国家的卫星轨道空间将十分有限。

e．如果星链计划中的这些卫星全部寿命终结，那将使太空垃圾成倍增加，这会对太空安全构成极大挑战。

f．星链一旦在全球完成部署，几乎会掌握全球数据交换的规则制定权。在高速发展的信息时代，掌握了数据控制权就等于控制了信息主导权。

g．根据国际电信联盟提出的《无线电规则》，除卫星广播业务外，任何国家不能向其他国家提出外国卫星网络不可覆盖本国领土的要求。因此，任何覆盖该国的境外卫星均具有在该国境内开展卫星互联网业务的资格，并且其卫星通信链路不受被覆盖国的监管。因此，星链作为美国的卫星互联网业务，将会给其他国家信息主权和信息监管带来巨大挑战。

5.5 小　　结

- 按照移动通信类型区分，有移动电话、移动数据、移动多媒体通信、无线寻呼等。按照移动通信工作方式区分，有单工、半双工、双工通信等。按照组网方式区分，有专线、广播网、集群网、蜂窝网等。
- 第一代无绳电话系统是模拟调制体制。第二代无绳电话系统采用数字技术。欧洲制定的数字无绳电话系统标准可以双向呼叫，并能传输数据。第二代无绳电话系统的手机既可以在家里和办公室使用，也可以在公众场所使用，其最大缺点是不能漫游。
- 无线寻呼系统是一种没有语音的单向广播式选呼系统。寻呼机只能接收呼叫对方的电话号码和简短的文字消息。第二代无绳电话恰好可以和寻呼机配合使用。
- 无线集群通信系统是把少量无线电信道集中起来给大量无线电话用户使用的系统。集群通信的最大特点是语音通信采用一按即通方式接续。数字集群移动通信与模拟集群移动通信相比，具有频谱利用率高、信号抗信道衰落能力强、保密性好、支持多种业务、网络管理和控制更加有效和灵活等优点。
- 第一代蜂窝网采用模拟调制体制。在蜂窝网中，在每个小区中心设立一个无线电台，它称为基站。在小区内的移动台可以直接和基站联系。移动台运动到相邻小区的过程称为越区“切换”。若切换是瞬间完成的，则称为硬切换。若切换过程是缓慢过渡的，则称为软切换。移动台在不同移动交换中心之间的运动则称为漫游。
- 第二代蜂窝网采用数字调制体制。目前我国主要应用的是第三代蜂窝网和第四代蜂窝网。它们能快速传输数据、高质量音频和视频信号。
- 被 ITU 推荐的第三代蜂窝网标准有三种：欧洲提出的 WCDMA、美国提出的 CDMA2000、中国提出的 TD-SCDMA。第四代蜂窝网的标准有两种，即 FDD-LTE 和 TD-LTE。和第二代相比，第三代蜂窝网传输速率相对较快，可以很好地满足手机上网等需求。和第三代相比，第四代蜂窝网能够传输高质量视频图像。第五代蜂窝网要比第四代的容量更大，容纳更多的宽带移动用户，延迟时间大为减小，并支持海量的更可靠的物体对物体的通信。

- 从第二代开始，蜂窝网的手机体积和质量都在逐步减小，并且从第三代开始出现了智能手机。智能手机具有独立的操作系统，独立的运行空间，可以由用户自行安装软件、游戏、导航等第三方服务商提供的程序。
- 卫星基站蜂窝网将基站建在卫星上，使用多颗低轨道卫星，每个卫星上设置一个基站。地面移动台直接和某个卫星上的基站建立无线链路。每个卫星覆盖地面的一个小区，保证无缝隙覆盖。因此，至少有一个卫星基站能和地面上的移动台建立链路连接。
- 早期的卫星基站蜂窝网因为卫星距离地面移动台较远，受功率的限制，地面移动台的体积、质量较大。由于技术的进步，近期的卫星基站蜂窝网中的地面移动台已经做到使手机能直连卫星。

习题

5.1　移动通信有哪些通信类型？

5.2　移动通信有哪些工作方式？

5.3　移动通信有哪些组网方式？

5.4　试述第二代无绳电话的优缺点。

5.5　试述无线寻呼系统的功能及优缺点。

5.6　试述无线集群通信的工作原理及优缺点。

5.7　试述地面蜂窝网的基本工作原理。

5.8　试述第二代蜂窝网 GSM 体制的工作频段。

5.9　试述将蜂窝网小区再次划分成微小区的方法。

5.10　何谓硬切换？何谓软切换？

5.11　何谓漫游？

5.12　试述卫星基站蜂窝网的优点。

5.13　近期的卫星基站蜂窝网为了使手机能直连卫星，在哪些方面做了改进？

第6章 光纤通信

6.1 概　　述

6.1.1 光纤通信的发展历程

光纤通信（Fiber-Optics Communication）是使用光波在光纤中传输信息的一种通信方式。光纤是光导纤维的简称。光纤和电缆相比，其优点在于传输带宽更宽，传输距离更长，并且不受电磁波的干扰。由于它的这些优点，从1970年代起，光纤就在核心通信网络中逐渐代替铜线，成为主要的有线传输媒体。

1．光纤通信的诞生

图6.1.1　高锟

光纤通信是由华裔科学家高锟（Charles Kuen Kao，1933—2018）（图6.1.1）发明的。他于1966年首次提出将玻璃纤维作为光波导用于通信的理论，开创性地从理论上分析证明了用光纤作为传输媒体以实现光通信的可能性，并预言了制造通信用的超低耗光纤的可能性，奠定了光纤发展和应用的基础。高锟指出，光在当时的玻璃中的传输损耗为1000dB/km（在同轴电缆中的传输损耗仅为5～10dB/km），原因是玻璃中含有杂质，而这些杂质有可能被除去。因此，他被认为是“光纤通信之父”。2009年高锟因发明光纤而获得诺贝尔奖。

2．光纤传输的实现

1970年，美国康宁公司（Corning Glass Works）成功研制出传输损耗只有20dB/km，长约30m的低损耗石英光纤，高锟的设想得到了验证。20dB/km是什么概念呢？用它和玻璃的透明程度比较，光透过玻璃功率损耗一半（相当于3dB）的长度分别是：普通玻璃为几厘米、高级光学玻璃最多也只有几米。这就是说，光纤的透明程度已经比玻璃高出了几百倍！在当时，制成损耗如此之低的光纤可以说是惊人之举，这标志着光纤用于通信有了现实的可能性（图6.1.2）。

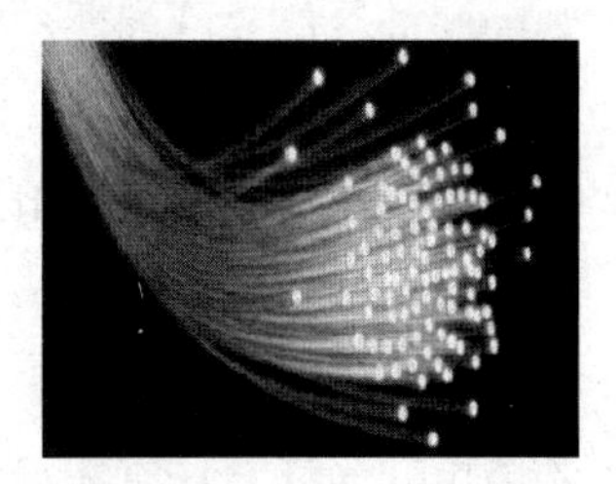

图6.1.2　光纤

3．光纤通信系统的建成

1970年美国贝尔实验室研制出世界上第一只在室温下连续工作的砷化镓半导体激光器。它体积小，适合作为长距离光纤通信的光源。激光器和低损耗光纤这两项关键技术的重大突破，为光纤通信的实现打下了关键的物质基础。1975年第一条商业光纤通信系统建成，它工作于0.8μm波长，使用砷化镓半导体激光器。这个第一代光纤通信系统传输速率为45Mb/s。为了使光信号不因传输衰减而过弱，经过一定距离的传输，在线路中需要增设中继器以放大光信号（中继器先将光信号转换成电信号，用电放大器放大后，再转换成光信号，送入光纤），中继器的间隔为 10km。

4．光纤通信技术的进步

此后，随着光纤制造技术的进步，光纤的损耗逐渐降低。光纤的损耗 1970 年是 20dB/km，1972 年达到 4dB/km，1974 年达到 1.1dB/km，1976 年达到 0.5dB/km，1979 年达到 0.2dB/km，1990 年达到 0.14dB/km。它已经接近石英光纤的理论衰耗极限值 0.1dB/km 了。

1980 年代初研制出的第二代光纤通信系统的工作波长为 1.3μm，使用磷砷化铟镓（InGaAsP）半导体激光器。早期的多模光纤因色散限制了数据传输速率，1981 年研制出的单模光纤能够大大提高光纤通信系统的传输速率（多模和单模光纤的概念见 6.2.2 节），但是适用于单模光纤的连接器尚未研制出来，直至 1984 年才建成 3268km，连接 52 个社区的世界上最长的这种商用光纤网络。至 1987 年，这种光纤通信系统的传输速率为 1.7Gb/s，并且中继器的间距达 50km。

第三代光纤通信系统工作在 1.55μm，损耗约 0.2dB/km。这要归功于砷化铟镓（Indium gallium arsenide）的发现和砷化铟镓二极管（Indium Gallium Arsenide photodiode）的研发，它克服了使用普通磷砷化铟镓半导体激光器时在此波长上存在脉冲扩散的困难。最终使第三代光纤通信系统传输速率达到 2.5Gb/s，中继器间隔超过 100km。因此这时已经能够建成经过海底的跨洋远程光纤传输信道。

第四代光纤通信系统采用了光放大器，从而减少了所需中继器的数量，并且使用了波分复用技术，增大了数据容量。这两项改进带来了革命性的结果，使系统容量从 1992 年起每六个月翻一番，直到 2001 年传输速率达到了 10Tb/s。到 2006 年，使用光放大器，一条 160km 的线路的传输速率达到 14Tb/s。参考文献见二维码 6.1。

二维码 6.1

第五代光纤通信系统的发展着重于扩展波分复用系统工作的波长范围。光波导中传输损耗小的波长区域称为波长窗口，传统的波长窗口是在 1.53～1.57μm 波长范围的 C 波段，而新一代的无水光纤（Dry Fiber）把低损耗的窗口扩展到约 1.30～1.65μm 全部波长范围。无水光纤又称无水峰光纤，它采用一种新的生产制造技术，尽可能地消除了氢氧（OH）离子在 1.38μm 附近处的“水吸收峰”，使光纤损耗完全由玻璃的本征损耗决定。另一项技术发展就是“光孤子（Optical Solitons）”概念的应用（孤子概念见附录 13），采用具有特定形状的脉冲，以光纤的非线性效应抵消色散效应，从而保持脉冲的形状不变。

6.1.2 光纤通信的优点

光纤通信系统已经大量替换无线电通信系统和电缆通信系统，用于长途数据传输。它广泛用于电话网、互联网、高速局域网、有线电视，以及短距离的楼内通信。绝大多数情况下都使用硅光纤，只有在很短的距离上适合采用塑料光纤。

和电缆比较，光纤通信的主要优点有：

- 光纤传输数据的容量非常大。一根硅光纤的理论容量的一小部分就能够传输数十万路电话。在过去 30 年间，光纤链路传输容量的提高速度比计算机存储器容量的提高速度快很多。
- 在光纤中光的传输损耗非常小。当今单模硅光纤的传输损耗约为 0.2dB/km，所以信号能传输上百千米而不需要放大。

- 若需要传输很远的距离，用一个单根光纤的放大器就能放大大量信道的信号。
- 由于光纤的传输速率极高，所以传送每比特的价格极低。
- 和电缆相比，光缆很轻，这一点对于在飞机中应用特别重要。
- 光缆没有电缆传输中存在的那些问题，例如接地回路和电磁干扰问题。这些问题在工业环境中对于数据链路的影响是非常重要的。
- 光纤没有向外界的电磁辐射，故保密性好，光纤传输的信号很难被窃听或被攻击（包括伪造和篡改）。
- 光纤比电缆更适应恶劣环境，例如温度的剧烈变化。
- 光纤的寿命更长。
- 光纤通信已经广泛应用在通信干线上以及大城市中，甚至光纤已经敷设到家。敷设到家的光纤通信系统比原已广泛应用的非对称数字用户线路（Asymmetric Digital Subscriber Line，ADSL）的性能好很多。

6.2　光纤通信技术

光纤通信系统通常由下面 4 部分组成：

光发射器：将电信号转换成光信号，并将光信号发送至光纤。

光纤和光缆：光缆包含多根光纤，敷设在地下管道中。

光放大器：将经过长距离传输而变弱的光信号放大。

光接收器：接收光信号，将其变成电信号。

光纤中传输的信号通常都是数字信号。下面将具体介绍光纤通信系统的这 4 个组成部分。

6.2.1　光发射器

最常用的光发射器主体是半导体器件，例如发光二极管和激光二极管。这两者的区别在于：发光二极管产生非相干光，而激光二极管产生相干光。什么是相干光？若两束光在相遇区域的振动方向相同（例如，都是水平振动或都是垂直振动）、振动频率相同，且相位相同或相位差保持恒定,则在两束光相遇的区域内就会产生干涉现象。这样的光即称为相干光。应用于光通信的半导体光发射器必须体积小、效率高、可靠性好，并且工作在最佳波长范围及能够在高频直接调制。

在光发射器中，除用发光二极管或激光二极管发出的光波作为光源外，还需要把信息加载到光波上，加载的过程就是调制。把电信号加载到光信号的器件就是光调制器。

1. 发光二极管

最简单的光发射器是一个正偏压 p-n 结的发光二极管。什么是 p-n 结呢？p-n 结就是将 p 型半导体和 n 型半导体制作在同一纯硅片上，它们的交界面就是 p-n 结。

半导体是导电性能介于导体和绝缘体之间的物质，例如硅，而 p 型半导体就是在纯硅片上掺杂三价元素（如硼）形成的半导体，n 型半导体则是在纯硅片上掺杂五价元素（如磷）形成的半导体。

发光二极管因场致发光现象自发辐射而发光。它发射的光是非相干的，频谱较宽，为 30～60nm。发光二极管发光的效率也较低，大约是输入功率的 1%。当输入功率为

10 毫瓦时，大约有 100 微瓦最终射入光纤。然而，由于其设计比较简单，故发光二极管常用在廉价的设备中。

通信中最常用的发光二极管是用磷化砷镓铟（InGaAsP）或砷化镓（GaAs）做的。磷化砷镓铟发光二极管的工作波长为 1.3μm，砷化镓发光二极管的工作波长为 0.81～0.87μm，前者更适合用于光纤通信。发光二极管的频谱较宽使其色散较为严重，限制了其传输速率-距离乘积（这通常是衡量其可用性的指标）。发光二极管主要适用于传输速率为 10～100Mb/s 及传输距离只有几千米的局域网。已经研发出来了使用几个量子阱（Quantum well）（见二维码 6.2）发射不同波长的宽频谱发光二极管，目前用于波分复用局域网。

二维码 6.2

目前发光二极管大都已经被垂直腔表面发射激光器（Vertical Cavity Surface Emitting Laser，VCSEL）取代（图 6.2.1），它能够以类似的价格提供更好的速度、功率和频谱特性。

图 6.2.1 垂直腔表面发射激光器

2. 激光二极管

由于激光二极管构成的激光器是在外来辐射场的作用下，有受激辐射现象而发射光的，不是在没有任何外界作用下自发地辐射出光子的过程，像荧光灯、发光二极管等常见光源，故其输出功率高，并且因为发出的是相干光而具有其他好处。激光器的输出有一定的方向性，使其射入单模光纤有高的耦合效率（大约 50%），这里耦合效率是指射入光纤的功率与激光器输出功率的比值。窄频谱宽度还能得到高的传输速率，因为它减小了色散现象。此外，半导体激光器还能在高频直接调制，因为其载流子复合时间（Recombination time）很短。

激光二极管通常是直接受调制的，即光输出直接受加于其上的电流控制的。当数据传输速率很高时或链路距离很长时，激光源可以发出连续波，而用一个外部器件（光调制器）去调制光。外部调制比直接调制产生的光的频谱窄，减小了光纤中的色散，从而可以增大链路的距离。发射器和接收器可以组装在一起构成一个吉比特光电收发模块（见图 6.2.2）。

3. 调制

光调制器是把电信号转换为光信号的器件。

调制方式分为两大类，即模拟调制和数字调制。

模拟调制可以用模拟基带信号直接对光源进行强度调制；也可以用模拟基带信号先对副载波的幅度、频率或相位进行调制，再用该受调制的副载波去调制光源。模拟调制的优点是设备简单，占用频带较窄，但它的抗干扰性能差，中继时有噪声累积。

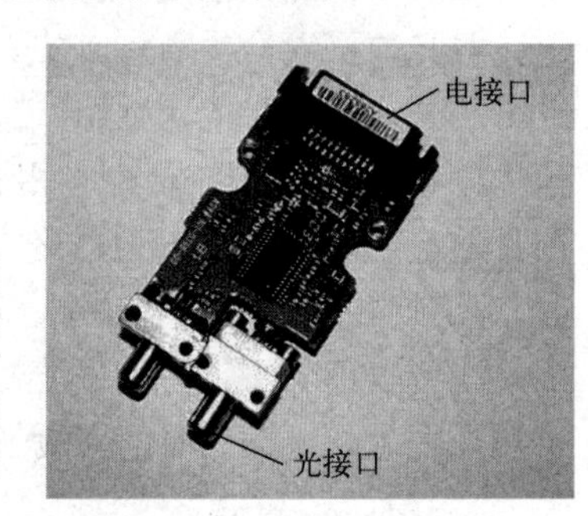

图 6.2.2 吉比特光电收发模块

数字调制是光纤通信的主要调制方式，它以数字信号对光载波进行调制。数字调制的优点是抗干扰能力强，中继时不积累噪声及色散，因此可实现长距离传输，它的缺点是需要较宽的频带，设备也复杂。

按调制与光源的关系来分，有内调制和外调制两种。直接用电调制信号来控制半导体光源的振荡参数（光强、频率等），得到光频的调幅波或调频波，称为内调制；后者是让光源输出的幅度与频率等恒定的光载波通过光调制器，实现对光载波的幅度、频率及相位等进行调制。

内调制的优点是简单，但调制速率受到载流子寿命及高速率下的性能退化的限制。外调制方式需要调制器，结构复杂，但可获得优良的调制性能，尤其适合于高速率下运用。

6.2.2 光纤和光缆

1. 光纤的结构

最简单的光纤是由折射率不同的两种玻璃介质纤维制成的。其内层称为纤芯，在纤芯外包有另一种折射率的介质，称为包层（Cladding），如图 6.2.3 所示。由于包层的折射率比纤芯的低，使光在纤芯中形成全反射，从而沿光纤前行，能够远距离传输。纤芯和包层通常都是用高质量的硅玻璃制成的，虽然它们也可以使用塑料制成。由于折射率在两种介质内是均匀不变的，仅在边界处发生反射，故这种光纤称为阶跃（折射率）型光纤。还有一种光纤的纤芯的折射率沿半径方向逐渐减小，光波在光纤中传输的路径是逐渐弯曲的。这种光纤称为梯度（折射率）型光纤。

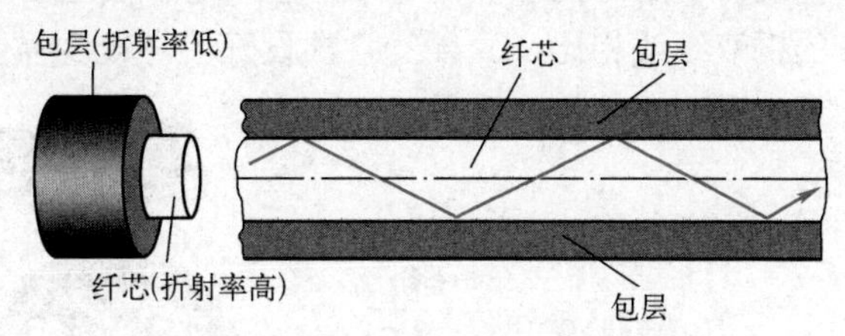

图 6.2.3　光在光纤中的行进路线

2. 光纤的传播模式

按照光纤内光波的传播模式不同，光纤可以分为多模光纤和单模光纤两类。最早制造出的光纤为多模光纤。这种光纤的直径较粗，光波在光纤中的传播有多种模式。这里“多种模式”的含义可以不严格地理解为光波在光纤中有不止一条传播路线，在图 6.2.4 中示出了阶跃型和梯度型折射率多模光纤的区别。

另外，多模光纤用发光二极管作为光源。光源发出的光波包含许多频率成分，不同频率光波的传输时延不同，这样会造成信号的失真，从而限制了传输带宽。

单模光纤的直径较小，其纤芯的典型直径为 8～12μm，包层的典型直径约 125μm。单模光纤用激光器作为光源。激光器产生单一频率的光波。并且光波在光纤中只有一种传播模式（图 6.2.5）。因此，单模光纤的无失真传输带宽较宽，比多模光纤的传输容量大得多。两段光纤的连接可以用熔接或机械连接的方法完成。由于光纤非常细，特别是单模光纤，为了对准纤芯需要熟练的技术和专用连接设备。

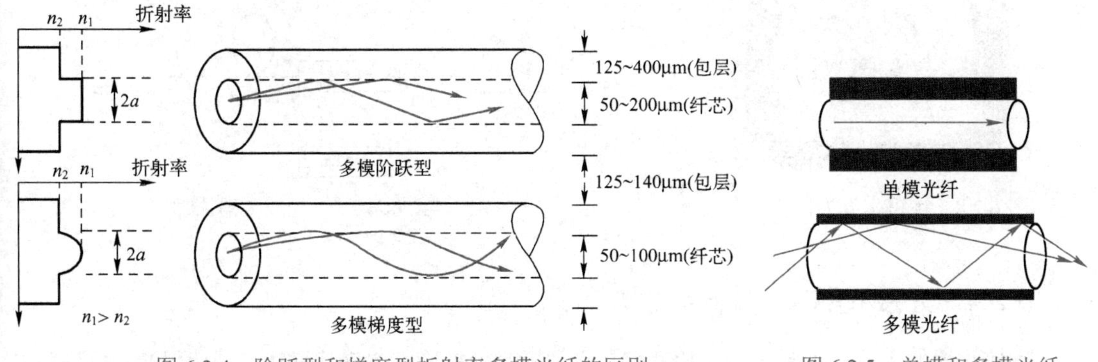

图 6.2.4　阶跃型和梯度型折射率多模光纤的区别　　　图 6.2.5　单模和多模光纤

多模光纤的发射器和接收器以及接插件都较便宜，但是因为多模光纤掺杂较多，故通常较贵，并且其传输带宽和距离都较小。单模光纤激光器的价格比发光二极管贵，但是容许链路较长，且性能较好。所以，这两种光纤各有优缺点，都得到了广泛的应用。

3．光缆

在实用中光纤的外面还有一层薄塑料保护外套（Protective coating），即涂覆层（图 6.2.6）。涂覆层的材料通常用光固化丙烯酸酯塑料。通常将多根带涂覆层的光纤组合起来成为一根光缆。光缆有保护外皮，内部还加有增加机械强度的钢线和（或）辅助功能的电线（图 6.2.7）。光缆的使用和铜缆一样，可以埋入地下或挂在空中和穿过墙壁，敷设进入建筑物内。和普通的铜双绞线相比，光纤一旦敷设好后，较少需要维护。

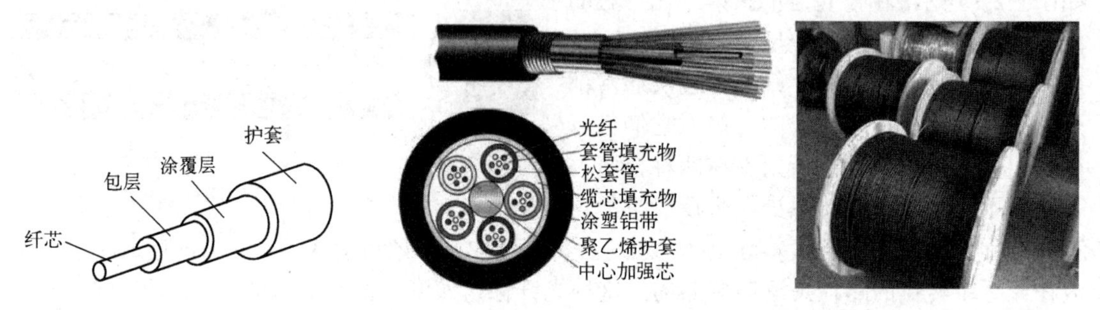

图 6.2.6　光纤涂覆层

图 6.2.7　光缆

6.2.3　光放大器

光纤通信系统的传输距离通常受光纤衰减和光纤失真的限制。使用光电中继器可以解决这个问题。光电中继器先把光信号变换成电信号，放大后再用发射器发送出比接收信号更强的光信号，从而抵消了前一段线路的信号衰减。因为现用的波分复用信号非常复杂，光电中继器的成本很高。

另外一种方法是使用光放大器，它直接放大光信号，不需要先把它变换成电信号（图 6.2.8）。这种光放大器的原理是在光纤中掺入稀土元素铒（Erbium），并用一个激光器发出的比通信信号波长更短（通常是 980nm）的激光照射激发（泵浦），使光信号直接放大（图 6.2.9）。在新架设的光纤通信系统中大量使用光放大器，代替过去使用的中继器。

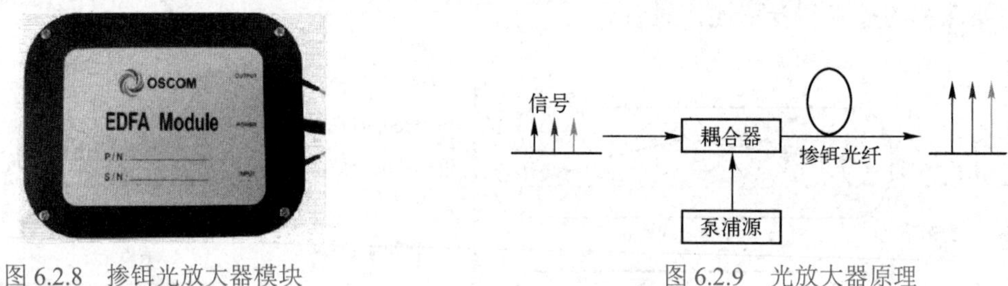

图 6.2.8　掺铒光放大器模块

图 6.2.9　光放大器原理

6.2.4　光接收器

光接收器的主要部件是一个光检测器，它利用光电效应把光转换成电。通信用的光检测器主要是用砷化铟镓制作的。典型的光检测器是一个半导体光二极管。光二极管有好几种，例如 p-n 光二极管、p-i-n 光二极管和雪崩光二极管。有时也使用金属-半导体-金属（Metal-Semiconductor-Metal，MSM）光检测器。

上述光检测器与一个跨阻抗放大器（Transimpedance Amplifier）和一个限幅放大器相耦合，以从输入的光信号产生电数字信号，后者被送入信道。此外，在把数据送入信道前，信号可能受到进一步的处理，例如用锁相环（Phase-Locked Loop）从数据中提取时钟信号。

6.3 光纤通信的技术性能

6.3.1 系统指标

因为色散效应随光纤长度而增加，所以一个光纤传输系统通常用带宽-距离乘积表述其性能，单位为兆赫·千米（MHz·km）。用此乘积表述性能是因为在信号带宽和其传输距离之间可以交换。例如，一根普通的多模光纤具有带宽-距离乘积 500MHz·km，它能够传输 500MHz 信号 1km，或者传输 1000MHz 信号 0.5km。

6.3.2 工作波段

为了使光波在光纤中传输时受到最小的衰减，以便传输尽量远的距离，希望将光波的波长选择在光纤传输损耗最小的波长上。图 6.3.1 示出了光纤损耗与光波波长的关系曲线。由图可见，在 1.31μm 和 1.5μm 波长上出现两个损耗最小点。在这两个波长之间 1.4μm 附近的损耗高峰是由于光纤材料中水分子的吸收造成的。

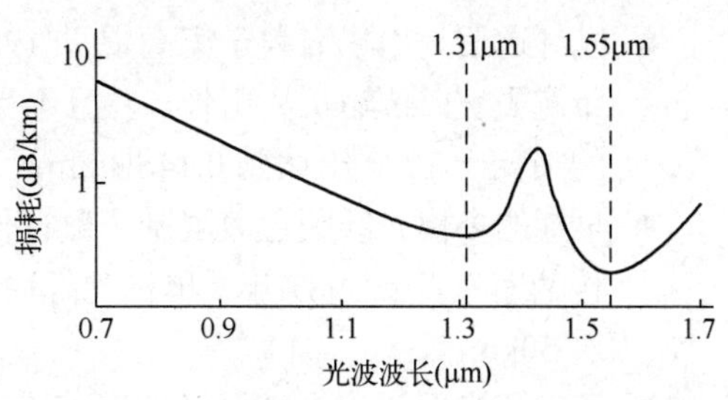

图 6.3.1 光纤损耗与光波波长的关系曲线

光纤通信最早使用的第一个波段为 0.8～0.9μm。用 GaAs/AlGaAs 激光二极管和发光二极管做发射器，用硅光电二极管做接收器。然而，在此波长范围光纤损耗较高，所以这个窗口只适合短距离通信。

光纤通信使用的第二个波段在 1.3μm 附近，在此处硅光纤的损耗很低，并且光纤的色散很弱，故传输的光波的频谱展宽很小。这个波段原来用于长途传输，然而 1.3μm 的光放大器（用掺镨玻璃做的）不如 1.5μm 掺铒光放大器好。此外，长途传输并不需要低色散，因为它使光非线性效应增大。所以目前广泛采用的光纤通信波长在 1.5μm 附近。在此范围硅光纤的损耗最低，并且掺铒光放大器的性能很好。

光纤通信的第二个和第三个波段可以进一步划分为如下几个波段：

在 1.4μm 处原来有一个损耗峰，把 1.3μm 和 1.5μm 两个波段分开了，但是由于新型光纤没有此峰，故两者合并了。

目前使用单个波长的单模光纤传输系统的传输速率已达 10Gb/s 以上。若在同一根光纤中传输波长不同的多个信号，则总传输速率将提高好多倍。光纤的传输损耗也是很低的，其传输损耗在 0.2dB/km 以下。因此，无中继的直接传输距离可达上百千米。

6.3.3 光纤的传输容量

在过去的几十年中，光纤的传输容量有了惊人的增长。每根光纤的可用传输带宽增长速度甚至快于电子记忆芯片存储容量增长的速度，或者快于微处理器计算能力增长速度。

光纤的传输容量和光纤的长度有关。光纤越长，色散等有害效应越大，可用的传输速率就越低。对于几百米或更短的距离，使用多模光纤更为方便，因为它敷设便宜。因发射器技术和光纤长度不同，其数据传输速率可达几百兆比特每秒至 10Gb/s。

单模光纤通常用于几千米或更长距离的线路。目前民用光纤通信系统传输速率一般为每路 10Gb/s 或 40Gb/s，距离在 10km 以上。2014 年的最新光纤通信系统传输速率达到 100Gb/s，此后的系统传输速率很快达到每路 160Gb/s。若采用波分复用技术，则光纤的传输容量将得到成倍的增长。例如到 2006 年，使用光放大器后，一条采用波分复用技术的 160km 线路的传输速率已经达到 14Tb/s，这足以同时传输上千万路的电话信号。这仅是一条光纤的传输容量，而一条光缆中可以包含许多条光纤。

6.4 小　结

- 光纤通信是由华裔科学家高锟于 1966 年发明的。光纤和电缆相比，其优点在于传输带宽更宽，传输距离更长，并且不受电磁波的干扰。随着光纤制造技术的进步，光纤的损耗于 1990 年达到 0.14dB/km，已经接近石英光纤的理论衰耗极限值 0.1dB/km 了。
- 早期的多模光纤因色散限制了数据传输速率，单模光纤能够大大提高光纤通信系统的传输速率。至 1987 年，单模光纤通信系统的传输速率为 1.7Gb/s，并且中继器的间距达 50km。
- 第三代光纤通信系统已经能够建成经过海底的跨洋远程光纤传输信道。
- 第四代光纤通信系统采用了光放大器，并且使用了波分复用技术，增大了数据容量。这两项改进带来了革命性的结果。
- 第五代光纤通信系统的发展着重在扩展波分复用系统工作的波长范围。
- 和电缆比较，光纤通信的主要优点有：①传输数据的容量非常大。②传输损耗非常小。③单根光纤的放大器能放大信道的大量信号。④传送每比特的价格极低。⑤光缆很轻。⑥没有电磁干扰问题。⑦保密性好。⑧适应恶劣环境。⑨寿命长。
- 光纤通信系统由下面几部分组成：光发射器、光缆、光放大器、光接收器。光发射器的主体是发光二极管或激光二极管。光接收器的主要部件是光检测器。光纤分为阶跃型光纤和梯度型光纤，并可以分为多模光纤和单模光纤。光放大器能够直接放大光信号。
- 光纤传输系统通常用带宽-距离乘积表述其性能，单位为 MHz·km。光纤通信使用的波段主要在 1.3μm 至 1.5μm。光纤的传输损耗在 0.2dB/km 以下。2014 年的最新光纤通信系统速率达到 100Gb/s。

习题

6.1　光纤通信是何时由何人发明的？和电缆通信相比，光纤通信有哪些主要优点？

6.2　试述第一代至第五代光纤通信的主要区别。

6.3　光纤通信系统是由哪几部分组成的？

6.4　光纤按照折射原理区分，可以分为哪几种类型？按照传播模式区分，可以分为哪几类？

6.5　光发射器的发光器件有哪两种？它们的性能有何主要区别？

6.6　试述适合光纤通信用的光波波长范围。

6.7　光纤传输系统通常用什么指标表述其性能？

第7章　数据通信网综述

7.1　概　　述

本节将概述专门设计的用于传输数字数据的通信网，数字数据通信网简称数据通信网，它是主要用于计算机之间传输数据的通信网。

数据通信网按照覆盖范围大小区分，可以分为多种，在1.5.3节中已经详述。

数据通信网按照传输方式区分，可以分为无线数据通信网和有线数据通信网两大类。数据通信网按照用途区分，可以分为专用数字网和公共数字网。公共数字网（Public Data Network，PDN）类似于公共电话网，但是它只用于传输数据。公共数字网在概念上包括增值网（Value-added Network，VAN）和信息交换网。增值网是在数字通信的基本业务上附加了新的通信功能或业务，使其原有价值增大。例如，增加电子邮件、语音信箱、可视图文、电子数据交换（Electronic Data Interchange，EDI）、在线数据库检索、虚拟专用网（Virtual Private Network，VPN）（VPN见二维码7.1）、“800”号受方付费业务等。信息交换网则是数字通信的基础设施。

数据通信网按照交换方式区分可以分为两大类，即电路交换和信息交换。电路交换的原理在电话网中已经做了介绍，它的特点是在用户之间建立一条连接通路，以直接传递信号（图7.1.1），不同用户之间的连接是由交换机选择完成的。信息交换与电路交换不同，它并不在通信用户两端之间建立连接通路，而是先由交换设备将发送端送来的信号存储起来，然后按照信号中包含的目的地址信息，将它转发到接收端（图7.1.2）。所以，这种方式又称为“存储-转发”方式。显然，这种方式适合于传输数字数据，因为现代电子计算机中的存储器只适合存储数字信号。

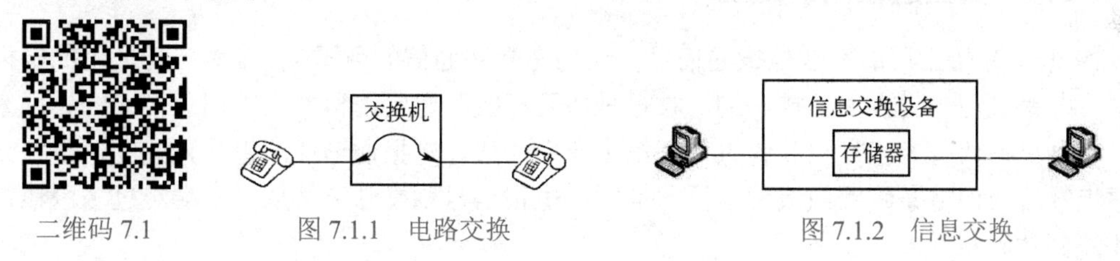

二维码7.1　　图7.1.1　电路交换　　图7.1.2　信息交换

电路交换时，在两个用户通信的持续时间内，需要有一条通路（其中可能包含有几段链路）始终保持在为他们连接的状态，不论其是否正在传输信号。此连接可以是通过呼叫建立的，类似电话网中的呼叫建立连接过程；也可以是永久性或半永久性的专线连接。因为通路始终为其保持在连接状态，所以这是很大的资源浪费。

信息交换时，一个通路可以被多个用户发送的信息分时利用。所以通路的时间利用率可以大为增加。此外，由于交换设备需要将收到的数据格式变成适合传输的格式，在数据到达接收端前再将其格式变成适合接收端的格式，所以收发两端设备所用的数据格式可以不同。但是，由于信息交换是按照“存储-转发”方式工作的，交换设备将收到的数据先存储起来，等到有通路可以利用时才转发，所以有一定的时间延迟。信息交换又可以分为报文交换（Message-switching）和分组交换（Packet-switching）两种。报文交换是将整个报文（Message）一次转发，由于其长度可能很长，所以，其存储时间也可能很长，从而造成时间延迟可能很大。而分组交换则是首先将报文在交换设备中分成长度相等的短的分组（或称包（Packet）），然后再传输。因为每组的长度都很短，所以通常时间延迟很小，故消息一般都能准确实时地传输（例如，若1000比特为一个分组，传输速率是100Mb/s，则传输存储1000比特的分组仅需要10μs）。图7.1.3示出这三种交换的比较。目前广泛应用的是分组交换。

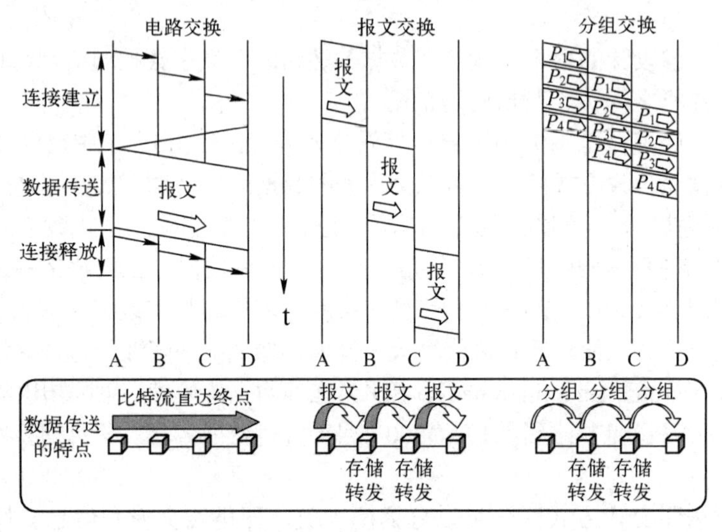

图 7.1.3 三种交换的比较

7.2 数据通信网的发展

7.2.1 数据通信网的诞生

19世纪开始出现的有线电报通信可以认为是数字通信的鼻祖。在早期广泛使用的电报通信中，发报是用电键由人工操作的，收报是用耳机收听电码，再由人工记录下来的。后来发明了多种机械代替人工发报和收报，如第1章中所述。电报通信线路也从开始的一条独立线路逐步发展成由多条线路组成的电报通信网。电报信号则常常需要从发报端经过多段线路转发才能到达收报端。

20世纪60年代后，由于计算机的广泛应用，计算机之间的数据传输需求日益增长。计算机之间的数据传输实质上是机器之间的通信，它有别于上述人与人之间传输文字的电报通信。电报通信后期虽然采用了各种机械发送和接收，但是实际上仍然离不开人工操作。计算机之间的数据通信则完全是自动完成的，并且是机器对机器的通信。人们之间的电报通信于是逐步过渡到融于计算机之间的数据通信中。有上百年历史的电报通信终于烟消云灭，今天人们在我国各地已经见不到“电报局”或“邮电局”的身影了。电报通信网已经被数据通信网（或称计算机网）所取代了。

今天的数据通信网实质上是计算机网或称计算机网络，它在近几十年来得到迅速的发展和演变，概括地说其发展可以分为以下四个阶段。

7.2.2 远程终端网

第一阶段——远程终端网：自 1946 年电子计算机发明至 1960 年代中期，计算机的价格非常昂贵，因而数量很少。为了充分发挥其功能，将多台终端机通过通信线路连接到计算机上，采用分时工作的方法，由多台终端机（简称终端）公用一台大型计算机（图 7.2.1）。这样，计算机就称为主机，而终端主要有显示器和键盘，没有作为计算机核心部件的中央处理器（CPU），也没有内存和硬盘。主机将工作时间分段分配给各个终端使用。由于主机的 CPU 运行速度很快，使每个终端的用户都以为主机是完全为他服务的。当主机和终端之间的距离较远时，它们之间常利用电话网的线路来连接。这时，需要在线路两端分别接入调制解调器，使线路上传输的是语音频带（300～3400Hz）内的信号。这种远程终端网虽然还不能算是真正的计算机网，但是已经是计算机和通信网的初步结合。这一阶段的典型应用是由一台计算机和全美国范围内 2000 多个终端组成的飞机订票系统。

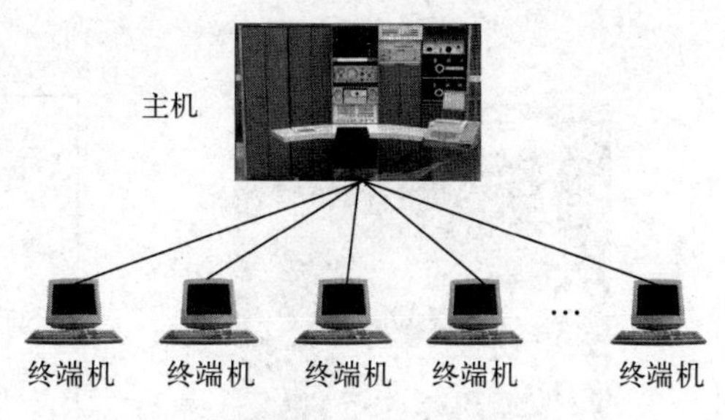

图 7.2.1 远程终端网

7.2.3 计算机网

第二阶段——计算机网：在计算机数量逐渐增多后，出现了将多部计算机互连以实现计算机之间通信的需求，其典型代表是 1960 年代后期美国国防部高级研究计划局（Defense Advanced Research Projects Agency，DARPA）开发的阿帕网（ARPANET），它采用的是分组交换技术，最初仅将分布在美国的四所大学（加州大学洛杉矶分校、加州大学圣巴巴拉分校、斯坦福大学、犹他州大学）的四台大型计算机相连（图 7.2.2）。阿帕网主要用于军事研究目的，即期望计算机组网后能经受得住故障的考验而维持正常工作，一旦发生战争，当网络的某一部分因遭受攻击而损坏时，网络的其他部分仍能维持正常工作。阿帕网到 1974 年已经发展到包含约 50 台分布在美国各地的计算机了（见二维码 7.2）。

图 7.2.2 阿帕网实验室

二维码 7.2

1. 局域网

使计算机网真正广泛发展起来的推动力是个人计算机和局域网的出现。个人计算机最早是在 1981 年由 IBM 公司推出的（图 7.2.3），它处理速度快、性价比高、体积小，适合个人使用，可以人手一台。大量个人计算机的广泛使用，产生了在较小范围中有许多计算机互连的需求，这就导致了局域网的发展和成熟。局域网目前仍然是计算机网中处于基础位置及应用最广泛的网络。

2. 计算机网的拓扑形式

计算机网是由多台计算机连接组成的网络。计算机网在发展初期出现过不同的网络拓扑形式，例如星形网、环形网、总线网等。目前仅星形网在广泛地应用着。下面就星形网做些介绍。

星形网是由若干个节点和连接这些节点的链路组成的。节点可以是计算机、集线器、交换机或路由器（Router）等设备。在图 7.2.4 中示出一个由 4 台计算机和 1 个集线器（Hub）组成的计算机局域网，它是目前广泛应用的结构形式，即采用带集线器的星形网结构。

图 7.2.3　早期的个人计算机

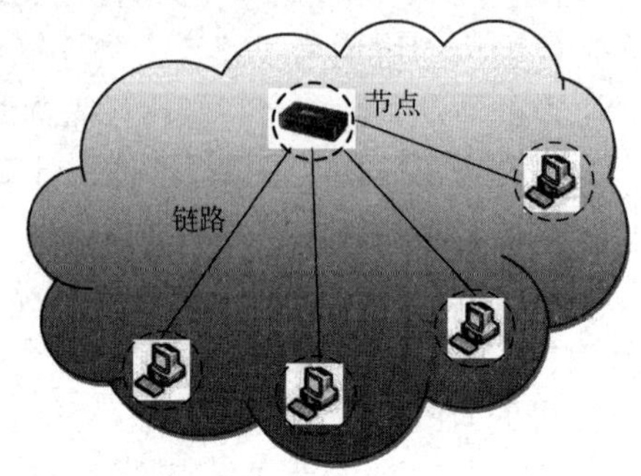

图 7.2.4　计算机局域网

3. 集线器与以太网

集线器有多个端口，每个端口接一台计算机。集线器的功能是将每台计算机发出的信号通过线路转送给其他计算机。按照 1990 年 IEEE 制定的星形以太网 10BASE-T 标准 802.3i 协议，集线器和计算机间的线路是两对双绞线时，其长度不超过 100m，传输速率可达 10Mb/s。由此可见，这种网基本上是一种局域网，并且事实上目前局域网都采用了以太网标准。

上述以太网标准 10BASE-T 中的“10”表示此网线的传输速率可达 10Mb/s；“BASE”表示“基带（Baseband）”信号；“T”表示“双绞线（Twisted Pair）”。更高传输速率的网线如 100BASE-T，其传输速率达 100Mb/s；1000 BASE-T 网线的传输速率达 1000Mb/s。

在图 7.2.5 中示出集线器示意图。由此线路连接关系可见，每台计算机的两对双绞线分别用于发送和接收数据。一台计算机发出的信号可以送到其他各台计算机。但是，多数情况都是只希望将信号发送给一台指定的计算机。因此，在发送信号中需要带有地址信息，只有此地址的计算机才能接收到此信号。当然，也可以发送广播或多播数据，只要在地址信息中给予明确即可。此外，这种网络中同时只允许有一个发送信号在线路中存在，即在同一时间内只允许一台计算机发送数据。若同时有多台计算机发送数据，势必造成互相干扰。为了解决这个问题，需要制定一个通信协议被各计算机遵守。在以太网中采用的协议称为载波监听多点接入/碰撞检测（Carrier Sense Multiple Access with Collision Detection，CSMA/CD）协议。后面还将介绍这个协议。

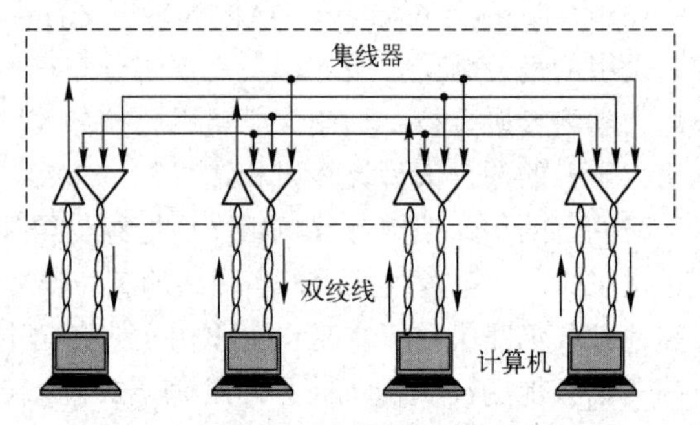

图 7.2.5　集线器示意图

上述以太网至今仍是计算机网中广泛应用着的有代表性的局域网。

4. 网络交换机

这里介绍的网络交换机又称数据交换机、局域网交换机、以太网交换机（简称交换机）。

网络交换机（图 7.2.6）和上述集线器都具有在计算机之间转发数据的功能，但是两者有很大区别。

集线器共用一条总线进行通信，通过广播方式转发数据，所有的（计算机）端口均可以收到，因此网络性能受到很大的限制；而且在同一时间内只能单向传输，在半双工模式下工作；而交换机每个端口有一张 MAC 地址转发表，根据 MAC 地址转发数据，而不是广播形式。

图 7.2.6　网络交换机

MAC 地址又称物理地址，它是由网络设备制造厂生产时标记在网卡上的。MAC 地址的长度为 48 比特（6 个字节），通常用 12 个 16 进制数表示，每 2 个 16 进制数之间用冒号隔开，如 06：00：30：0A：9C：6D 就是一个 MAC 地址，其中前 3 个字节表示网络硬件制造商的编号，是 IEEE 的注册管理机构给不同厂家分配的代码。后 3 个字节由厂家自行分配，代表该制造商所制造的某个网络产品（如网卡）的系列号。MAC 地址在世界上是唯一的。形象地说，MAC 地址就如同身份证的号码，具有唯一性。

交换机对数据包的转发是建立在 MAC 地址基础之上的。当交换机收到一个数据包时，它会查看该数据包的目的 MAC 地址，查看自己的地址表以确认应该向哪个端口把数据包发出去。当包的目的 MAC 地址不能在地址表中找到时，交换机就把收到的数据包广播出去，发向交换机的所有其他端口。目的 MAC 地址的计算机收到该数据包后，向发送数据包 MAC 地址的计算机发出确认包。交换机收到该包后，就记录下发送确认包的计算机的 MAC 地址。

当交换机初次加入网络中时，地址表是空的，因此数据包将发往全部端口，直到交换机“学习”到各个 MAC 地址的端口，才能真正实现交换机的性能。

7.2.4　计算机网互连

第三阶段——计算机网互连：1980 年代开始，由于阿帕网的兴起和微机的广泛应用等因素，各种计算机网络发展迅猛，并且产生了把各种计算机网互相连接起来的需求。这样就产生了将计算机网通过路由器互连起来的网络，它称为互连网，即计算机网之网，如图 1.5.5 所示。图中路由器的功能有点儿像交换机，但是比交换机功能更强大，它会根据信道的情况自动选择和设定路由，以最佳路径按前后顺序发送数据分组。交换机只能解决计算机之间的互连，路由器则还能解决计算机网之间的互连。对路由器的详细介绍，见附录 14。

由于各计算机公司生产的产品性能规格没有统一的标准，不同公司的产品之间很难用通信网络互连。为了解决这个问题，国际标准化组织（International Standard Organization，ISO）于 1981 年制定了开放系统互连参考模型（Open System Interconnection Reference Model），简称 OSI，并于 1983 年发布了此参考模型的正式文件，即 OSI 7498 国际标准。OSI 7498 虽然在理论上很好地解决了计算机网络互连问题，但是由于多方面原因，特别是其制定周期太长和不太实用，失去了及时进入市场的时机，反而是非国际标准的 TCP/IP 标准成为了目前广泛使用的事实上的国际标准。按照 TCP/IP 标准建立的互连网则称为互联网。需要注意：互联网和互连网的名称区别仅在于一字之差，而发音相同。在 7.3 节中我们将对这两个标准做专门讨论。

7.2.5　高速互联网

第四阶段——全球高速互联网：进入 1990 年代，互联网（Internet）逐步成为世界各国的国家信息基础设施，很快就覆盖了全球的各个国家，并向高速化、智能化、可视化、多媒体化方向发展。目前利用互联网实现全球范围内的电视会议、可视电话、可视群聊、网上购物、网上银行、网络图书馆等，已经成为人们每日不可或缺的工作和生活手段了。

上述计算机网的 4 个发展阶段，是计算机网的覆盖范围逐步扩大的过程。与此同时，计算机网还在向逐步缩小范围的方向发展，它属于个人网的范畴。个人网的发展起步较晚，但是近年来得到迅猛的发展，我们将另辟一章专门进行讨论。

7.3 互 联 网

7.3.1 概述

互联网是应用 TCP/IP 协议连接许多计算机网的全球网络系统，它连接各种计算机网，如专用网、公用网、学术网、商业网和政府网。互联网能够传输大量的各种信息和提供多种应用，例如万维网（World Wide Web，WWW）、电子邮件、电话业务、文档传输、电子商务、电子政务、信息检索、网络社交（微信、QQ、博客、微博）、网络游戏、网络视频、云盘（互联网存储工具）等。

互联网起源于美国联邦政府在 1960 年代开始的一项研究任务，它要求通过计算机网络实现可靠的能容错的通信。到 1990 年代初，互联网开始连接商业计算机网和企业计算机网，使互联网得到迅速发展，可连接到单位、个人以及移动计算机，于是互联网进入了现代互联网时代。到 2000 年代后，互联网的应用和技术已经进入人们日常生活的各个方面。

大多数传统的通信手段，例如电话、无线电、电视、信件和报纸等都被互联网改造、改变或代替了，产生了新的服务，例如电子邮件、互联网电话、互联网电视、在线音乐、数字报纸和视频流网站等。报纸、书籍和其他印刷品也可以采用网站技术，变成博客、网络订阅和在线新闻等。互联网能够通过即时消息、互联网论坛和社交网络加快个人间的联系。网上购物的迅猛增长使大零售商、小商店和创业者能够为更大的市场服务，或者完全在线上销售货物。互联网上的企业对企业（B2B）业务和金融业务影响了整个企业的供应链。

无论在技术上或政策上，互联网的接入和使用都没有集中管理；每一个接入的网络制定其自己的管理制度。互联网中只有两个命名空间，即互联网协议地址（Internet Protocol address，IP address）和域名系统（Domain Name System，DNS），直接由一个维护机构，即互联网名字与编号分配机构（Internet Corporation for Assigned Names and Numbers，ICANN）分配。核心协议的技术支持和标准化是互联网工程任务组（Internet Engineering Task Force，IETF）的业务，此任务组是一个非营利组织，它是国际上任何一个愿意提供专业技术知识的人都可以加入的松散附属组织。

7.3.2 互联网的历史

1．互联网的诞生

在 1960 至 1970 年代出现的一些分组交换网络采用多种不同的协议。后来，阿帕网项目开发了把多种不同网络连接成为一个网络的互连协议。在 1969 年 10 月，阿帕网建立了两个网络节点，一个在加州大学洛杉矶分校（UCLA），另一个在加州门洛帕克的斯坦福国际研究院（Stanford Research Institute International, Menlo Park, California）。到 1971 年底，已经有了 15 个网站连接到年轻的阿帕网上。

2. 互联网在全球的扩展

阿帕网早期很少有国际合作。于 1973 年 6 月挪威地震研究中心站（NORSAR）是第一个接入阿帕网的，此后瑞典通过卫星链路连接到了塔努姆（Tanum）地球站的阿帕网，英国伦敦大学（University of London）和伦敦大学学院（University College London）也相继接入。到 1981 年，阿帕网因美国国家科学基金会（NSF）建立的计算机科学网（CSNET）的接入而得到扩大。于 1982 年制定出互联网的 TCP/IP 协议族标准，使得全球接入互联网的网络数量激增。

1986 年，当美国国家科学基金会网络（NSFNet）把美国的超级计算机为科研人员接入后，TCP/IP 网再次大量接入，开始时速率为 56kb/s，后来增至 1.5Mb/s 和 45Mb/s。商业互联网服务供应商（Internet Service Provider，ISP）出现于 1980 年代后期和 1990 年代早期。阿帕网于 1990 年正式停止使用了。到 1995 年，互联网在美国就完全商业化了。互联网在欧洲和澳大利亚于 1980 年代中后期得到迅速发展，在亚洲于 1980 年代后期和 1990 年代初期得到迅速发展。

3. 互联网的应用领域

互联网于 1989 年开始将电子邮件服务用于公共商业，能够容纳 50 万用户。几个月后于 1990 年 1 月 1 日，美国有线固话网开办了另一个商用互联网骨干网。1990 年 3 月在美国康奈尔大学（Cornell University）和欧洲核子研究中心（CERN）之间建立了第一条高速（1.5Mb/s）链路，与卫星链路相比它能提供更为可靠的通信。6 个月后，蒂姆·伯纳斯-李（Tim Berners-Lee）（图 7.3.1）开始编写第一个万维网浏览器。至 1990 年圣诞节，他完成了网站需要的所有软件工具，包括超文本传送协议（HyperText Transfer Protocol，HTTP）0.9、超文本标记语言（HyperText Markup Language，HTML）、第一个网页浏览器（它也是一个 HTML 编辑器）、第一个 HTTP 服务器软件、第一个网页服务器和第一个叙述此计划本身的网页。因此，他被誉为万维网的发明人。

图 7.3.1　蒂姆·伯纳斯-李

从 1995 年开始，互联网对文化和商业产生巨大影响，包括几乎能瞬时到达的电子邮件、瞬时消息传递、网络电话、双向视频电话和万维网上的论坛、博客、网络社交和在线购物网站等。光纤网络使数据传输的速率不断提高，达到 1Gb/s、10Gb/s，甚至更高。

互联网由于大量的在线信息、商业、娱乐和网络社交而迅速发展。1990 年代后期，在公共互联网上的流量大约每年增长 100%，而互联网用户数目的平均年增长率为 20%～50%（见表 7.3.1）。这种快速的增长率要归功于没有中央管理机构，因而容许网络自由发展，以及互联网协议的非专利性，鼓励供应商之间互通，防止任何公司的网络受到太多控制。至 2011 年 3 月 31 日，互联网用户总数估计在 20.95 亿户（世界人口的 30.2%）。据估算，1993 年时互联网仅传输双向通信信息总流量的 1%，至 2000 年此数字已经增至 51%，到 2007 年总通信信息流量的 97%都是通过互联网传输的。

表 7.3.1　世界互联网用户

	2005	2010	2016
世界人口	65 亿	69 亿	73 亿
全球用户	16%	30%	47%
发展中国家用户	8%	21%	40%
发达国家用户	51%	67%	81%

截至 2023 年 6 月，中国网民规模达 10.79 亿人，较 2022 年 12 月增长 1109 万人，互联网普

及率达 76.4%。

7.3.3 互联网的管理

互联网是一个全球网络，它包含许多主动加入的有自主权的网络。互联网的运作没有中央管理机构。其核心协议（IPv4 和 IPv6）的技术支援和标准化是上面提到的互联网工程任务组（IETF）的任务。互联网协议地址（IP address，IP 地址）和域名系统（DNS）由互联网名字与编号分配机构（ICANN）分配。ICANN 由一个国际理事会管理，理事会的理事从互联网技术、企业、学术和其他非商业界的人员中抽选。ICANN 为互联网用户分配唯一标识符（identifier），包括传输协议中的域名、IP 地址、应用端口号，以及许多其他参数。为了维持互联网能覆盖全球，必须有全球性统一的命名空间。ICANN 的这一功能或许是其对全球互联网的唯一中央协调功能。

美国商业部下设的国家电信和信息管理局最终批准了于 2016 年 10 月 1 日起由互联网编号分配局（Internet Assigned Numbers Authority，IANA）管理 DNS 根域。互联网协会（Internet Society，ISOC）于 1992 年成立，其任务是“确保互联网的公开发展、改进和使用，以造福全世界的人民。”其成员包括个人（任何人都可以参加）以及公司、组织、政府和大学。互联网协会的其他活动还包括为许多涉及互联网发展和管理的非正规组织，例如互联网工程任务组（IETF）、互联网架构委员会（Internet Architecture Board，IAB）、互联网工程指导组（Internet Engineering Steering Group，IESG）、互联网研究工作组（Internet Research Task Force，IRTF）和互联网研究指导组（Internet Research Steering Group，IRSG）等，提供一个管理处所。2005 年 11 月 16 日在突尼斯召开的由联合国发起的信息社会世界峰会建立了互联网管理论坛（Internet Governance Forum，IGF），以讨论和互联网有关的议题。

7.3.4 互联网的基础设施

互联网的基础设施（Infrastructure）包括各种硬件和软件。

1. 路由器

“路由”是指把数据从一个地方传送到另一个地方的行为和动作，而路由器正是执行这种行为动作的设备。它是一种连接多个网络或网段的网络设备，从而使之构成一个更大的网络。路由器会根据信道的情况自动选择和设定路由，以最佳路径按前后顺序发送信号。目前路由器已经广泛应用于各行各业。各种不同档次的产品已成为实现各种骨干网内部连接、骨干网间互连和骨干网与互联网互连互通业务的主力军。路由器和交换机之间的主要区别就是交换机工作在 OSI 参考模型（见第 8 章）的第二层（数据链路层），而路由器工作在第三层，即网络层。这一区别决定了路由器和交换机需使用不同的控制信息，交换机依靠 MAC 地址互连，路由器是依靠 IP 地址互连的。

IP 地址即网际协议地址，用于标识发送或接收数据的设备的一串数字。IP 地址有两个主要功能：

① 标识主机：标识其网络接口，并且提供主机在网络中的位置。

② 网络寻址：IP 的一个重要机制就是网络寻址。该功能的目的是将数据报从一个网络模块送到目的地。在发送的整个过程中，IP 地址表示目的地的位置。每个 IP 数据包的包头

包含发送主机的 IP 地址和目的主机的 IP 地址。

1981 年，互联网工程任务组（IETF）定义了 32 位 IP 地址的 IPv4 标准。它仅能容纳大约 43 亿（2^{32}）个地址。随着互联网的迅速发展，这些 IP 地址最终于 2011 年 2 月 3 日用尽。不过互联网工程任务组早有准备制定新的标准，并在 1998 年 12 月正式公布了 64 位 IP 地址的 IPv6 标准。IPv6 有 128 位，其 IP 地址数量达 $3.40282366920938463463374607431\times10^{38}$ 个。这就是说，足够每个人家中的每件电器，每个对象，甚至地球上每一粒沙子分配有自己的 IP 地址。IPv6 的应用目前正在全球增长，因为互联网地址注册机构（RIR）开始催促所有资源管理者尽快采用它。今天，这两个版本在同时使用。

长为 32 位的 IPv4，书写时通常由 4 组十进制数字组成，并以点分隔，如：172.16.254.1。长为 128 位的 IPv6，书写时通常由 8 组 16 进制数字组成，以冒号分隔，如：2001:db8:0:1234:0:567:8:1。

IPv6 与 IPv4 之间没有直接互操作性。实际上，IPv6 是一个与 IPv4 平行的版本。因此，为了它们之间互联需要有翻译工具，或者在节点上需要有 IPv4 和 IPv6 两套软件。所有新的计算机操作系统基本上都支持这两种互联网协议版本。然而，网络基础设施落后于这种发展。

用数字表示的 IP 地址较长，不便于用户记忆，故通常在浏览器中输入的仍然是某个具体的网址，例如 www.cctv.com，只要记住这个名称就可以了。这就是说，为某个对象的 IP 地址起一个方便记忆的名字，便于访问。两者是一一对应的。

2．接入（Access）

用户接入互联网的方法有下列几种：由计算机调制解调器通过电话线拨号接入、通过同轴电缆宽带接入、由光纤或铜线接入、用 Wi-Fi[①]接入、用卫星电话或蜂窝网电话接入。互联网也常常从图书馆的计算机接入。许多公共场所都有互联网接入点，例如机场大厅、餐厅和冷饮店。所用的名称五花八门，例如公共互联网亭、公共接入终端和付费网站。很多宾馆也有公共终端，并且通常是免费使用的。这些终端可以用于各种用途，例如购票、存钱或在线付款。在热区接入互联网的用户需要携带自己的无线设备，例如笔记本电脑或个人数字助理。这些服务可能是完全免费的、只对顾客免费，或者以收费为主。

许多基层建立自己的无线社区网络。除了 Wi-Fi，蜂窝网也可以提供高速数据业务。智能手机通常可以通过电话网接入互联网。这些智能手机还能够运行网站浏览器和许多其他互联网软件。

3．协议

互联网的基础设施中，决定互联网性能的软件的设计和标准化，是其可扩展性和成功的基础。互联网软件系统结构设计的任务由互联网工程任务组（IETF）承担。IETF 在互联网结构的各个方面，指导标准制定工作小组的工作，后者对任何个人都开放。其制定的标准和论著，作为 RFC（Request for Comments）文档，都发表在 IETF 网站上。互联网互联的主要方法，包含在特别标明的成为互联网标准的 RFC 中。另外还有一些其他不太严格的文档，包括有益的、实验性的、历史的或现行实现互联网技术的最优方法等文档。

互联网标准表述是互联网协议族的一个框架。这个模型体系结构在文档 RFC 1122 和 RFC1123 中把协议系统分为一些层。这些层分别对应其服务的环境或范围。

---

① Wi-Fi 是一种按照 IEEE 802.11 标准创建无线局域网的技术。

4．业务

互联网支持许多网络业务，特别是移动应用程序（App）（见二维码 7.3），例如社交媒体App、万维网、电子邮件、多人在线游戏、互联网电话和共享文档业务。

二维码 7.3

（1）万维网（WWW）

很多人把互联网和万维网这两个名词混用，但是它们并不是同义词。万维网是互联网上数十亿人在使用的一个主要应用程序，它极大地改变了人们的生活。然而，互联网还提供许多其他业务。万维网是一个包含由超级链接（hyperlink）互相关联着的全球文档、图像和其他资源的集合，并用统一资源标识（Uniform Resource Identifiers，URI）加注。URI 用于识别业务、服务器和其他数据库，以及它们能提供的文档和资源。超文本传送协议（Hypertext Transfer Protocol，HTTP）是万维网的主要接入协议。HTTP 还容许软件系统之间进行通信，以共享和交换数据以及开展业务活动。

万维网浏览软件，例如 IE（Internet Explorer）、火狐（Firefox）、欧朋（Opera）等，使用户能用嵌入文档中的超级链接（Hyperlink）从一个网页转向另一个网页浏览。这些文档还可以包含任何类型计算机数据的组合，包括图形、声音、文本、视频、多媒体，以及用户与此网页互动时运行的互动内容。客户端软件可以包括动画、游戏、办公应用和科学演示等。使用搜索引擎，例如百度、雅虎、谷歌，用关键字在互联网上搜索，全球用户可以很容易地瞬时获取到大量的分散在各地的在线信息。与印刷媒体、书籍、百科全书和传统的图书馆相比，万维网已经在很大范围使信息分散化了。

万维网还使个人和组织能向潜在的大量读者在线发布意见和信息，并大大节省了费用和减小了时间延迟。发表一个网页、一个博客，或者建立一个网站的初始费用很少，并且能获得许多免费服务。然而，建立并维持一个有吸引力的、内容广泛且具有最新信息的大型专业网站，仍然是一个困难并且费钱的事情。许多个人和一些公司或集团使用网志（Web log）和博客，它们因为容易在线更新而被广泛使用。

在公众网页上登广告能够非常赚钱，直接通过网站销售产品和服务的电子商务不断在增长。在线广告活动是一种营销和广告形式，它用互联网向消费者发布促销消息。2011 年美国互联网广告的年营业额超过了有线电视的广告营业额，并且几乎超过了广播电视的广告营业额。

在 1990 年代万维网发展初期，一个网页的内容完整地用 HTML 格式存储在网站的服务器中，用于传输到另一个网站的浏览器，以响应一个请求。后来，创建和提供网页的过程变成动态的。常常使用内容管理软件（Content management software）创建初始内容很少的网页。为这种系统充实基本数据库撰稿的人，可能是某个组织的受薪人员或公众，他为此目的编辑网页内容，为随机访问者以 HTML 格式阅读。

（2）通信

电子邮件是互联网提供的一种重要的通信业务。在双方间发送电子文本消息的概念，类似于互联网发明之前邮寄信件。图片、文件和其他文档可以作为电子邮件的附件发送。电子邮件还可以抄送到若干其他电子邮件地址。

互联网电话是另外一种互联网能够提供的常用通信业务。互联网电话常用 VoIP（Voice-over-Internet Protocol）表示，而 VoIP 的原意只是一个协议。这一概念起始于 1990 年代早期个人计算机用的类似对讲机的语音通信。近几年来，许多 VoIP 系统已经变得便于使用，如同普通电话机一样。互联网语音业务的好处是，VoIP 比普通电话便宜很多，甚至免费，特别是打长途电话和对于那些始终有互联网在线连接需求的人，例如使用电缆或非对称数字用户线路（Asymmetric Digital Subscriber Line，ADSL）的人们。VoIP 正在成为传统电话业务的竞争对手。不同供应商间的互通已经得到改进，并且能够与传统电话通话。

VoIP 电话每次通话的语音质量仍然有所不同，但是通常和传统电话的语音质量相当，甚至超过它。VoIP 仍然存在的问题，包括紧急电话号码的拨号和可靠性。目前，有少数供应商提供紧急业务，但是还不能普遍使用。没有“额外功能”的老式传统电话当市电供电中断时可以由线路供电；VoIP 若没有备份电源为电话设备和互联网接入设备供电则不能工作。VoIP 也非常普遍地在网络游戏者之间使用。新型视频游戏主控台也常具有 VoIP 聊天功能。

微信（WeChat，也称 Weixin）是腾讯公司于 2011 年推出的一款通信软件，它使智能手机用户可以通过客户端与好友分享文字、图片及视频，并支持分组聊天和语音、视频对讲功能、广播（一对多）消息、照片或视频、共享位置、微信支付、共享流媒体内容，以及基于位置的社交插件“摇一摇”快速新增好友等。

类似微信的通信软件还有多种，如 LINE，Skype 等。

（3）数据传输

文档共享是互联网传输大量数据的一个例子。计算机文档能够作为附件用电子邮件发送给用户、同事和朋友。数据传输能够将数据上传到一个网站或传到文件传输协议（File Transfer Protocol，FTP）服务器，使其他人容易下载。它能够把数据放到一个“共享地点”或者一个文档服务器，以便同事马上使用。使用“镜像”服务器或对等网络能够容易地把大量数据下载到许多用户。在这些情况中，有的文档访问可能由用户身份验证控制，有的文档在互联网上传送是加密的，有的文档访问需要收费。例如，可能用信用卡支付费用，而信用卡的详细信息也要通过互联网传输——通常是加密传输的。收到的文档的来源和真实性可以用数字签字或者 MD5（计算机安全领域广泛使用的一种算法，用以提供消息的完整性保护）核对，或者用其他消息认证。以上这些互联网数据传输的应用把全球许多生产、销售和发行的方法简化成计算机文档的传输。这包括所有印刷刊物、软件产品、新闻、音乐、电影、视频、照片、图画和其他艺术品。这使得原先控制这些产品的生产和发行的现存企业受到极大影响。

流媒体（Streaming media）可以实时地发送数字媒体给即时接收的终端用户。许多无线电台和电视台给互联网提供其实况音频和视频节目作品。这些节目在互联网上还可以在其他时间观看或收听，例如预览、剪辑及重播。这意味着一个连接到互联网的设备，例如一台计算机，能够用来访问在线媒体，如同过去只能用电视机或无线电接收机接收一样。用特殊技术网播（Webcast）的点播（On-demand）多媒体业务能提供更多种类的节目内容。播客（Personal Optional Digital Casting，Podcasting）是一种个性化的可自由选择的数字化广播，可以让用户自由地在互联网上发布文件和音视频，并允许用户下载。播客打破了远程教学资源的制作者和接受者的界限，任何一个学习者同时也可以成为教学资源的创建者。这种基于播客的互动学习还增强了师生之间的沟通能力。

数字媒体流增大了对网络带宽的需求。例如，标准图像（即纵向 480 线）质量需要 1Mb/s，高清图像（HD720p）质量需要 2.5Mb/s，顶级图像（HDX1080p）质量需要 4.5Mb/s。网络摄像机（Webcam）是流媒体这一功能产生的廉价产品。虽然某些网络摄像机能给出全帧速率的视频，但是其画面通常较小或者更新慢。互联网用户能用其实时拍摄旅游视频，以及进行视频聊天和视频会议。

5．安全

互联网资源、硬件和软件都是罪犯和居心不良者企图获取或非法控制的目标，这将导致通信中断、诈骗、勒索，或者获取私人信息。

（1）恶意软件（Malware）

互联网上流传的恶意软件包括计算机病毒（Computer Virus）、计算机蠕虫（Computer worms）、拒绝服务攻击（Denial of service attcks）、勒索软件（RansomWare）、僵尸网络（Botnets）攻击，以及间谍软件（spyware）。

- 计算机病毒是编制者在计算机程序中插入的破坏计算机功能或者数据的代码。它是能影响计算机使用，能自我复制的一个程序或者一组计算机指令。它像生物病毒一样，具有自我繁殖、互相传染以及激活再生等生物病毒特征。计算机病毒有独特的复制能力，它能够快速蔓延，又常常难以根除。它能把自身附着在各种类型的文件上，当文件被复制或从一个用户传送到另一个用户时，它就能随同文件一起蔓延开来。
- 计算机蠕虫主要利用系统漏洞进行传播。它通过网络、电子邮件和其他的传播方式，像生物蠕虫一样从一台计算机传染到另一台计算机。
- 拒绝服务攻击是攻击者想办法让目标机器停止提供服务，是黑客常用的攻击手段之一。只要能够对目标造成麻烦，使某些服务被暂停甚至使主机死机，都属于拒绝服务攻击。拒绝服务攻击问题也一直得不到很好的解决，究其原因是因为网络协议本身有安全缺陷。攻击者进行拒绝服务攻击，实际上让服务器实现两种效果：一是迫使服务器的缓冲区满，不接收新的请求；二是使用 IP 欺骗，迫使服务器把非法用户的连接复位（即再次连接），影响合法用户的连接。
- 勒索软件是一种流行的木马，通过骚扰、恐吓甚至采用绑架用户文件等方式，使用户数据资产或计算资源无法正常使用，并以此为条件向用户勒索钱财。这类用户数据资产包括文档、邮件、数据库、源代码、图片、压缩文件等多种文件。赎金形式包括真实货币、比特币或其他虚拟货币。一般来说，勒索软件编制者还会设定一个支付时限，有时赎金数目也会随着时间的推移而上涨。有时，即使用户支付了赎金，最终也还是无法正常使用系统，无法还原被加密的文件。
- 僵尸网络攻击是指采用一种或多种传播手段，将大量主机感染僵尸程序病毒，从而在控制者和被感染主机之间形成一个可一对多控制的网络。攻击者通过各种途径传播僵尸程序，感染互联网上的大量主机，而被感染的主机将通过一个控制信道接收攻击者的指令，组成一个僵尸网络。之所以用僵尸网络这个名字，是为了更形象地让人们认识到这类危害的特点：众多的计算机在不知不觉中如同中国古老传说中的僵尸群一样被人驱赶和指挥着，成为被人利用的一种工具。
- 间谍软件是一种能够在用户不知情的情况下，在其电脑上安装后门、搜集用户信息的软件。它能够削弱用户对其使用经验、隐私和系统安全的物质控制能力；使用用户的系统资源，包括安装在其电脑上的程序；或者搜集、使用、并散播用户的个人信息或敏感信息。

（2）监控（Surveillance）

计算机监控主要是监视互联网上的数据和流量。以美国为例，根据通信协助法律执行法案，所有电话和宽带互联网业务（电子邮件、网页内容、即时消息等）都要求能够无障碍地接受联邦执法机构的实时监视。包（又称“分组”）捕获（Packet capture）是计算机网络数据业务监视的手段。互联网上计算机通信的消息（电子邮件、图像、视频、网页、文档等）被分隔成叫作“包”的小段，通过计算机网络传送，直到其目的地，然后再将其组合成完整的消息。当这些包经过网络传输时，包捕获截取这些包，以便用其他程序检查其内容。包捕获是一个信息收集工具，但是不是一个分析工具。这就是说，它搜集“消息”，但是并不分析消息和弄懂消息的含义，需要另外的程序完成内容分析并详细审查所截取的数据，寻找重要（有用）的信息。根据通信协助法律执行法案，所有美国通信供应商都必须安装监控装置，以容许美国政府有关部门截取其所有用户通过互联网协议（VoIP）传输的宽带和语音信息。

（3）审查制度

某些国家政府，例如缅甸、伊朗、朝鲜和沙特阿拉伯，用域名和关键字过滤的方法，限制有关其领土主权，特别是有关其政治和宗教的内容，进入互联网。

在挪威、丹麦、芬兰和瑞典，主要的互联网业务供应商自愿同意限制接入由政府开出清单上的网址。然而，在这个禁止接入的网址清单上只包含儿童色情作品的网址。许多国家，包括美国，都制定有法律禁止通过互联网拥有或传播某些资料，例如儿童色情作品，但是不要求装有过滤软件。有不少免费或出售的软件程序，称为内容控制软件，能够给用户安装在个人计算机或网络上，阻止恶意网站，以限制儿童接入色情或叙述暴力的作品。

7.4 小　　结

- 数据通信网按照覆盖范围区分，可以分为局域网、城域网、广域网，以及互联网。此外，还有个人网。数据通信网按照传输方式区分，可以分为无线和有线数据通信网两大类。数据通信网按照交换方式区分可以分为电路交换和信息交换两大类。数据通信网按照用途区分，可以分为专用数据网和公共数据网。公共数据网包括增值网和信息交换网。
- 计算机网络的发展可以分为四个阶段。第一阶段是远程终端网，第二阶段是计算机网，第三阶段是计算机网互连，第四阶段是全球高速互联网。
- 互联网是应用 TCP/IP 协议连接许多计算机网的全球网络系统。互联网的接入和使用都没有集中管理机构，每一个接入的网络制定其自己的管理制度。互联网的应用涉及电子邮件、消息传递、网络电话、双向视频电话，以及万维网上的论坛、博客、网络社交和在线购物网站等。
- 互联网的基础设施包括路由器和路由软件。
- 用户接入互联网的方法有下列几种：由计算机调制解调器通过电话线拨号接入、通过同轴电缆或光纤宽带接入、用 Wi-Fi 接入、用卫星电话或蜂窝网电话接入。
- 互联网协议版本 4（IPv4）是互联网第一代协议版本，是至今仍在应用的主要版本。新的协议版本 IPv6 能提供更多的地址和效率更高的路由。
- 互联网上可以运行多种业务。首先是万维网，第二是通信，第三是数据传输。
- 互联网上流传的恶意软件包括计算机病毒、计算机蠕虫、拒绝服务攻击、勒索软件、僵尸网络攻击，以及间谍软件。

习题

7.1　数据通信网有哪几种分类方法？

7.2　数据通信网有哪几个发展阶段？

7.3　试述路由器的功能。

7.4　用户接入互联网的方法有哪些？

7.5　互联网协议 IPv4 为什么不能满足今日用户的需求？

7.6　互联网上可以运行哪些种业务？

7.7　互联网上有哪些流传的恶意软件？

第 8 章　互联网的体系结构

8.1　体系结构概念

8.1.1　数据通信过程和协议

无论是电话通信还是电报通信，都需要“硬件”和“软件”两方面的条件。“硬件”包括发送设备、接收设备和传输线路等，并且它们的性能应该互相匹配，例如发送信号的电压、波形和其代表的信息含义必须和接收端取得一致的约定。“软件”则包括对通信过程的各种规定。例如，在电话通信的过程中包括用户摘机、交换机发送拨号音、用户拨号、交换机发送振铃信号直至拆线等一系列步骤（参见图 4.2.16），这些步骤都有详细的规定，例如拨号脉冲的长度、双音多频的频率、拨号音和回铃音或忙音的频率和持续时间等，电话交换机和通话双方都必须遵守这些步骤和规定。

数据通信和电话通信类似，也需要类似的步骤，但是要复杂得多。例如，查明发送计算机与网络连接是否正常及接收计算机是否正在工作，接收计算机是否做好了接收数据的准备，将发送数据分组、编号、加上目的地址，以及加上纠错编码，以保证接收计算机能够可靠地收到正确的数据。在数据通信中，数据终端（计算机）和交换设备等“硬件”为完成这些步骤必须遵守的规定称为通信协议（Protocol）。在 7.2 节中提到，在数据通信网发展到第三阶段时，为了将不同公司生产的不同规格的计算机组网，需要解决计算机互连的统一标准，即通用的通信协议，这种协议通常是非常复杂的。为了制定一个通用的通信协议，需要将复杂的通信过程分成一些层次，每个层次承担一定的任务，并为每个层次制定相应的协议。我们将这些层次和相应的协议的总和称为数据通信网的体系结构（Architecture）。

8.1.2　体系结构的层次概念

为了说明层次的概念，我们举一个通俗的例子，如图 8.1.1 所示。假定两家有业务联系的公司分别在中国和法国。当新年来临之际，中国公司的经理想要向法国公司的经理发去一封新年贺电。中方的翻译（译员）只懂中文和英文，法方的翻译只懂英文和法文。因此，中方的翻译把中文贺电翻译成英文，然后交给秘书发送到法方。中方秘书会根据设备和线路情况选择用传真（FAX）还是电子邮件发送此贺电。法方的译员收到后，将英文贺电翻译成法文再

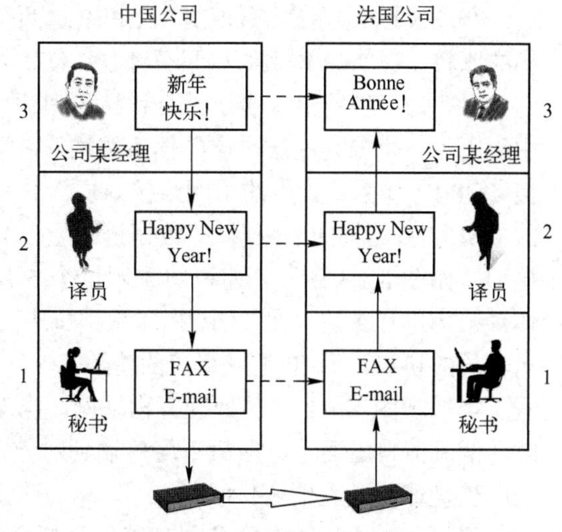

图 8.1.1　分层处理事务举例

送给法方经理。

在最高层（第 3 层），中方经理只管贺电内容和选定对方公司名称和经理的姓名，第 2 层的译员只管翻译，至于用什么通信手段发送贺电则由秘书全权决定。这样一来，最高层的经理只管写贺电和收看贺电，不必操心贺电的翻译和发送接收等问题；第 2 层的译员只管翻译贺电，不去考虑其他问题；第 1 层的秘书则只管收发贺电。这样的简单过程也是有简单“协议”的。所谓协议就是通信双方就如何进行通信的一种约定。例如，在第 3 层双方必须事先约定互相发送贺电所用的经理姓名，第 2 层双方必须事先约定互相用英文通信，第 1 层双方必须事先约定好对方的传真和电子邮件地址，这些设备以及通信线路都处于工作状态。这样，每一层都对上一层负责，完成上一层交给自己的任务，并把其余任务交给下一层去完成。

通信双方对应层的实体称为对等体，对等体可以是硬件设备、软件进程，或者是人。这就是说，正是这些对等体在使用这些协议进行通信。例如，在图 8.1.1 中的第 2 层，双方译员好像在直接用英语通信，这在图中是用双方间的虚线表示的。

8.1.3 OSI 和 TCP/IP

为了将各种不同的计算机网互联起来，组成覆盖全球的互联网，必须有比上述例子更复杂的协议。在 7.2 节中已经提及，早在 1983 年国际标准化组织（ISO）就为数据通信网的体系结构制定出了一个通用的标准，它称为开放系统互连参考模型，简称 OSI。此模型并为国际电工技术委员会（International Electrotechnical Commission，IEC）和国际电信联盟（International Telecommunication Union，ITU）所采用，成为这 3 个国际组织的共同标准。这个模型把通信过程分成 7 个层次，它虽然在理论上比较完善，但是却不太实用，且制定得过晚，故其推广应用是不成功的。特别是目前迅速发展的世界最大的数据通信网——互联网，并不是按照这个模型建立的。

从实践中产生的互联网的体系结构称为 TCP/IP 体系结构。TCP 是传输控制协议（Transmission Control Protocol）的简称；IP（Internet Protocol）是网际协议的简称。TCP/IP 体系结构通常不只使用这两个协议，而常常使用 TCP/IP 协议族（Protocol Suite）。

在图 8.1.2 中示出了 OSI 和 TCP/IP 这两个体系结构的比较：TCP/IP 体系结构只分 4 层，OSI 体系结构有 7 层。为了使初学者便于学习和易于理解，有的书中给出了一个分为 5 层协议的体系结构，它实质上是把 TCP/IP 体系结构中的“网络接口层”分列为对应的 OSI 体系结构中的两层（“数据链路层”和“物理层”），如图 8.1.3 所示。本书将采用这个 5 层协议的体系结构进行讲述。在 TCP/IP 体系结构中，TCP 是运输层的协议，而 IP 是网络层的协议。

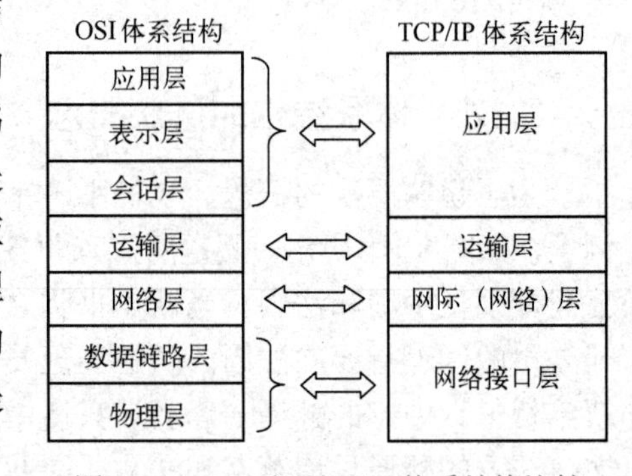

图 8.1.2　OSI 和 TCP/IP 体系结构比较

类似于图 8.1.1 分层处理事物举例，当双方通信时，信息流自上而下，在最下层传输到对方，然后又由下而上送达用户。在 TCP/IP 体系结构中也是如此，见图 8.1.4。

下面就对 5 层协议的各层功能做简要介绍。

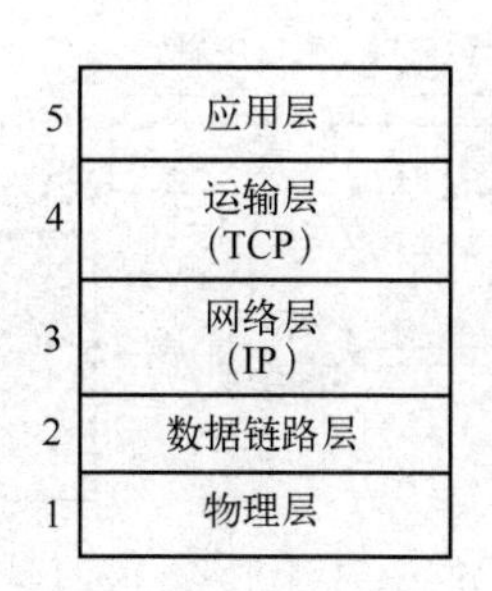

图 8.1.3　分为 5 层协议的 TCP/IP 体系结构

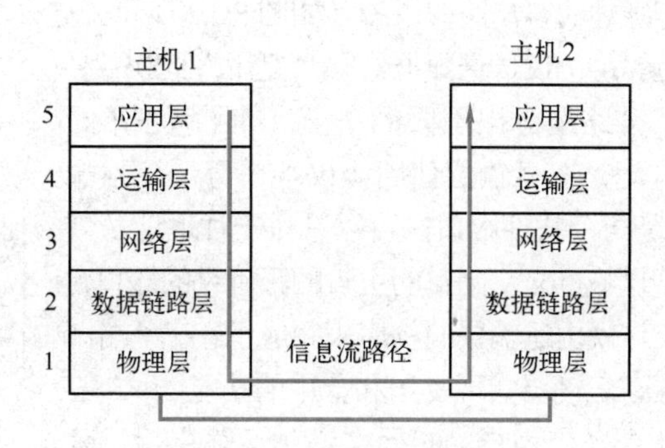

图 8.1.4　TCP/IP 体系结构的信息流路径

8.2　体系结构各层功能

8.2.1　应用层

应用层（Application Layer）是 TCP/IP 体系结构的最高层（第 5 层），它直接为用户（主机）的应用进程 AP（Application Process）提供服务。进程（Process）就是一个程序（Procedure）在处理机上的一次执行过程，也就是运行着的程序。应用层规定了应用进程在通信时所遵循的协议。

对应不同的服务，需要有不同的应用层协议，例如支持万维网（WWW）的 HTTP，支持电子邮件的 SMTP 和支持文件传送的 FTP 等。我们将应用层传输的数据单元称为报文（Message）。

应用层的许多协议都是基于客户-服务器方式工作的。客户（Client）和服务器（Server）是通信中涉及的两个应用进程。客户-服务器工作方式描述的是进程之间服务和被服务的关系：客户是服务请求方，服务器是服务提供方，如图 8.2.1 所示。举一个简单的例子，一个大型跨国公司在世界各地有许多办公处，此公司在某地的服务器是一个存储有海量数据的大型计算机，客户机是公司各地雇员所用的较简单的计算机（在图中只画出了一个客户机）。客户机和服务器用计算机网连接。客户进程可以向服务器发送一个请求消息，然后等待回答；服务器收到请求后，在其数据库中寻找答案，并答复客户。通常一个服务器要处理大量客户的请求，即为大量的客户服务。

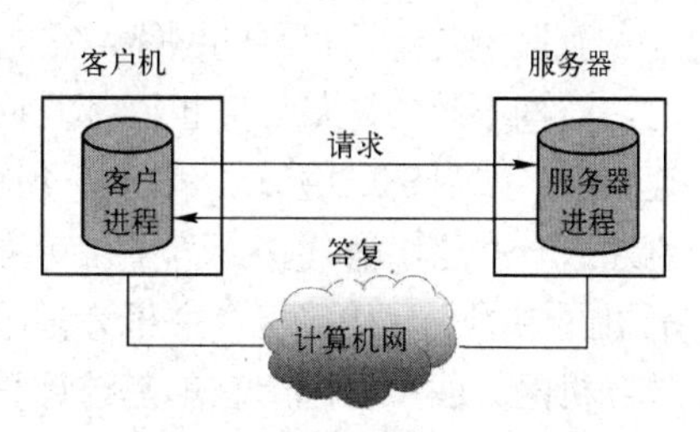

图 8.2.1　客户–服务器方式

8.2.2　运输层

运输层（Transport layer）是 TCP/IP 体系结构的第 4 层，它负责为两台主机的应用进程之间的通信提供数据传输服务。运输层的主要功能是提供应用进程之间的逻辑通信（逻辑通信指在逻辑信道中传输，而逻辑信道可以粗略地理解为在一个物理连接中再划分的虚拟连接。见 9.3.2 节“虚拟 IP 网”），包括复用和分用功能。在一台主机中可能有多个应用进程同时和另一台主机中的多个应用进程进行通信。例如，一个用户在用浏览器查找资料时，其主机的应用层在运行浏览器客户进程 AP1。若与此同时用户还要用电子邮件给网站发送反馈信息，则主机的应用层还要运行电子邮件的客户进程AP2，如图8.2.2所示。这时，发送端主机的不同应用进程可以同时使用同一个运输层协议传送数据，即“复用”此协议，好像一条公路划分出不同的车道。为了区别不同的应用进程，在运输层使用协议端口号（简称端口），它是一个软件端口，可以看作一种地址，只要把所传送的报文交到目的主机的正确目的端口，剩下的工作就由运输层的程序来完成了。有了端口号就能够在运输层实现复用和分用的功能。

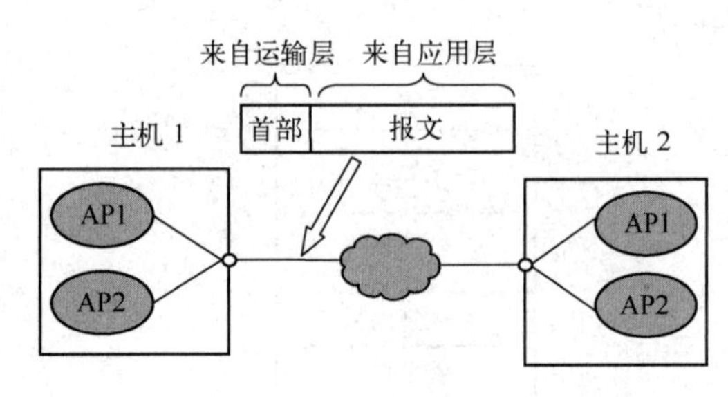

图 8.2.2 运输层的应用进程之间的逻辑通信

在上层（应用层）的报文送到运输层后，运输层在报文前面必须加上称为“首部”的一些数据（见图 8.2.2），在首部的数据中就包含有端口（号）。当然，在首部中还包含有其他一些信息。

在接收端主机的运输层应该对接收数据进行“分用”，并按照“首部”内的端口号将报文正确地交付给目的主机的目的端口。综上所述，运输层提供了应用进程之间的逻辑通信，其含义是从应用层来看，应用层交给运输层的报文，好像直接传送到了对方主机的运输层，而实际上报文还要经过下面多个层次的处理和传送。

运输层的其他功能则根据其运行的协议不同有很大区别。例如，在运行 UDP 时，对应用层交付的报文，照原样发送，即一次发送一个报文。UDP 全称是用户数据报协议，它是不保证可靠性的数据传输服务，详见 9.2 节。此外，UDP 还有检错功能，若发现接收报文有错，就丢弃它。这就是说，UDP 不能保证可靠地传输和交付报文，但是其优点就是简单。在运行 TCP 协议时，运输层则能够提供可靠的传输服务。

8.2.3 网络层

网络层（Network layer）负责为分组交换网上的不同主机提供通信服务，它用 IP 支持无连接的“分组”传送服务。在发送数据时，此层把来自上层（运输层）的数据封装成“分组”进行传送，因此分组也称为 IP 数据报（简称数据报）。需要注意的是，这里的数据报和运输层的用户数据报不是一回事！

互联网是计算机网的网络，它能把各种异构的计算机网互相连接起来。目前在计算机网互连时，结构不同的许多计算机网都是通过一些路由器连接的。如图 8.2.3 所示，有许多不同结构的计算机网通过一些路由器连接，为了讨论方便，把每个计算机网中的一台计算机（主机）都单独抽出来画在计算机网外面，实际上它就是该计算机网中的计算机之一。

路由器的主要功能是根据 IP 数据报中含有的目的计算机地址进行路由选择，所以路由器是工作在网络层的。由于参加互连的计算机网都使用相同的 IP，利用 IP 就可以使这些性能互异的网络从网络层上看起来好像是一个统一的网络。这种使用 IP 的虚拟互联网络可以简称为 IP

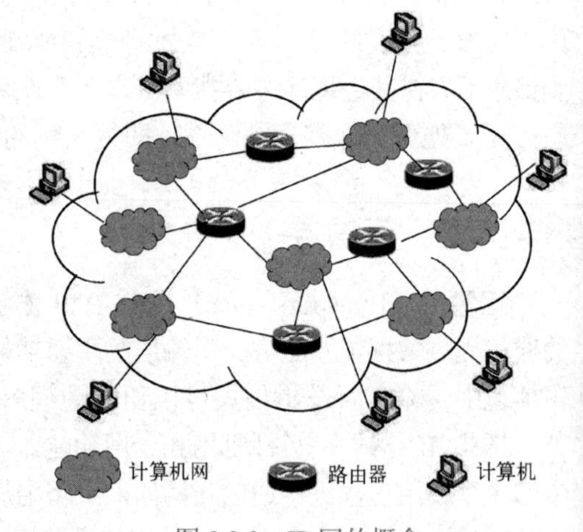

图 8.2.3 IP 网的概念

网（图 8.2.3）。当我们在网络层或更高层讨论 IP 网上的主机通信时，就好像这些主机都处在一个单一网络上，那么在网络层讨论问题就显得很方便。

因此，网络层的主要功能是用 IP 把上层（运输层）交来的数据进行分组，构成统一格式的 IP 数据报，并利用路由器解决在计算机网之间的路由选择问题。

8.2.4 数据链路层

数据链路（Data link）和前面多处提到过的“链路”是两个概念。“链路”只是相邻节点间一段信号传输的物理通路，中间没有任何的交换节点。为了在链路上传输数据，还必须有一些通信协议来控制这些数据的传输。若把实现这些协议的硬件和软件加到链路上，就构成了“数据链路”。

数据链路层要把网络层交下来的 IP 数据报组成帧，然后发送到链路上，以及把接收到的帧中的数据取出并交给网络层。数据链路层协议有多种，但是有三个基本功能是共同的，即：封装成帧、透明传输和差错检测。

封装成帧（Framming）就是在上层发来的一段 IP 数据报的前后分别添加首部和尾部，构成一个帧。首部和尾部的作用就是进行帧定界（即确定帧的界限），以及加入许多必要的控制信息，以解决透明传输和差错控制问题。

透明传输即任意形式的比特组合都可以不受限制地在数据链路层传输，不受封装成帧时加入的帧定界比特的影响。

实际的通信链路都不是理想的，即比特在链路传输过程中可能产生差错，数据“1”可能变成“0”，“0”也可能变成“1”，称为比特差错。在计算机网络传输数据时，必须采用各种差错检测措施，目前在数据链路层广泛使用的是循环冗余校验（Cyclic Redundancy Check，CRC）检错技术。

8.2.5 物理层

物理层（Physical layer）协议应确保原始的数据可在各种物理媒体上传输，使其上面的数据链路层察觉不到各种传输媒体和通信技术的差别，使数据链路层只需要考虑本层的功能，而不必考虑具体的传输媒体和通信技术是什么。

物理层协议必须规定传输媒体的接口特性。实际网络中比较广泛使用的物理接口标准有 EIA RS-232C、EIA RS-449 和 CCITT 的 X.21 建议等。EIA RS-232C 仍是目前最常用的计算机通信接口。

8.2.6 类比

上述 5 层协议的 TCP/IP 体系结构，每层都有不同的功能。对于初学者来说，对于各层的功能较难形成概念，或者说不易区分其差别。现在我们以一个简单的邮政信件的传递为例，试图概略地给读者一个形象的说明。

首先是应用层，这层的功能好像是邮局的用户选择向邮局提交服务内容，是要寄平信、快递、包裹等，并相应地提交服务内容。运输层的功能好像是邮局要在邮件上贴运单、盖章、打包（把许多目的地地址相同的邮件包装在一起）等手续。网络层的功能好像是邮局要为邮包设计运送的路线图。数据链路层的功能好像是邮差在传送邮件。物理层的功能好像是为邮差提供车辆等交通工具。

上面只是一个概略的功能类比，希望读者能对 TCP/IP 体系结构有一个初步的概念。

8.3 小　　结

- 为了制定一个通用的通信协议，需要将复杂的通信过程分成一些层次，每个层次承担一定的任务，并为每个层次制定相应的协议。我们将这些层次和相应的协议的总和称为数据通信网的体系结构。
- 本书采用 5 层协议的体系结构进行讲述，这 5 层分别是：应用层、运输层、网络层、数据链路层和物理层。TCP 是运输层的协议，而 IP 是网络层的协议。
- 应用层直接为用户的应用进程提供服务。应用层协议有 HTTP、SMTP 和 FTP 等。应用层传输的数据单元称为报文。
- 运输层的主要功能是提供应用进程之间的逻辑通信，包括复用和分用功能。运输层在运行 UDP 时有检错功能，在运行 TCP 时能够提供可靠的传输服务。
- 网络层的主要功能是用 IP 把上层交来的数据进行分组，用 IP 数据报传送。
- 数据链路层把 IP 数据报组装成帧发送到链路上，以及把接收到的帧中的数据取出并交给网络层。数据链路层协议有三个基本功能，即封装成帧、透明传输和差错检测。
- 物理层确保原始数据可在各种物理媒体上传输。物理层协议必须规定传输媒体的接口特性，包括机械特性、电气特性、功能特性和规程特性。

习题

8.1　什么是数据通信网的体系结构？

8.2　什么是开放系统互连参考模型？它把通信过程分为哪几层？

8.3　TCP/IP 体系结构把通信过程分为哪几层？

8.4　试述应用层的功能。

8.5　试述运输层的功能。

8.6　试述网络层的功能。

8.7　试述数据链路层的功能。

8.8　数据链路层有哪些基本功能？

8.9　试述物理层的功能。

第 9 章　互联网 TCP/IP 体系结构协议（I）

本章和下一章将介绍 5 层 TCP/IP 体系结构各层协议的主要内容。

9.1　应　用　层

TCP/IP 体系结构中的应用层相当于 OSI 体系结构中的最高 3 层，它直接为用户（主机）的应用进程（Application Procedure）提供服务。对应不同的服务，需要有不同的应用层协议，例如支持万维网的 HTTP，支持电子邮件的 SMTP 和支持文件传送的 FTP 等。下面简要介绍应用层涉及的域名系统和几个常见的协议。

9.1.1　域名系统

域名系统（Domain Name System，DNS）是互联网使用的给网上计算机命名的系统。域名实际上就是计算机在互联网上的名字，互联网上的每台计算机都有不同的域名。但是，计算机用户在与互联网上的某台主机通信时，必须使用对方主机的 IP 地址，而不是域名，因为 IP 地址的长度是固定的 32 位二进制数字，它便于机器处理，域名的长度是不固定的。不过即使是点分十进制（见附录 15）的 IP 地址也不容易记忆，所以在应用层需要有一个域名系统 DNS，它能够把容易记忆的域名转换为 IP 地址。

互联网上每台主机或路由器都有一个唯一的域名。域名都是由标号序列组成的，而且各个标号之间用点（“.”）隔开。例如下面的域名

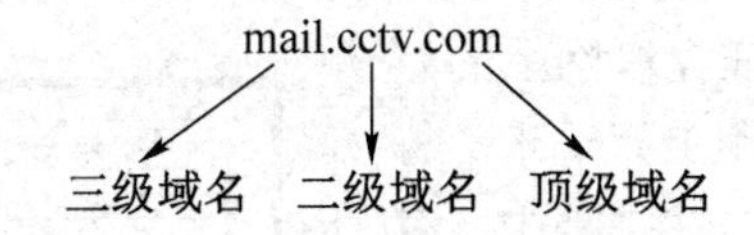

就是中央广播电视总台电子邮箱的域名，它由三个标号组成，其中标号 com 是顶级域名，标号 cctv 是二级域名，标号 mail 是三级域名。顶级域名代表一个“域”，在这个域中可以划分多个子域，子域的域名是二级域名。子域还可以继续划分为子域的子域，其域名即三级域名。如果需要可以如此继续划分下去。例如

webmail.xidian.edu.cn

是西安电子科技大学邮件系统的域名，而

www.xidian.edu.cn

是西安电子科技大学网站服务器的域名，它们由四级域名构成。

DNS 规定，域名中的标号都由英文字母组成，每一个标号不能超过 63 个字符（但是为了记忆方便，最好不要超过 12 个字符），也不区分大小写字母（例如，EDU 和 edu 在域名中是等效的）。标号中除了连字符（-）外不能使用其他标点符号。由多个标号组成的完整域名不能超过 255 个字符。DNS 既不规定一个域名可以包含多少个下级域名，也不规定每一级的

域名代表什么意思。各级域名由其上级的域名管理机构管理，而顶级域名则由互联网名字与编号分配机构（ICANN）管理。

9.1.2 文件传送协议

文件传送协议（File Transfer Protocol，FTP）是互联网上使用最广泛的传送文件的协议。因为文件传送不容许出错，所以 FTP 使用 TCP 可靠传输服务。FTP 能够减小或消除在不同操作系统下处理文件的不兼容性。

FTP 使用客户-服务器方式工作。一个 FTP 服务器进程可以同时为多个客户进程提供服务。FTP 的服务器进程由两部分组成：一个主进程，它负责接受新的请求；若干个从属进程，它们负责处理单个请求。

主进程的工作步骤如下：

1. 打开熟知端口（端口号为 21），使客户进程能够连接上（端口号的含义在 9.2 节运输层中解释）。
2. 等待客户进程发出连接请求。
3. 启动从属进程处理客户进程发来的请求。从属进程对客户进程的请求处理完毕后即终止，但是从属进程在运行期间根据需要还可能创建其他一些子进程。
4. 回到等待状态，继续接受其他客户进程发来的请求。

9.1.3 万维网的协议

万维网（WWW）并非是某种特殊的计算机网络。万维网是一个大规模的、联机式的信息储藏所，英文简称为 Web。万维网使用“链接”方法能够非常方便地从互联网上的一个站点（网址）访问另一个站点（网址），从而获取大量的信息。这里的“链接”也称“超级链接（hyperlink）”，是指用户用鼠标单击页面上的一个对象（一个字、一句话、一个图形等），就可以看到另一个相关的页面，即链接到了另一处。

在图 9.1.1 中示出了连接在互联网上的万维网的 4 个站点，它们可以相距上万千米。每个站点都存储有许多文档。在这些文档中，有的文字是用特殊方式显示的（例如，颜色不同、字体不同或加了下画线等）。当鼠标移动到这些文字上时，鼠标的箭头就变成了一只手👆的形状，表示这里有一个“链接”。如果我们在这些地方单击鼠标，就可以从这里链接到远方的另一个文档，将远方的文档传送到本站点的显示器上显示出来。例如，图 9.1.1 中站点 1 的文档中有两处分别显示❶和❷，它们表示可以链接到其他的文档（这些文档可以在本机中，也可以远在互联网连接的万里之外的计算机中）。若我们用鼠标单击❶就可以链接到站点 2 的某个文档；若单击❷就可以链接到站点 4 的某个文档。类似地，单击站点 2 文档的❸和❹分别可以链接到站点 3 和站点 4；单击站点 3 文档的❺可以链接到站点 1。

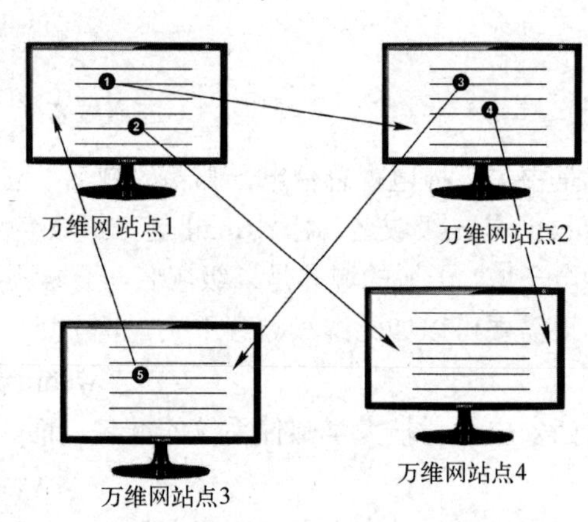

图 9.1.1 万维网分布式服务

带有链接功能的文本（text）称为超文本（hypertext）。万维网是一个分布式的超媒体（hypermedia）系统，是超文本系统的扩充。超媒体文档和超文本文档的区别在于，超文本文档仅包含文本信息，而超媒体文档还包括其他信息，例如图像、声音、动画等。万维网利用链接可以使用户找到远在异地的另一个文档，而且后者又可以链接到其他文档。这些文档可以位于世界上任何一个接在互联网上的文档系统中。

万维网中客户程序与万维网服务器程序之间使用的协议是超文本传送协议（Hyper Text Transfer Protocol，HTTP）。HTTP 是一个应用层协议，它使用 TCP 连接进行可靠传送。HTTP 定义了浏览器（万维网客户进程）怎样向万维网服务器请求万维网文档，以及服务器怎样把文档传送给浏览器。

每个万维网网点都有一个服务器进程，它不断地监听 TCP 的端口 80，以便发现是否有浏览器（万维网客户）向它发出建立 TCP 连接的请求。一旦监听到建立连接的请求，就立即和浏览器建立 TCP 连接。然后，浏览器就向万维网服务器发出浏览某个文档的请求，服务器接着就返回所请求的文档。最后，TCP 连接就被释放了。上述在浏览器和服务器之间的请求和响应的交互都是按照 HTTP 进行的。

浏览器向服务器发出浏览某个文档的请求，必须给出此文档的名称。为此，万维网上的每个文档必须具有在整个互联网范围内唯一的名称，这个名称被称为统一资源定位符（Uniform Resource Locator，URL）。URL 有规定的格式。URL 的一般格式由以下 4 部分组成：

<协议>://<主机>:<端口>/<路径>

URL 的第一部分（最左边）是<协议>，即使用什么协议来获取该万维网文档。浏览器最常用的协议是 HTTP 和 FTP。<协议>后面必须写上“://”，不能省略。对于万维网使用 HTTP 时的 URL 的一般格式是：

http:// <主机>:<端口>/<路径>

HTTP 的默认端口号是 80，通常可以省略。若再省略文件的<路径>项，则 URL 就指到互联网的某个主页（Home page）。主页是一个很重要的概念，它可以是以下几种情况之一：

1．某个 WWW 服务器的最高级别的页面。

2．某个组织或部门的一个定制的页面或目录。从这个页面可以链接到互联网上的与本组织或部门有关的其他站点。

3．由某人自己设计的描述其本人情况的 WWW 页面。例如，要查看西安电子科技大学的信息，就可以先进入西安电子科技大学的主页，其 URL 为

http://www.xidian.edu.cn

这里省略了默认的端口号 80。从西安电子科技大学的主页入手，就可以通过许多不同的链接找到所要查找的有关西安电子科技大学各部门的信息。

更为复杂一些的路径是指向层次结构的从属页面，例如：

是西安电子科技大学的“研究生教育”页面的 URL。上面的 URL 中使用了指向文件的路径，而文件名就是最后的 yjsjy.htm。后缀 htm（有时写为 html）表示这是一个用“超文本标记语

言（HyperText Markup Language，HTML）”（见附录 16）写出的文件。HTML 并不是应用层的协议，它只是万维网浏览器使用的一种语言。

用户使用 URL 并非仅仅能够访问万维网的页面，而且还能够通过 URL 使用其他的互联网应用程序，例如 FTP 等。更重要的是，用户在使用这些应用程序时，只使用浏览器一个程序就够了。这显然是非常方便的。

URL 里面的字母不分大小写，但是有时为了方便故意使用一些大写字母。

9.1.4 电子邮件

电子邮件是互联网上使用最多的和最受用户欢迎的一种应用，它由美国工程师汤姆林森（1941—2016）于 1971 年发明，他被公认为“电子邮件之父”（图 9.1.2）。他所发明的电子邮件地址中的符号“@”一直使用至今。

电子邮件把邮件发送到收件人使用的邮件服务器，并放在其中的收件人邮箱（Mail Box）中，收件人可以在方便的时候上网到自己使用的邮件服务器进行读取。这相当于互联网为用户设立了存放邮件的信箱，因此电子邮件有时也称为“电子信箱”。电子邮件不仅使用方便，而且还具有传递迅速和费用低廉的优点。现在的电子邮件不仅可以传送文字信息，还可以附上声音和图像。由于电子邮件和手机的广泛使用，邮政局所经营的传统电报和平信业务已经大大减少了。北京电报大楼营业厅已经于 2017 年 6 月 16 日起停止营业了，因为那里如今每个月的发报量不足 10 份。

一个电子邮件系统有三个主要组成构件，即用户代理、邮件服务器和邮件协议。用户代理是一个软件，它协助发件人和收件人书写、处理和收发信件。邮件服务器具有很大容量的邮件信箱，能 24 小时不间断地工作，它应用的程序需要符合邮件协议。图 9.1.3 示出了这三个构件之间的关系。下面分别简述这三者的功能。

图 9.1.2 汤姆林森

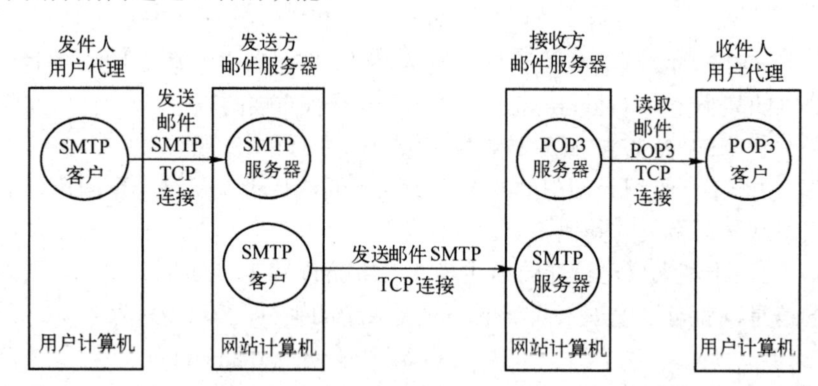

图 9.1.3 电子邮件系统的三个构件之间的关系

1. 用户代理

用户代理（User Agent，UA）又称电子邮件客户端软件，是用户与电子邮件系统的接口，在大多数情况下它就是运行在用户计算机中的一个程序。用户代理向用户提供友好的窗口界面来发送和接收邮件。

用户代理至少应当具有以下 4 个功能：

（1）撰写：给用户提供编辑信件的环境。例如，创建通信录，回信时能自动将来信方的地址提取出来，并写入回信的适当位置。

（2）显示：能方便地在计算机屏幕上显示来信。

（3）处理：能处理发送邮件和接收邮件。例如，收件人能根据不同情况对来信进行处理，包括删除、分类存储、打印、转发等。

（4）通信：在发信人撰写完邮件后，能利用邮件发送协议发送到接收方。收件人在接收邮件时，使用邮件读取协议从本地邮件服务器接收邮件。

电子邮件由信封（Envelope）和内容（Content）组成。电子邮件的传输程序根据邮件信封上的地址传送邮件。信封上最重要的就是收件人的地址。TCP/IP 体系的电子邮件系统规定电子邮件地址的格式如下

<收件人邮箱名>@<邮箱所在主机的域名>

该格式中，符号@读作“at”，表示“在”的意思。收件人邮箱名简称为用户名，是收件人自己定义的字符串标识符。但是应当注意，此字符串在邮箱所在邮件服务器的计算机中必须是唯一的。

邮件内容中的首部（Header）格式是有标准的，而邮件的主体（Body）则让用户自由撰写。用户写好首部后，邮件系统自动地将信封所需的信息提取出来并写在信封上，所以用户不需要填写电子邮件信封上的信息。邮件内容的首部包括一些关键字，后面加上冒号。最重要的关键字是：To 和 Subject。“To”后面填入一个或多个收件人的电子邮件地址。“Subject”是邮件的主题，它反映了邮件的主要内容。主题类似于文件系统的文件名，它便于用户查找邮件。首部还有一项是抄送（Carbon copy，Cc），表示给另一个人送去一个邮件副本。有些邮件系统还允许用户使用关键字“Bcc”，表示将邮件副本发送给某人，但是不使收件人知道。Bcc 又称为暗送。

首部关键字还有“From”和“Date”，表示发件人的电子邮件地址和发信日期。这两项一般都由邮件系统自动填入。另一个关键字是“Reply-To”，即对方回信需用的地址。这个地址可以与发件人发信时所用的地址不同。例如，当发件人借用他人的邮箱发送邮件时，仍希望对方将回信发送到自己的邮箱。

2．邮件服务器

邮件服务器设在互联网的许多网站上，可供用户选用，例如主要的学校、公司、组织、政府机关和社会团体等都有自己的网站。邮件服务器必须 24 小时不间断地工作，并且具有很大容量的邮件信箱和强大的 CPU 能力来运行邮件服务器程序，因此它不能放在用户的计算机中。

邮件服务器的功能是发送和接收邮件，同时还要向发件人报告邮件发送的结果（已交付、被拒绝、丢失等）。邮件服务器按照客户-服务器方式（见图 8.2.1）工作，它需要使用两种不同的协议。一种协议用于用户代理向邮件服务器发送邮件或在邮件服务器之间发送邮件，如简单邮件传送协议（Simple Mail Transfer Protocol，SMTP），而另一种协议用于用户代理从邮件服务器读取邮件，如邮局协议（Post Office Protocol v3，POP3）。下面分别简述这两种协议的功能。

3．邮件协议

（1）SMTP

SMTP 是电子邮件所使用的重要协议。用户代理把邮件传送到邮件服务器，以及邮件在邮件服务器之间的传送，都要使用 SMTP。SMTP 使用 TCP 连接来可靠地传送邮件。发送和接收电子邮件的重要步骤有（参看图 9.1.3）：

① 发件人调用计算机中的用户代理，撰写和编辑要发送的邮件。

② 发件人单击屏幕上的“发送邮件”按钮，把发送邮件的工作全部交给用户代理来完成。用户代理把邮件用 STMP 发给发送方邮件服务器，用户代理充当 SMTP 客户，而发送方邮件服务器充当 SMTP 服务器。用户代理所进行的这些工作，用户是看不到的。有的用户代理可以让用户在屏幕上看见邮件发送的进度。

③ SMTP 服务器收到用户代理发来的邮件后，就把邮件临时存放在邮件缓存队列中，等待发送到接收方的邮件服务器中。邮件在缓存队列中的等待时间长短取决于邮件服务器的处理能力和队列中待发送的信件的数量。但是这种等待时间一般都远大于分组在路由器中等待转发的排队时间。

④ 发送方邮件服务器的 SMTP 客户与接收方邮件服务器的 SMTP 服务器建立 TCP 连接，然后把邮件缓存队列中的邮件依次发送出去。TCP 总是在发送方和接收方邮件服务器之间建立直接连接。当有故障不能建立连接时，要发送的邮件就会继续保存在发送方的邮件服务器中，并在稍后时间再进行新的尝试。如果 SMTP 客户超过了规定的时间还不能把邮件发送出去，那么发送邮件服务器就把这种情况通知发送方的用户代理。

⑤ 运行在接收方邮件服务器中的 SMTP 服务器进程收到邮件后，把邮件放入收件人的用户邮箱中，等待收件人读取。

由于 SMTP 只能传送使用 7 位 ASCII 码的邮件，所以后来又提出了通用互联网邮件扩充（Multipurpose Internet Mail Extension，MIME）协议，它容许邮件中同时传送多种类型的数据（如文本、声音、图片、图像等）。MIME 并非取代 SMTP，而是扩充了邮件传送协议的功能。

（2）POP3

邮局协议 POP3 是邮件读取协议。收件人在打算收信时，就运行计算机中的用户代理，使用邮件读取协议（例如，POP3）读取自己的邮件。在图 9.1.3 中，POP3 服务器和 POP3 客户之间的箭头表示的是邮件传送的方向，但是它们之间的通信是由 POP3 客户发起的。

POP3 是一个非常简单、功能有限的邮件读取协议。邮局协议 POP 最初公布于 1984 年，经过几次修订，现在使用的是 1996 年的版本 POP3，它已经成为互联网的正式标准。

POP3 也使用客户-服务器方式工作。在接收邮件的用户计算机中的用户代理必须运行 POP3 客户程序，而在收件人所连接的网站的邮件服务器中则运行 POP3 服务器程序。当然，这个网站的邮件服务器还必须运行 SMTP 服务器程序，以便接收发送方邮件服务器的 SMTP 客户程序发来的邮件。POP3 服务器只有在用户输入鉴别信息（用户名和口令）后，才允许对邮箱进行读取。

POP3 的一个特点是，只要用户从 POP3 服务器读取了邮件，POP3 服务器就把该邮件删除。这在某些情况下就不够方便。例如，某用户用办公室的计算机读取了一个邮件，到了家中或其他地方用别的计算机就不能再从 POP 服务器重看此邮件了。为了解决这个问题，POP3 进行了一些功能扩充，其中包括让用户能够事先设置邮件读取后仍然在 POP3 服务器中存放的时间。

除了 POP3，另有一个读取邮件的协议是网际报文存取协议 IMAP，它比 POP3 复杂得多，功能也强不少，这里不做进一步介绍。

9.1.5 基于万维网的电子邮件

上述电子邮件系统，用户必须在自己的计算机中安装用户代理软件 UA 才能使用，不是很方便。在上世纪 90 年代中期，微软的 Hotmail 推出了基于万维网的电子邮件（Webmail）。今天几乎所有的著名网站、大学、公司等单位都提供了万维网电子邮件。我国的网易（163 或 126）和新浪（Sina）等，以及国外谷歌的 Gmail、微软的 Hotmail 等互联网公司都提供万维网电子邮件服务。

万维网电子邮件的好处是：不管在任何地方，只要能够找到上网的计算机，打开任何一种浏览器后，就可以非常方便地收发电子邮件。使用万维网电子邮件不需要在计算机中安装用户代理软件，浏览器本身可以向用户提供非常友好的电子邮件界面，使用户在浏览器上就能够很方便地撰写和收发电子邮件。

用户在用浏览器浏览各种信息时需要使用 HTTP。因此，在浏览器和互联网上的邮件服务器之间传送电子邮件时，仍然使用 HTTP。但是在各邮件服务器之间传送电子邮件时，则仍然使用 SMTP。

9.2 运 输 层

9.2.1 运输层协议

运输层和 OSI 中的运输层对应，它负责为两台主机的应用进程之间的通信提供数据传输服务。运输层有两种协议：

TCP——提供面向连接的、可靠的数据传输服务，其数据传输的单位是报文段；

UDP（User Datagram Protocol）——提供无连接的、不保证可靠性的数据传输服务，其数据传输的单位是用户数据报（User Datagram）。

9.2.2 运输层的主要功能

1. 提供应用进程之间的逻辑通信

逻辑通信包括复用和分用。在一台主机中可能有多个应用进程同时和另一台主机中的多个应用进程进行通信。例如，一个用户在用浏览器查找资料时，其主机的应用层在运行浏览器客户进程。若与此同时用户还要用电子邮件给网站发送反馈信息，则主机的应用层还要运行电子邮件的客户进程。这时，发送端主机的不同应用进程可以同时使用同一个运输层协议传送数据，即“复用”此协议。为了区别不同的应用进程，在运输层使用协议端口号（简称端口），它是一个软件端口，可以看作一种地址，只要把所传送的报文交到目的主机的正确目的端口，剩下的工作就由 TCP 或 UDP 来完成了。有了端口号就能够在运输层实现复用和分用的功能。

在上层（应用层）的报文送到运输层后，运输层在报文前面必须加上称为“首部”的一些数据（见图 9.2.1），在首部的数据中就包含有端口（号）。当然，在首部中还包含有其他一些信息，后面还会提到。

接收端主机的运输层应该对接收数据进行“分用”，并按照“首部”内的端口号将报文正确地交付给目的主机的目的端口。综上所述，运输层提供了应用进程之间的逻辑通信，其含义是从应用层来看，应用层交给运输层的报文，好像直接传送到了对方主机的运输层，而实际上报文还要经过下面多个层次的处理和传送。

运输层的其他功能则根据其运行的协议不同有很大区别。UDP 协议较简单，其功能也弱些；TCP 协议很复杂，其功能也强大很多。运输层运行的协议不同，所附加上的“首部”也不同，下面分别给予介绍。

2. 运行 UDP 协议时运输层的功能

在运输层运行 UDP 时，UDP 对来自应用层的报文，既不合并，也不分拆，对应用层交付的报文，照原样发送，即一次发送一个报文。此外，UDP 还有检错功能，若发现接收报文有错，就丢弃它。这就是说，UDP 不能保证可靠地传输和交付报文，但是其优点就是简单。UDP 的首部简单，只有 4 个字段：源端口、目的端口、报文长度和检错码，每个字段 2 字节（Byte，B），8 比特为 1 字节，如图 9.2.1 所示。

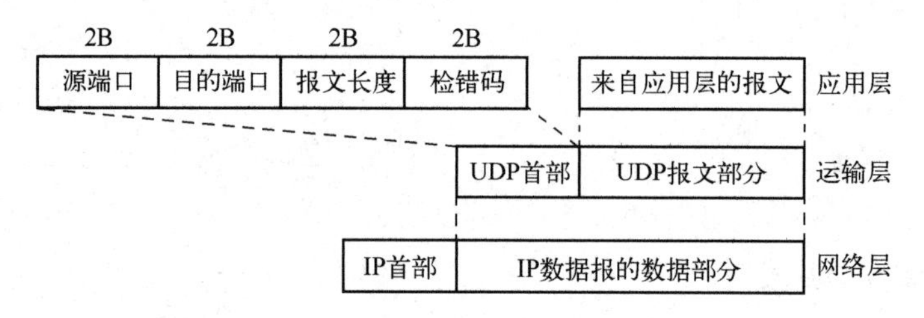

图 9.2.1 UDP 运输层和上下层的关系

3. 运行 TCP 协议时运输层的功能

运输层在运行 TCP 协议时具有如下主要功能：

（1）TCP 是面向连接的协议，所以在传输数据之前要先建立连接，在传输数据完毕后需要释放已经建立的连接。这有点儿像打电话的情况，通话前要先拨号，通话后要挂机。

（2）TCP 能提供全双工通信，它允许通信双方的应用进程在任何时间都能发送数据。TCP 连接的两端都设有发送缓存器和接收缓存器。在发送时，上层（应用层）的应用进程把数据传送给 TCP 的缓存器缓存后，就可以做自己的事了；而 TCP 在合适的时候加上首部后将数据发送出去。

（3）TCP 提供可靠的传输服务，因此必须做到使传输的数据无差错、无丢失、无重复，并且每个报文按次序到达，不能颠倒。

TCP 的功能强大，任务繁重，例如连接的建立和释放、保证传输的可靠等，都需要采取许多复杂的措施，所以其首部中需要包含更多的信息，而且其长度不固定，至少 20 字节。这里仅对其如何保证可靠传输的原理给予解释。

TCP 是一种停止等待协议。这种协议规定每发送一个报文段，必须得知接收端确认收到后，才发送下一段报文。在图 9.2.2 中示出了停止等待协议执行中可能出现的 4 种情况：

（1）无差错。图 9.2.2（a）示出无差错情况。这时发送端 A 发送报文段 M_1 到接收端 B 后，就暂停发送，等待收到 B 发出的确认收到 M_1 的信息后，再发送下一个报文段 M_2。如此循环继续下去。

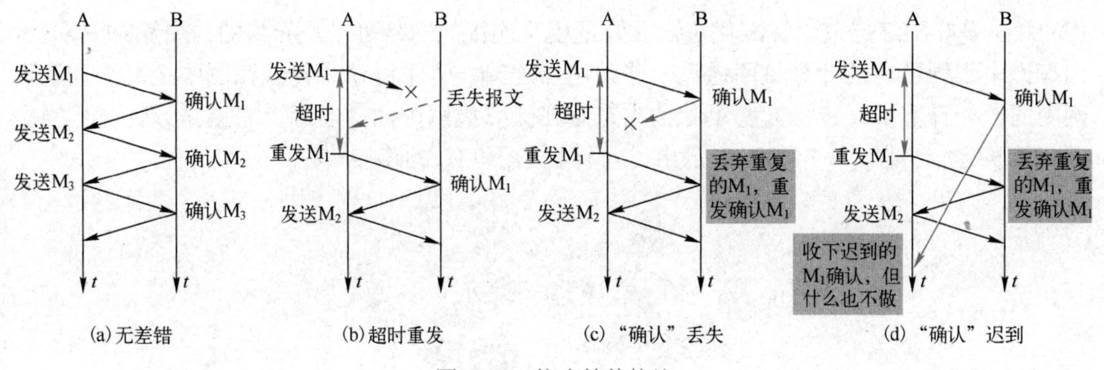

(a) 无差错　　(b) 超时重发　　(c)“确认”丢失　　(d)“确认”迟到

图 9.2.2　停止等待协议

（2）超时重发。图 9.2.2（b）示出发送端 A 发送的报文段 M_1 在传送过程中丢失，或者接收端 B 接收到的 M_1 中检测出了差错，这时 B 都不会发送任何信息。A 在协议规定的时间内没有收到对方确认收到 M_1 的信息时，就进入“超时重发”状态，将重发 M_1。

（3）“确认”丢失。图 9.2.2（c）示出的是接收端 B 发出的“确认 M_1”信息丢失的情况。这时，发送端 A 超时没有收到“确认 M_1”信息，将重发 M_1，于是 B 将重复收到 M_1。在出现这种情况时，B 将丢弃重收的 M_1，并再发送一次“确认 M_1”。A 在收到 B 这次发送的确认收到 M_1 的信息后，才开始发送 M_2。

（4）“确认”迟到。图 9.2.2（d）示出的是发送端 A 在因超时而重发 M_1 后，才收到接收端 B 发来的确认 M_1 信息。这时，A 对这个迟到的确认信息不予理睬，什么反应都没有。

TCP 采用了上述的停止等待协议，保证了报文段的可靠传送。

在运输层，无论采用 UDP 还是 TCP，都是在上层送来的报文前加上首部，发送给下层（网络层），只是首部的长度和内容不同。

9.3　网　络　层

9.3.1　网络层的功能

网络层负责为分组交换网上的不同主机提供通信服务，用 IP 支持无连接的“分组”传送服务。在发送数据时，此层把来自上层（运输层）的数据封装成“分组”进行传送。在 TCP/IP 体系中，网络层使用 IP，因此分组也称为 IP 数据报（简称数据报）。需要注意的是，这里的数据报和运输层的用户数据报不是一回事！

9.3.2　虚拟 IP 网

在讨论 IP 之前，必须先介绍什么是虚拟互连网络。我们知道，若要在全世界范围内把数以百万计的网络都互连起来，并且能够互相通信，则这样的任务是非常复杂繁重的，因为各种网络的内部结构及特性可能都是很不一样的。市场上总是有很多种不同性能、采用不同网络协议的网络供不同的用户选用。

在计算机网互连时，目前都是用路由器连接计算机网和进行路由选择的。路由器其实就是一台专用计算机，它用来在互联网中进行路由选择和转发分组。TCP/IP 体系在网络互连上采用的做法是在网络层采用标准化协议，但是相互连接的网络可以是异构的。图 9.3.1（a）示出有许多不同结构的计算机网通过一些路由器连接。为了讨论方便，在图中把每个计算机网中的一台计算机（主机）都单独抽出来画在计算机网外面，实际上它就是该计算机网中的计算机之一。图 9.3.1（b）中示出了计算机 H_1 和 H_2 的连接路径。

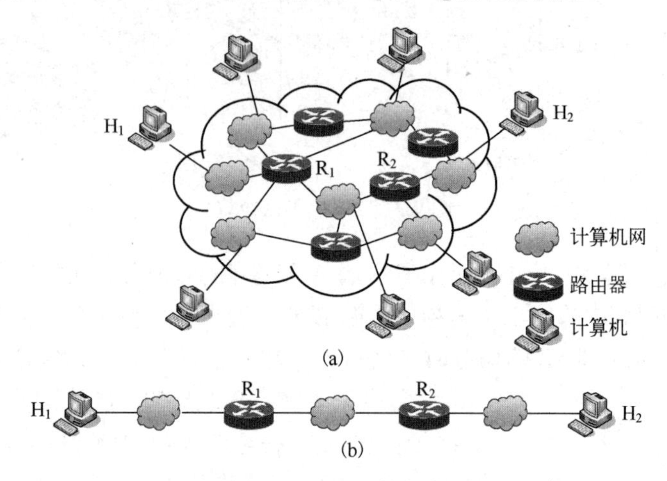

图 9.3.1　IP 网的概念

当某计算机网中的一台计算机 H_1 要发送一份 IP 数据报给目的计算机 H_2 时，它先要查自己的路由表，看看对方（接收方）的地址是否在本计算机网内，若在本网内则**直接交付**给目的计算机；若不在本网内，则必须把 IP 数据报发送给网中某个路由器（例如图 9.3.2 中的 R_1）。路由器 R_1 在查找了自己的路由表后，知道应当把 IP 数据报转发给 R_2 进行间接交付。这样一直转发下去，直到最后的路由器和目的计算机在同一个网络上。在图 9.3.2（b）中把这个 IP 数据报传送过程简化地表示出来了。由于路由器转发 IP 数据报是在网络层按照 IP 进行的，所以转发的具体过程如图 9.3.2 所示。由于路由器软件位于网络层，所以 IP 数据报在互联网中传输经过路由器时，必须执行第 3 层（网络层）的协议。

由于参加互连的计算机网都使用相同的 IP，故可以把互连以后的计算机网看成如图 9.3.3 所示的一个虚拟互连网（internet）。这里的虚拟互连网也就是逻辑互连网，即互连起来的各种物理网络的异构性本来是客观存在的，但是我们利用 IP 就可以使这些性能互异的网络从网络层上看起来好像是一个统一的网络。这种使用 IP 的虚拟互连网可以简称为 IP 网。使用 IP 网概念的好处是：当我们在网络层或更高层讨论 IP 网上的主机通信时，就好像这些

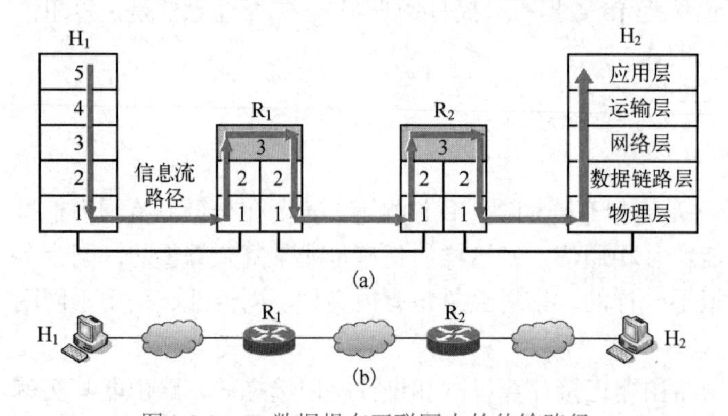

图 9.3.2　IP 数据报在互联网中的传输路径

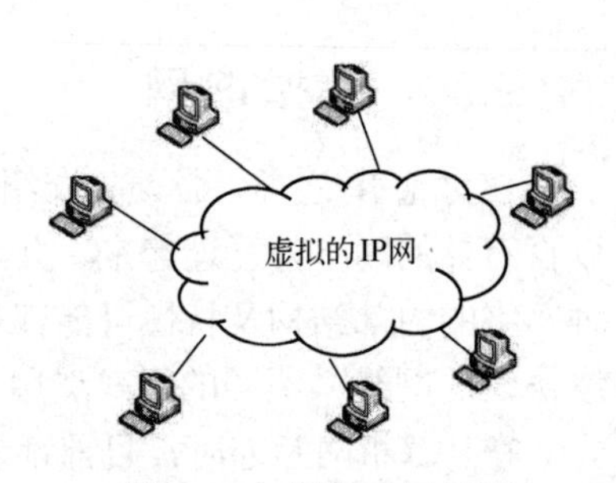

图 9.3.3　虚拟 IP 网的概念

主机都是处在一个单一网络上。IP 网屏蔽了互连的各个网络的具体异构细节（例如，具体的编址方案、路由选择协议等）。当很多异构网络通过路由器互连时，如果所有的网络都使用相同的 IP，那么在网络层讨论问题就显得很方便。

9.3.3 网际协议 IP

网络层 IP 数据报的数据部分来自上层（运输层），它被加上网络层的首部后，就传送到下一层（数据链路层）。因此，网络层最主要的协议就是关于此首部的详细规定，称为网际协议 IP。它是最重要的互联网标准协议之一。

与网际协议 IP 配套使用的还有三个协议，即：地址解析协议（Address Resolution Protocol，ARP）、网际控制报文协议（Internet Control Message Protocol，ICMP）、网际组管理协议（Internet Group Management Protocol，IGMP）。这里不再对其进行介绍了。

IP 数据报的完整格式示于图 9.3.4 中。从图中可以看出 IP 具有的功能。在 TCP/IP 的标准中，各种数据格式常常以 32 位（即 4 字节）为单位来描述。

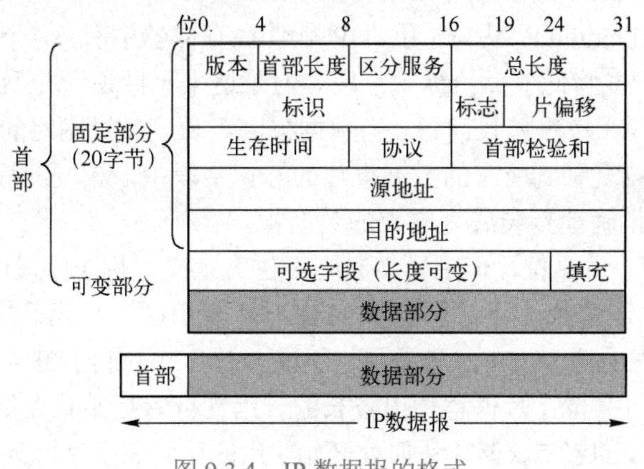

图 9.3.4 IP 数据报的格式

1. IP 数据报首部的固定部分

其各字段的意义如下：

（1）版本：占 4 位，指 IP 的版本。通信双方使用的 IP 版本必须一致，目前广泛使用的 IP 版本号为 4（即 IPv4）。

（2）首部长度：占 4 位，故它可以表示的最大十进制数是 15。需要注意，首部长度字段所表示数的单位是 32 位字（1 个 32 位字等效于长度为 32 的二进制数，即 4 个字节）。当首部长度为最大值 1111（即十进制数 15）时，表明首部长度达到其最大值 15 个 32 位（4 字节）字，即 60 字节。例如，当首部值等于“0110”时，它表示首部长度等于 6×4=24 字节，即首部长度为 192 比特；当首部值等于“1001”时，它表示首部长度等于 9×4=36 字节，即首部长度为 288 比特。当首部长度不是 4 字节的整数倍时，必须利用最后的填充字段加以填充。使用若干个 0 填充该字段，可以保证整个报头的长度是 32 位的整数倍。因此，IP 数据报的数据部分永远在 4 字节的整数倍时开始，这样在实现 IP 协议时较为方便。首部长度限制为 60 字节的缺点是有时可能不够用。但是这样做是希望尽量减少开销。最常用的首部长度是 20 字节（即首部长度为 0101），这时不使用首部最后的“可变部分”。

（3）区分服务：占 8 位，它用来获得更好的服务。在一般情况下都不使用这个字段。

（4）总长度：占 16 位，它指首部和数据之和的长度，单位为字节。因此 IP 数据报的最大长度等于 $2^{16}-1=65535$ 字节。这样长的数据报在现实中是极少遇到的。

在 IP 层下面的每种数据链路层协议都规定了一个数据帧中的数据字段的最大长度，它称为最大传送单元（Maximum Transfer Unit，MTU）。当一个 IP 数据报封装成链路层的帧时，此数据报的总长度（即首部加上数据部分）一定不能超过下面的数据链路层所规定的 MTU 值。例如，最常用的以太网就规定其 MTU 值是 1500 字节。若所传送的数据报长度超过数据链路层的 MTU 值，就必须把过长的数据报分片处理。

虽然使用尽可能长的 IP 数据报会使传输效率提高（因为每一个 IP 数据报中首部长度占数据报总长度的比例就会小些），但是数据报短些也有好处。每一个 IP 数据报越短，路由器转发的速率就越快。为此，IP 规定，在互联网中所有的主机和路由器，必须能够接受长度不超过 576 字节的数据报。

在进行分片时（见后面的“片偏移”字段），数据报首部中的“总长度”字段是指分片后的每一个分片的首部长度与该分片的数据长度的总和。

（5）标识（Identification）：占 16 位。IP 软件在存储器中有一个计数器，每产生一个数据报，计数器就加 1，并将此值赋给标识字段。但是这个“标识”并不是序号，因为 IP 是无连接服务，数据报不存在按序接收问题。当数据报由于长度超过网络的 MTU 而必须分片时，这个标识字段的值就被复制到所有的数据报片的标识字段中，相同的标识字段的值使分片后的各数据报片最后能正确地重装成为原来的数据报。

（6）标志（Flag）：占 3 位，但是目前只有 2 位有意义。标志字段中的最低位记为 MF。MF = 1 即表示后面“还有分片”的数据报。MF = 0 表示这已是若干数据报分片中的最后一个。标志字段中间的一位记为 DF，意思是“不能分片”。只有当 DF = 0 时才允许分片。

（7）片偏移：占 13 位。片偏移指出较长的分组在分片后某片在原分组中的相对位置，即相对于用户数据字段的起点，该片从何处开始。片偏移以 8 个字节为偏移单位。这就是说，每个分片的长度一定是 8 字节（64 位）的整数倍。

下面举一个例子。

【例 9.3.1】 一 IP 数据报的总长度为 3820 字节，其数据部分长度为 3800 字节（使用固定首部），需要分片为长度不超过 1420 字节的数据报片。因固定首部长度为 20 字节，故每个数据报片的数据部分长度不能超过 1400 字节。于是分为 3 个数据报片，其数据部分的长度分别为 1400 字节、1400 字节和 1000 字节。原始数据报首部被复制为各数据报片的首部，但是必须修改有关字段的值。图 9.3.5 中给出了分片后得出的结果（请注意片偏移的数值）。

表 9.3.1 是本例中 IP 数据报首部中与分片有关的字段中的参数值，其中标识字段的值是任意给定的（12345）。具有相同标识的数据报片在目的站可以无误地重装成原来的数据报。

（8）生存时间：占 8 位。生存时间字段常用的英文缩写是 TTL（Time To Live），表明是数据报在网络中的寿命。实际上现在 TTL 字段的作用就是“跳数限制”，防止 IP 数据报在互联网中兜圈子。生存时间的最大值是 255，但是可以把这个数值设置成更小的数值。路由器在转发数据报之前就把 IP 首部中的 TTL 值减 1，若 TTL 值减小到 0，就丢弃这个数据报，不再转发。TTL 的单位是跳数，它指明数据报在互联网中最多可以经过多少个路由器。可见 IP 数据报能在互联网中经过的路由器数目的最大数值是 255。

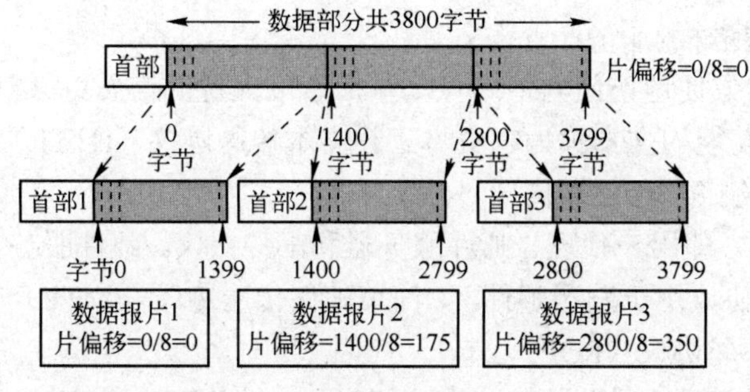

图 9.3.5　IP 数据报的分片举例

表 9.3.1　IP 数据报首部中与分片有关的字段中的参数值

参数值 字段	总长度	标识	MF	DF	片偏移
原始数据报	3820字节	12345	0	0	0
数据报片 1	3820字节	12345	1	0	0
数据报片 2	3820字节	12345	1	0	175
数据报片 3	3820字节	12345	0	0	350

（9）协议：占 8 位。协议字段指出此数据报所携带的数据使用何种协议，以便使目的主机的 IP 层知道应将数据部分上交给哪个协议进行处理。常用的一些协议和相应的协议字段值如下：

协议名	ICMP	IGMP	TCP	UDP	IPv6	OSPF
协议字段值	1	2	6	17	41	89

（10）首部检验和：占 16 位。这个字段只检验数据报的首部，不包括数据部分。这是因为数据报每经过一个路由器，路由器都要重新计算一下首部的检验和（有些字段，如生存时间、标志、片偏移等都可能发生变化）。不检验数据部分可减小计算的工作量。为了进一步减小计算检验和的工作量，IP 首部的检验和不采用复杂的循环冗余检验（CRC）码，而采用比较简单的计算方法。

（11）源地址：占 32 位。

（12）目的地址：占 32 位。

2. IP 数据报首部的可变部分

IP 数据报首部的可变部分就是一个选项字段。选项字段用来支持排错、测量以及安全等措施，内容丰富。此字段的长度可变，从 1 个字节到 40 个字节不等，取决于所选择的项目。某些选项只需要 1 个字节，它只包括 1 个字节的选项代码，而有些选项需要多个字节，这些选项一个个拼接起来，中间不需要有分隔符，最后用全 0 的填充字段补齐成为 4 个字节的整数倍。

增加首部的可变部分是为了增加 IP 数据报的功能，但是这同时也使得 IP 数据报的首部长度成为可变的。这就增加了每一个路由器处理数据报的开销。实际上，这些选项很少被使用。很多路由器都不考虑 IP 首部的选项字段，因此新的 IP 版本 IPv6 就把 IP 数据报的首部长度做成固定的了。

9.4　小　　结

本章讨论互联网 TCP/IP 体系结构协议中的最高 3 层协议，包括应用层、运输层和网络层。

- 应用层直接为用户主机的应用进程提供服务。应用层用域名系统 DNS 把域名转换为 IP 地址。
- 文件传送协议（FTP）使用 TCP。FTP 使用客户服务器方式工作。FTP 的进程由两部分组成：一个主进程和若干个从属进程。

- 万维网使用“链接”方法能够非常方便地访问其他站点，从而获取大量的信息。“链接”也称“超级链接”，带有链接功能的文本称为超文本。超文本传送协议（HTTP）是一个应用层协议，它使用 TCP 连接进行可靠传送。
- 电子邮件系统有三个主要组成构件，即用户代理、邮件服务器和邮件协议。邮件服务器需要使用两种不同的协议。一种协议用于发送邮件，如简单邮件传送协议（SMTP），而另一种协议用于读取邮件，如邮局协议（POP3）。
- 运输层的主要功能是提供应用进程之间的逻辑通信。运输层有两种协议：TCP 和 UDP。TCP 提供可靠的数据传输服务，其数据传输的单位是报文段；UDP 提供不保证可靠性的数据传输服务，其数据传输的单位是用户数据报。在运输层，无论采用 UDP 还是 TCP，都是在上层送来的报文前加上首部，再发送给下层网络，只是首部的长度和内容不同。
- 网络层用 IP 支持无连接的“分组”传送服务。在 TCP/IP 体系中，网络层使用 IP，因此分组也称为 IP 数据报。

习题

9.1 应用层主要支持哪几种协议？这些协议有哪些功能？

9.2 简述域名体系的功能，它主要做了哪些规定？

9.3 试述文件传送协议的工作方式和工作步骤。

9.4 万维网使用什么方法从互联网上的一个站点访问另一个站点？

9.5 试述超媒体和超文本的区别。

9.6 万维网中客户程序与服务器程序之间使用什么协议？

9.7 电子邮件系统有哪 3 个主要组成构件？

9.8 用户代理应当至少具有哪 4 个功能？

9.9 邮件服务器的功能是什么？它按照什么方式工作？

9.10 邮件服务器需要使用哪两种不同的协议？

9.11 万维网电子邮件有何好处？

9.12 运输层的主要功能是什么？它使用哪两种协议？

9.13 网络层使用什么协议支持传送数据？

第 10 章　互联网 TCP/IP 体系结构协议（II）

10.1　数据链路层及局域网

数据链路层和物理层合起来构成 TCP/IP 体系结构中的网络接口层。这就是说，这两层处于互联网的“入口”处，其上层“网际层（网络层）”才涉及多个计算机网的互连问题。

不要把“数据链路”和前面多处提到过的“链路”混为一谈。“链路”只是相邻节点间一段信号传输的物理通路，中间没有任何的交换节点。为了在链路上传输数据，还必须有一些通信协议来控制这些数据的传输。若把实现这些协议的硬件和软件加到链路上，就构成了“数据链路”，而这些硬件和软件称为网络适配器（简称适配器）。一般的适配器中都包含了数据链路层和物理层这两层的功能。在过去，适配器是插入计算机机箱中的一块插件板，或插在笔记本电脑上的一块 PCMCIA 卡。现在的计算机和笔记本的主板上都已经嵌入这种适配器了，所以不再需要外加装置了。

在 7.2 节中讨论数据通信网的发展时，曾经提到在互联网出现之前，已经存在计算机网。计算机网用数据链路把分布在各处的计算机连接起来，而互联网是把计算机网连接起来的网络。计算机网能在小范围内把同种计算机连接起来，组成局域网（以太网），只有互联网才能把大量异种计算机在全球范围内组成网络。因此，数据链路层只是计算机网的基本要素，它和互联网没有直接关系，但却是互联网的基础。从整个互联网来看，局域网仍处于数据链路层的范围。

数据链路层使用的信道主要有两种；点对点信道和广播信道。点对点信道提供两台计算机之间的一对一通信。广播信道提供一台计算机向多台计算机发送数据的通信，即一对多的广播通信。在这两种信道中运行的协议也不同，下面将分别讨论这两种信道采用的协议。

10.1.1　点对点信道的数据链路层

在互联网中，数据链路层的任务是把网络层交下来的 IP 数据报构成帧，然后发送到链路上；以及把接收到的帧中的数据取出并交给网络层。下面讨论的点对点信道数据链路层的某些功能对于广播信道也是适用的。

数据链路层协议有多种，但是有三个基本功能是共同的，即：封装成帧、透明传输和差错检测。下面将分别讨论这三个基本功能。

1. 封装成帧

封装成帧就是在一段 IP 数据报的前后分别添加首部和尾部，构成一个帧。数据链路层对上层发来的“IP 数据报”需要加上识别其头尾的标识，否则若把“IP 数据报”连续地由物理层传送到接收端，接收端将收到物理层送来的连续比特流，无法识别“IP 数据报”并“读懂”其含义。

加上了头尾的“IP 数据报”就叫作数据链路层中的一个“帧”，如图 10.1.1 所示。

首部和尾部的一个重要作用就是进行帧定界（即确定帧的界限）。此外，首部和尾部还包含许多必要的控制信息。各种数据链路层协议都对帧首部和尾部的格式有明确的规定。但是，每一种链路层协议都规定了所能传送的帧的数据部分长度上限，即最大传送单元（MTU），如图 10.1.1 所示。

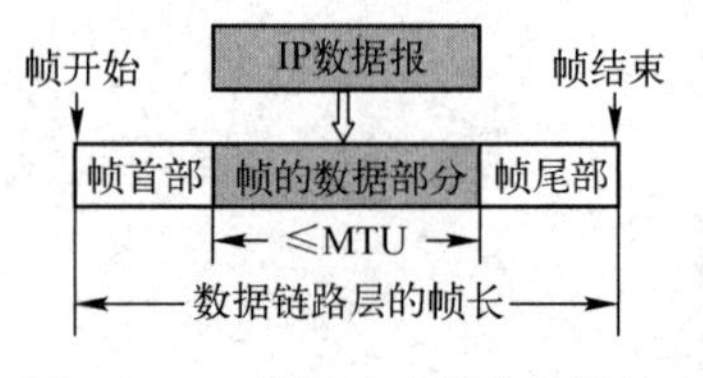

图 10.1.1　数据链路层的帧结构

2. 透明传输

“帧首部”和“帧尾部”规定用特定的比特组合来进行标记。因此，在一帧中的数据部分就不允许出现和帧首部或帧尾部一样的比特组合，否则就会使帧定界的判断出错。如果数据部分恰巧出现了和帧首部或帧尾部相同的比特组合，则数据链路层协议就必须设法解决这个问题。如果数据链路层协议允许所传送的数据可以具有任意形式的比特组合，即使出现了和帧首部或尾部标记完全一样的比特组合，协议也会采取适当的措施来处理，则这样的传输就称为透明传输（表示任意形式的比特组合都可以不受限制地在数据链路层传输）。

3. 差错检测

实际的通信链路都不是理想的，即比特在传输过程中可能产生差错，“1”可能变成“0”，“0”也可能变成“1”。这称为比特差错。在计算机网络传输数据时，必须采取各种差错检测措施，目前在数据链路层广泛使用的是循环冗余检验（CRC）检错技术（详见附录 17）。

这种检错技术是在一帧数据的后面添加若干位的帧检验序列（Frame Check Sequence，FCS），FCS 和帧数据之间存在某种代数关系。若在接收帧中无差错出现，则在用 CRC 检错规则计算时，计算结果等于 0，这样的帧就被接收下来。若在接收帧中存在误码，则在用 CRC 检错规则计算时，计算结果不等于 0，说明此帧中存在误码，这样的帧就被丢弃。

严格地讲，当出现误码时，计算结果仍可能等于 0，但是这种情况出现的概率极小，通常可以忽略不计。因此只要计算结果等于 0，就可以认为没有传输差错。这就是说，接收端数据链路层接收到的帧都是无传输比特差错的。但是，无传输比特差错并不等于可靠传输，因为可能存在因有差错而被丢弃的帧。可靠传输问题是在运输层用 TCP 解决的。TCP 发现丢失了一帧后，就把这个帧重新传递给以太网进行重传。但是以太网并不知道这是重传的帧，而是当作新的数据帧来发送的。

目前互联网上广泛使用的数据链路层协议都使用上述 CRC 差错检测方法。

10.1.2　点对点协议

互联网用户通常都要将其计算机连接到某个互联网服务提供商（Internet Service Provider，ISP）的主机，才能接入互联网。数据链路层协议就是用户计算机和 ISP 主机进行通信时所使用的协议。目前在数据链路层应用最广泛的协议是点对点协议（Point-to-Point Protocol，PPP）。下面仅以 PPP 为例，讨论数据链路层协议的帧格式。

图 10.1.2 示出 PPP 的帧格式。PPP 的帧由其上层（网络层）来的 IP 数据报加上首部和尾部构成。

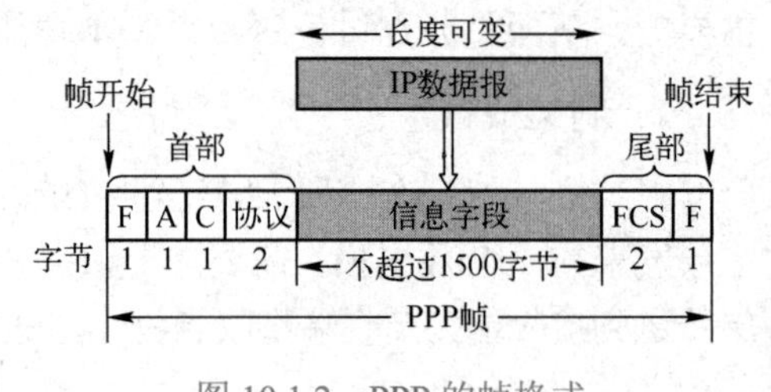

图 10.1.2　PPP 的帧格式

PPP 帧的首部和尾部分别由 4 个字段和 2 个字段构成。

1．各字段的意义

首部的第 1 个字段和尾部的第 2 个字段都是标志字段 F，其长度为 1 个字节，规定为 01111110。标志字段表示一个帧的开始或结束。因此，标志字段就是 PPP 帧的定界符。连续两帧之间只需要用一个标志字段。如果出现连续两个标志字段，就表示这是一个空帧，应当丢弃。

首部中的字段 A 是地址字段，规定为 11111111；字段 C 是控制字段，规定为 00000011。最初是考虑以后再对这两个字段的值进行其他定义，但是至今也没有决定，所以实际上这两个字段并没有携带 PPP 帧的信息。

首部中的第 4 个字段是两个字节的协议字段。例如当协议字段为 00000000 00100001 时，PPP 帧的信息字段就是 IP 数据报。

信息字段的长度是可变的，但是不能超过 1500 个字节。

尾部中的第 1 个字段（Frame Check Sequence，FCS）有两个字节，是帧检验序列。它使用 CRC 码来检验帧中是否存在差错。

2．字节填充（Byte Stuffing）

当信息字段中出现和标志字段一样的比特组合（01111110）时，为了保证透明传输，必须采取一些措施使这种形式上和标志字段相同的比特组合不出现在信息字段中。具体做法是：在信息字段中与标志字段一样的比特组合前面加入一个转义字符。这种办法称为字节填充。

二维码 10.1

在使用异步传输时，链路上传输的是 ASCII 码（见二维码 10.1）字符，这时 PPP 中转义字符定义为 01111101。IETF RFC 1662（IETF RFC，见二维码 10.2）规定了如下的填充方法：

二维码 10.2

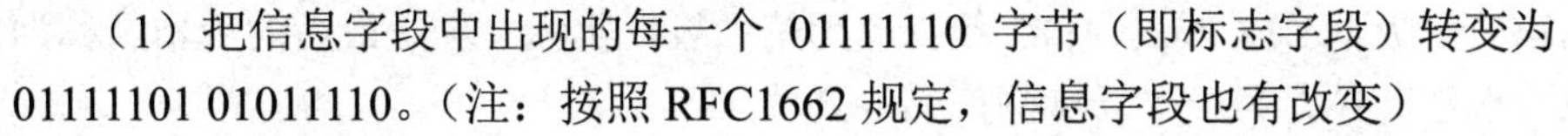

（1）把信息字段中出现的每一个 01111110 字节（即标志字段）转变为 01111101 01011110。（注：按照 RFC1662 规定，信息字段也有改变）

（2）若信息字段中出现一个 01111101 字节（即出现了和转义字符一样的比特组合），则在 01111101 的后面插入 01011101。

（3）若信息字段中出现 ASCII 码的控制字符（即数值小于 00100000 的 ASCII 字符），则在该字符前面要插入 01111101，同时将该控制字符的编码加以改变（具体的改变规则另有详细规定）。

由于在发送端进行了字节填充，故在链路上传送的信息字节数就超过了原来的信息字节数，但是接收端在收到数据后再进行与发送端字节填充相反的变换，就可以正确地恢复出原来的信息。

3．零比特填充

在使用同步传输时，例如在用 SONET/SDH（光同步数字传输网）链路传输时，传送的是一连串的比特流，而不是异步传输时的字符。在这种情况下，PPP 采用零比特填充方法来实现透明传输。

零比特填充的具体做法是：在发送端先扫描整个信息字段（通常用硬件实现，但是也可以用软件实现，只是稍慢些）。只要发现有 5 个连续的“1”，就立即填入一个“0”。因此经过这种零比特填充后的数据，就可以保证在信息字段中不会出现 6 个连续的“1”。接收端在收到一个帧时，先找到标志字段 F 以确定一个帧的边界，再用硬件对其中的比特流进行扫描。每当发现 5 个连续的“1”时，就把这 5 个“1”后的一个“0”删除，以还原成原来的信息比特流，如图 10.1.3 所示。这样就保证了透明传输。在所传送的数据比特流中可以传送任意组合的比特流，而不会引起对帧边界的错误判断。

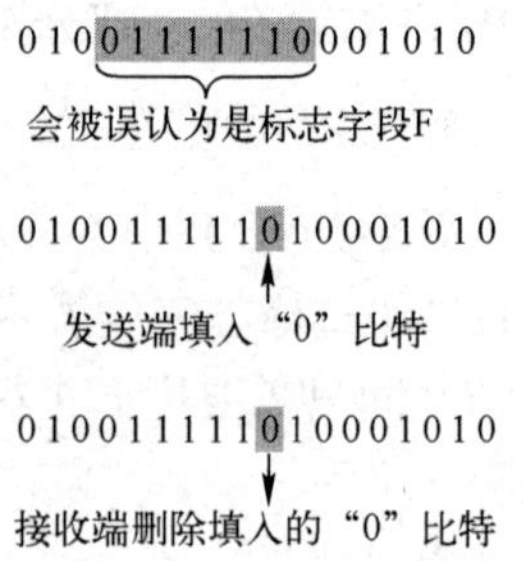

010011111110001010
会被误认为是标志字段F
0100111110100001010
发送端填入“0”比特
0100111110100001010
接收端删除填入的“0”比特

图 10.1.3　零比特的填充和删除

10.1.3　广播信道的数据链路层

在 7.1 节开头部分就提到计算机网是在小范围内把同种计算机连接起来的网络，即局域网。局域网的优点之一是具有广播功能，能够从一台计算机很方便地访问全网，向全网的计算机同时发送一个消息，以及可以共享连接在此局域网上的各种硬件和软件资源。

在本节中，将结合局域网的功能介绍广播信道的数据链路层。局域网有着三四十年的发展历程，其体制和技术内容十分丰富且发展变化很快，为了简明起见，下面以目前普遍采用的星形结构以太网为例进行讨论，并且以在第 7 章中提到过的传输速率为 10Mb/s 的以太网为例（虽然以太网目前速率已经高达 100Gb/s）。

由于局域网的工作层次包括数据链路层和物理层，并且 TCP/IP 体系结构的网络接口层就包括 OSI 体系结构中的数据链路层和物理层两层（见图 8.1.2），所以讨论中会涉及一些物理层的内容。

1. 以太网的标准

以太网最早是由美国施乐（Xerox）公司于 1975 年研制成功的一种基带总线局域网。1980 年 9 月，美国数字设备公司（DEC）、英特尔（Intel）公司和施乐公司联合提出了 10Mb/s 速率以太网规约的第一个版本 DIX V1。1982 年修改为第二版，实际上也是最后的版本，称为 DIX Ethernet V2，它是世界上第一个局域网产品的规约。

在此基础上，IEEE 802 委员会的 802.3 工作组于 1983 年制定了第一个 IEEE 的以太网标准 IEEE 802.3，数据传输速率为 10Mb/s。局域网标准中的帧格式做了一小点更动，但是允许基于这两种标准的硬件实现可以在同一个局域网上互操作。因此，人们常把这两种标准的网都称为以太网。

由于有关厂家在商业上的激烈竞争，IEEE 802 委员会未能制定出一个统一的局域网标准，而是被迫制定了几个不同的局域网标准，如 802.4 令牌总线网、802.5 令牌环网等。为了使数据链路层能更好地适应多种局域网标准，IEEE 802 委员会就把局域网的数据链路层拆成两个子层，即逻辑链路控制（Logical Link Control，LLC）子层和媒体接入控制（MAC）子层。与接入到传输媒体有关的内容都放在 MAC 子层，而 LLC 子层则与传输媒体无关。不管采用何种传输媒体，局域网对 LLC 子层来说都是透明的（见图 10.1.4）。

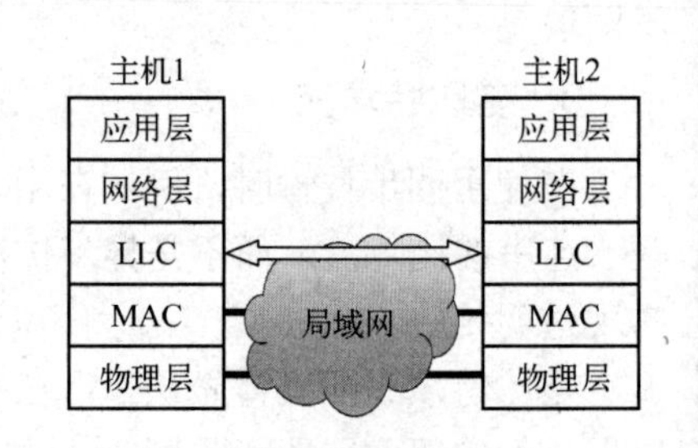

图 10.1.4　局域网对 LLC 子层是透明的

但是到了 1990 年代后，激烈竞争的局域网市场逐渐明朗。以太网在局域网市场中已经取得了垄断地位，并且几乎成为局域网的代名词。另外，由于互联网发展很快而且 TCP/IP 体系经常使用的局域网只剩下了 DIX Ethernet V2，而不是 IEEE 802.3 标准中的局域网，因此现在 IEEE 802 委员会制定的 LLC 子层的作用已经消失了，很多厂商生产的适配器上只装有 MAC 协议而没有 LLC 协议，所以本章后面的介绍就不再考虑 LLC 子层了。

2. 以太网的 MAC 层

（1）MAC 帧的格式

以太网 MAC 层的帧格式有两种标准，一种是 DIX Ethernet V2 标准，另一种是 IEEE802.3 标准。这里只介绍使用最多的前者的帧格式（见图 10.1.5）。图中假定网络层使用的协议是 IP，实际上使用其他协议也是可以的。

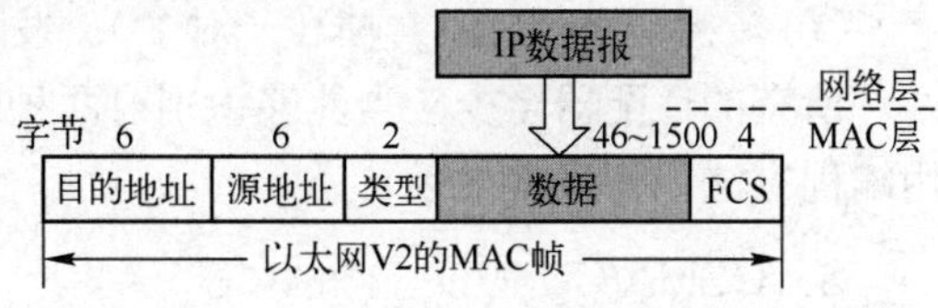

图 10.1.5　以太网 V2 标准的 MAC 帧格式

MAC 帧格式比较简单，由 5 个字段组成。前两个字段分别为 6 字节长的目的地址和源地址字段。第 3 个字段是 2 字节的类型字段，用来标志上一层使用的是什么协议，以便把收到的 MAC 帧的数据上交给上一层的这个协议。例如，当类型字段的值是 0000100000000000 时，就表示上层使用的是 IP 数据报。第 4 个字段是数据字段，其长度在 46～1500 字节之间（这表明，以太网的帧长在 64～1518 字节之间，因为以太网的帧长等于数据字段的字节长度加上 14 个字节首部和 4 个字节尾部长度）。最后一个字段是 4 个字节的帧检验序列 FCS（使用 CRC 检验）。当传输媒体的误码率为 1×10^{-8} 时，MAC 子层可能未检测到的误码率小于 1×10^{-14}。

（2）MAC 层的硬件地址

在所有计算机系统中，标识系统（Identification System）都是一个核心问题。在标识系统中，地址就是识别某个计算机的一个非常重要的标识符。在概念上，计算机的名字应当和其所在地无关。这就像每个人的名字一样，不随其所在的地点而改变。于是，802 标准为局域网规定了一种 48 位的全球地址（一般都简称为“地址”），它是指局域网的每一台计算机中固化在适配器内的 ROM（Read-Only Memory，只读存储器）中的地址。这种 48 位地址可以保证全球各地所使用的适配器中的地址都是全球唯一的。这种地址又称为硬件地址或物理地址（在 7.2 节中曾经对其进行过讲述），它具有下面两个特点：

① 假设连接在局域网上的一台计算机的适配器坏了而更换了一个新的适配器。于是，这台计算机的局域网的“地址”就改变了，虽然其地理位置没有变化，所接入的局域网也没有任何改变。

② 假设把接于北京某局域网的一台计算机携带到了西安，并连接到西安的某个局域网上。虽然这台计算机的地理位置改变了，但是只要其适配器未变，则其在局域网中的“地址”就不变，和在北京时的“地址”一样。

因此，严格地说，局域网的“地址”只是网中每台计算机的“名字”或标识符。如果连接在局域网上的主机或路由器（只有当局域网接入互联网时，才在网络层连接有路由器；路由器就是一台专用计算机，所以其中也有适配器）安装有多个适配器（即有多个接口），它就有多个“地址”，所以这种“地址”应当是某个接口的标识符。由于以太网的这种地址使用在 MAC 帧中，所以这种地址常常叫作 MAC 地址。可见“MAC 地址”实际上就是适配器地址或适配器标识符。

当路由器通过适配器连接到局域网时，适配器上的硬件地址就用来标志路由器的某个接口。路由器如果同时连接到两个网络上，它就需要两个适配器和两个硬件地址。

适配器还有过滤功能。当适配器从网络上每收到一个 MAC 帧时，先用硬件检查 MAC 帧中的目的地址，如果是发往本机的帧则收下，然后再进行其他处理，否则就将此帧丢弃，不再进行其他的处理。这样做就不浪费主机的处理器和内存资源。这里“发往本机的帧”包括下列三种帧：

① 单播（Unicast）帧（一对一）：收到的帧的 MAC 地址与本机的硬件地址相同。

② 广播（Broadcast）帧（一对全部）：发送给本局域网上所有站点的帧。

③ 多播（Multicast）帧（一对多）：发送给本局域网上一部分站点的帧。

所有的适配器至少应当能够识别前两种帧，即能够识别单播和广播地址。有的适配器可用编程方法识别多播地址。

3. CSMA/CD 协议

最早的以太网将许多计算机都连接到一根总线上，当一台计算机发送数据时，总线上的所有计算机都能检测到这个数据。这就是广播通信方式。但是，总线上只要有一台计算机在发送数据，总线的传输资源就被占用。因此，在同一时间只能允许一台计算机发送信息，否则各计算机之间就会互相干扰，结果是大家都无法正常发送数据。在 7.2 节中曾提到，在采用集线器的星形网中，也存在这个问题。为了解决这个问题，需要制定一个通信协议为各计算机遵守。在以太网中采用的协议称为载波监听多点接入/碰撞检测（Carrier Sense Multiple Access with Collision Detection，CSMA/CD）协议。

“载波监听”就是用电子技术检测在局域网上有没有其他计算机也在发送数据。这里的“载波”只不过是借用一下这个名词而已，实际上在线路上并没有什么载波。“载波监听”实际上就是检测信道，“听听”信道上有没有其他计算机发送的数据正在信道上传输。这是个很重要的措施。不管在发送前，还是在发送中，每个计算机都必须不停地检测信道。在发送前检测信道是为了获得发送权。如果检测出已经有其他计算机在发送数据，就暂时不允许自己发送数据。必须等到信道变为空闲时才能发送。在发送中检测信道是为了及时发现有没有其他计算机的发送和本机的发送发生碰撞。这称为碰撞检测。

碰撞检测就是适配器一边发送数据，一边检测信道上信号电压的变化情况，从而判断自己在发送数据时其他计算机是否也在发送数据。当几个计算机同时在线路上发送数据时，线路上的信号电压互相叠加，而使其变化幅度增大。当适配器检测到信号电压的变化幅度超过一定的门限值时，就认为线路上至少有两台计算机同时在发送数据，即发生了碰撞。所谓“碰撞”就是发生了冲突。因此，碰撞检测也称为“冲突检测”。一旦发现线路上出现了碰撞，其适配器就要立即停止发送，以免继续进行无效的发送，浪费网络资源，然后等待一段随机时间后再次发送。

既然每一台计算机在发送数据之前已经监听到信道为“空闲”，为什么还会出现数据在线路上碰撞呢？这是因为电磁波在线路上是以有限速率传播的。因此，当 A 计算机监听到线路空闲时，也许 B 计算机也正好刚开始发送数据，不过这时 B 计算机所发送的信号还没有从线路上传播到 A 计算机，因此 A 计算机以为线路上是空闲的。等到 B 计算机发送的信号传播到 A 计算机时（这段时间是极短的），A 计算机才检测出碰撞的发生，于是终止发送数据。当然，B 计算机也会在发送数据后不久检测到发生碰撞，因而也终止发送数据。

总之，以太网中所有计算机都是在平等地争用以太网信道——谁先接入线路，谁就占用这个信道。所有计算机都必须遵守以太网的CSMA/CD协议的规定。实际上，协议还规定在检测出碰撞时，应当继续发送几十个比特的强化碰撞信号，以便让以太网上所有计算机更加清楚地知道现在网络上出现了碰撞，使大家都暂时不要发送数据了。

为了减小碰撞之后再次发生碰撞的概率，CSMA/CD协议还规定，当发生碰撞而停止发送数据时，不是等待信道变为空闲后就立即再发送数据，而是推迟一个随机选择的时间（这称为退避）。否则，如果两个计算机同时监听到信道空闲就都立即发送数据，那么肯定要发生碰撞。因此，发现信道空闲后各自推迟一段随机的时间再发送，就可以使再次发生碰撞的概率减小。CSMA/CD协议，详见附录18。

10.2 物 理 层

10.2.1 物理层协议规定的内容

物理层协议规定传输数据的物理链路的基本性能，包括链路的建立、维持、拆除，以及链路应该具有的机械、电子和功能特性。简单来说，物理层应确保原始的数据可在各种物理媒体上传输，使其上面的数据链路层察觉不到各种传输媒体和通信技术的差别，使数据链路层只需要考虑本层的功能，而不必考虑具体的传输媒体和通信技术是什么。物理层协议详见附录19。

物理层协议必须规定传输媒体和接口的特性，包括：

机械特性：接口所用的接线器形状和尺寸、固定及锁定装置、引线数目和排列等。

电气特性：规定接口的各条线上的电压范围。

功能特性：规定接口的各条线上的电压代表的意义，例如数据线、控制线、定时线和地线等。

规程特性：规定信号线上不同功能比特流的出现顺序。

由于计算机内部多采用并行传输方式，例如用8条线并行地传输8比特信号，而通信线路通常都采用串行传输方式，因为用多条电线长距离地传输是很不经济的，所以物理层还要承担并/串和串/并转换的任务。

实际网络中比较广泛使用的物理接口标准有EIA RS-232C、EIA RS-449和CCITT的X.21建议。EIA RS-232C仍是目前最常用的计算机通信接口标准，下面对其做简要介绍。

10.2.2 RS-232C标准

RS-232C是美国电子工业协会（Electronic Industry Association，EIA）制定的一种串行物理接口标准。RS是英文“Recommended Standard（推荐标准）”的缩写，232为标识号，C表示修改次数。RS-232C总线标准设有25条信号线，包括1个主通道和1个辅助通道。在多数情况下主要使用主通道，对于一般双工通信，仅需几条信号线就可实现，如1条发送线、1条接收线及1条地线。

RS-232C标准规定的数据传输速率为50、75、100、150、300、600、1200、2400、4800、9600、19200、38400波特。具体通信距离与通信速率有关，例如，在9600波特时，用普通双绞屏蔽线的传输距离为30～35m。

由于 RS-232C 并未定义连接器的物理特性，因此，出现了 DB-25、DB-15 和 DB-9 各种类型的连接器，其引脚的定义也各不相同。例如，DB-9 型连接器外形如图 10.2.1 所示，其各针脚的信号定义见表 10.2.1。

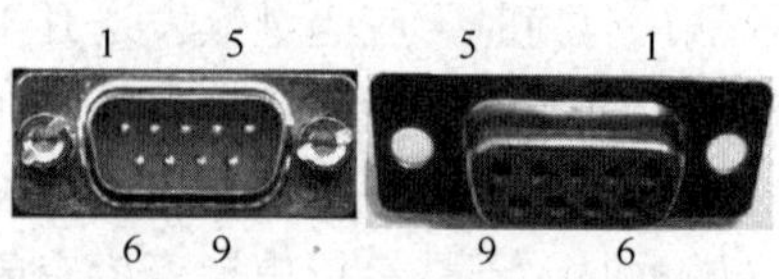

图 10.2.1　DB-9 型连接器外形

DB-9 型和 DB-25 型连接器之间针脚关系如图 10.2.2 所示。

表 10.2.1　DB-9 型连接器各针脚的信号定义

针脚	信号	定义	作用
1	DCD	载波检测	Received Line Signal Detector（Data Carrier Detect）
2	RxD	接收数据	Received Data
3	TxD	发送数据	Transmit Data
4	DTR	数据终端准备好	Data Terminal Ready
5	SGND	信号地	Signal Ground
6	DSR	数据准备好	Data Set Ready
7	RTS	请求发送	Request To Send
8	CTS	清除发送	Clear To Send
9	RI	振铃提示	Ring Indicator

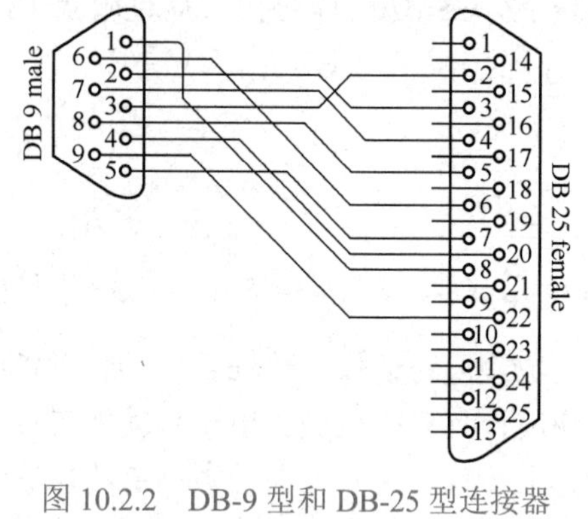

图 10.2.2　DB-9 型和 DB-25 型连接器之间针脚关系

RS-232C 标准对电气特性、逻辑电平和各种信号线功能都做了规定。

在表 10.2.1 中针脚 2 和 3 上，信号 RxD 和 TxD 的电压为：

逻辑 1，−3V～−15V

逻辑 0，+3～+15V

而在 RTS、CTS、DSR、DTR 和 DCD 等控制线上，则为：

信号有效（接通，ON 状态，正电压），+3V～+15V

信号无效（断开，OFF 状态，负电压），−3V～−15V

以上规定说明了 RS-232C 标准对逻辑电平的定义。对于数据（信息码）：逻辑“1”（传号）的电平低于−3V，逻辑“0”（空号）的电平高于+3V；对于控制信号：接通状态（ON）即信号有效的电平高于+3V，断开状态（OFF）即信号无效的电平低于−3V，也就是当传输电平的绝对值大于 3V 时，电路可以有效地检查出来，介于−3V～+3V 之间的电压无意义，低于−15V 或高于+15V 的电压也认为无意义。因此，实际工作时，应保证电平在−3V～−15V 或+3V～+15V 之间。

10.3　小　　结

- 本章讨论互联网 TCP/IP 体系结构协议中的最低 2 层协议，包括数据链路层和物理层。由于局域网工作在数据链路层，故在本章中介绍数据链路层时结合了局域网的性能来讲述，并且结合目前主流局域网，即以太网进行讲述。
- 数据链路层的任务是把网络层交下来的 IP 数据报构成帧，然后发送到链路上；以及把接收到的帧中的数据取出并交给网络层。数据链路层使用的信道主要有两种：点对点信道和广播信道。数据链路层协议有多种，但是有三个基本功能是共同的，即封装成帧、透明传输和差错检测。数据链路层点对点信道中应用最广泛的协议是点对点协议（PPP）。

- 局域网的优点之一是具有广播功能。局域网的数据链路层目前只有 MAC 协议。局域网规定了一种 48 位的全球地址，它可以保证全球各地所使用的适配器中的地址都是全球唯一的。这种地址又称 MAC 地址。在计算机接收时，按照帧的 MAC 地址选择。如果是发往本机的帧则收下，否则就将此帧丢弃。
- 在以太网中同一时间只允许一台计算机发送信息，否则各计算机之间就会互相干扰。为了解决这个问题，在以太网中采用载波监听多点接入/碰撞检测（CSMA/CD）协议。
- 物理层协议规定传输数据的物理链路的基本性能，包括机械特性、电气特性、功能特性和规程特性。

习题

10.1　数据链路层使用的信道有哪几种？

10.2　数据链路层的任务是什么？

10.3　网络适配器有什么功能？

10.4　数据链路层和局域网有什么关系？

10.5　试述数据链路层协议的三个基本功能。

10.6　PPP 帧是由哪几个字段组成的？

10.7　PPP 帧是如何保证透明传输的？

10.8　MAC 层的帧包含哪几个字段？

10.9　什么是 MAC 地址？它存在什么地方？有什么功能？

10.10　在以太网中是用什么协议解决各计算机之间发送信号互相干扰问题的？

10.11　物理层协议规定了哪些基本性能？

10.12　目前最常用的计算机通信网的物理层接口标准是什么？

第 11 章　个　人　网

11.1　概　　述

11.1.1　个人网的种类

个人网（Personal Area Network，PAN），也称个人局域网、个域网，它的覆盖范围一般在一米或数米内，通常是一个小房间。个人网用于在计算机、电话机、单板机和个人数字助理（PDA）等之间的数据传输，并且把个人设备连接到更高层次的网络，以及互联网。计算机的外部总线 USB（Universal Serial Bus，通用串行总线）和苹果公司推出的高性能串行总线火线（FireWire）都是个人网的有线形式，不过目前发展快的还是无线个人网（WPAN），例如红外（IrDA）和蓝牙（Bluetooth）等。键盘、鼠标和打印机等，无论用有线连接还是无线连接，都可以看成一个个人网的组成部分。Wi-Fi 也可以用于 WPAN，因为它也可以用在小范围。个人网是只为个人使用的网络。

11.1.2　无线个人网的特点

WPAN 技术中有一个关键概念，即“插入”。在理想情况下，当任何两个装有 WPAN 的设备互相靠近（几米内）时，它们能够互相通信，如同它们用电缆连接起来了一样。WPAN 的另一个重要特点是一个设备能够有选择地锁定其他设备，以防止不需要的干扰或非法接入的信息。

WPAN 技术尚处于发展初期，并在迅速发展中。目前 WPAN 工作频率在 2.4GHz 附近，并以数字模式工作。在一个 WPAN 中的每一个设备都能插入本 WPAN 中的任一其他设备（若它们之间的距离够近的话）。此外，WPAN 可以在全球范围内互相连接。例如，一个考古学家在非洲现场可以用其 PDA 直接连接到一所大学的数据库，将考古发现传输到该数据库中。

11.1.3　蓝牙

二维码 11.1

蓝牙采用大约 10 米内近距离的无线传输。例如，键盘、鼠标、耳麦和打印机等都可以用蓝牙，以无线方式连接到 PDA、手机或计算机。蓝牙个人网也称为微微网，它可容纳多达 8 个设备以主-从模式工作（大量的设备可以用“Park mode”连接，见二维码 11.1）。

二维码 11.2

在微微网中的第一个蓝牙设备是主设备，所有其他设备都是从设备，它们和主设备通信。一个典型的微微网（Piconet）的工作范围大约为 10 米，在理想环境下也可能达到 100 米。使用蓝牙网状网络（Bluetooth mesh networking，见二维码 12.2），将信息从一个蓝牙网接力传输至另一个蓝牙网，可以扩大设备的数量和工作范围。

11.1.4 红外

红外（IrDA）使用人眼看不到的红外光。红外光应用广泛，例如用在电视遥控器中。典型的使用 IrDA 的 WPAN 设备有打印机、键盘和其他一些串行数据接口。红外原理和协议见二维码 11.3。

二维码 11.3

WPAN 应用的主要技术除了蓝牙和红外，还有其他一些技术。下面我们仅对蓝牙和红外两种技术做进一步的介绍。

11.2 蓝 牙 通 信

11.2.1 起源和名称

蓝牙（Bluetooth）是一种无线技术标准，可实现固定设备、移动设备和个人网之间的短距离数据交换，使用 2.4GHz 频段的 UHF 无线电波。蓝牙技术最初是由爱立信公司于 1994 年研发的，最早的研发目的是研发无线耳麦，用来代替有线 RS-232 数据线。

“蓝牙”是十世纪丹麦的一位国王的绰号 Harald Bluetooth，他将纷争不断的丹麦部落统一为一个王国。以蓝牙命名的想法最初是由英特尔公司的工程师吉姆·卡达赫（Jim Kardach）于 1997 年提出的，他开发了能够使移动电话与计算机通信的系统。他提出这个命名时正在阅读一本描写北欧海盗和丹麦国王哈拉尔蓝牙的历史小说，其含义是暗指蓝牙也将把通信协议统一为一个全球标准。蓝牙的标志（图 11.2.1）就是用北欧古文写的这个国王名字字头（H 和 B）的结合（见二维码 11.4）。

图 11.2.1 蓝牙标志

二维码 11.4

11.2.2 性能

1. 蓝牙的工作频段和频道

蓝牙工作在 2402～2480MHz 频段，它在全球范围内无须取得执照的工业、科学和医疗用的短距离无线电通信频段内。蓝牙使用跳频扩谱技术，它将发送数据分成数据包，每个数据包通过 79 个规定的蓝牙频道之一传输。每个频道的带宽为 1MHz。蓝牙 4.0 使用 2MHz 间距，可容纳 40 个频道。

2. 蓝牙的传输速率

最初，蓝牙设备的传输速率为 1Mb/s，多次改进调制方法后的传输速率已经达到数十兆比特每秒（表 11.2.1）。

表 11.2.1 蓝牙的传输速率

版本	速率
1.2	1Mb/s
2.0 + EDR	3Mb/s
3.0 + HS	24Mb/s
4.0	24Mb/s

3. 蓝牙的工作方式

蓝牙设备以主-从方式工作。在一个微微网中，一个主设备至多可和 7 个从设备通信。所有设备共享主设备的时钟。数据包交换是按照主设备的基本时钟运行的，它以 312.5μs 为基本间隔，两个间隔构成一个 625μs 的时隙，两个时隙构成一个 1250μs 的时隙对。在最简单的单时隙数据包交换情况下，主设备在偶数时隙发送，而在奇数时隙接收；从设备则相反，在偶数时隙接收而在奇数时隙发送。数据包的长度可以是 1、3 或 5 个时隙，但是主设备的发送必须从偶数时隙开始，从设备的发送必须从奇数时隙开始。

在一个微微网中，主-从设备之间可按照协议转换角色，从设备也可转换为主设备（例如，一个头戴式耳麦如果向一个手机发起连接请求，它作为连接的发起者，必然就是主设备，但是随后可以作为从设备运行）。

二维码 11.5

蓝牙能够提供两个或两个以上的微微网连接，以形成分布式网络（Scatternet）（见二维码 11.5），让某些设备能在一个微微网中作为主设备工作，同时在另一个微微网中作为从设备工作。

数据可随时在主设备和另一个从设备之间进行传输。主设备可选择要访问的从设备，典型的情况是，它可以用轮询方式快速地从一个设备转换到另一个设备。因为由主设备来选择要访问的从设备，理论上从设备就要在每个接收时隙内待命，因此主设备的负担要比从设备轻一些。一个主设备可以有七个从设备，一个从设备可以有一个以上的主设备。

4. 蓝牙的通信距离

蓝牙是一个标准的代替有线通信的设备，主要用于短距离通信，每个设备都采用低功耗、廉价的收发芯片。由于蓝牙设备使用广播式无线电通信系统，所以收发设备之间不必处在视线上，然而必须存在准光学无线路径。通信距离取决于功率等级，见表 11.2.2。不过，有效通信距离因实际情况而异，它和电波传播条件、天线形状和电源供电情况等有关。在室内环境，由于墙壁引起的反射和衰减使通信距离远小于视线传播时的距离。第 2 类蓝牙设备大多由电池供电，其通信距离则和此电池的供电有关。

表 11.2.2　蓝牙的通信距离

类别	最大功率容量		通信距离（m）
	（mW）	（dBm）	
1	100	20	～100
2	2.5	4	～10
3	1	0	～1
4	0.5	-3	～0.5

11.2.3　应用

蓝牙作为一种电缆替代技术，具有低成本高速率的特点。它可把内嵌有蓝牙芯片的计算机、手机和多种便携通信终端互连起来，为其提供语音和数字接入服务，实现信息的自动交换和处理。目前一台蓝牙设备同时能与多台（最多 7 台）其他设备互连。蓝牙技术的应用主要有以下 3 类：语音/数据接入；外围设备互连；个人局域网。例如：

（1）蓝牙接口可以直接集成到笔记本电脑中，实现将蓝牙蜂窝电话连接到远端网络，或者与电脑和音箱等设备的无线连接等。

（2）蓝牙接口可以直接集成（或通过附加设备连接）到蜂窝电话中，实现蓝牙无线耳麦的电话免提功能，或与笔记本电脑的无电缆连接等。

（3）蓝牙接口可以实现计算机和其键盘、鼠标、打印机等的无线连接。

（4）取代早前在测试设备、GPS 接收器、医疗设备、条形码扫描器、交通管制设备上的有线 RS-232 串行通信。

11.2.4　设备

很多产品中都有蓝牙，如手机、平板电脑、媒体播放器、机器人系统、游戏手柄，以及一些高音质耳机、调制解调器、手表等。有些台式计算机和多数的笔记本电脑都有内置蓝牙，若没有内置蓝牙，则可采用一个蓝牙适配器实现计算机与蓝牙设备之间的通信。蓝牙适配器通常是一个小型 USB 软件狗（Dongle），如图 11.2.2 所示。

图 11.2.2　典型的蓝牙 USB 软件狗

11.3　红外通信

11.3.1　概述

1993 年由许多企业发起建立了一个国际性组织——红外数据协会（Infrared Data Association，IrDA），它为红外通信制定了一整套协议，从而统一了红外通信的标准。因此，IrDA 也就用来指这套协议，有时也指采用这套协议的红外通信。

使用 IrDA 能以全自动（傻瓜）方式解决“最后一米”的无线数据传输问题，因此，它适用于各种移动设备，例如手机、照相机、打印机、笔记本电脑、医药设备等。这种无线光通信的主要优点是数据传输保密性好、视线传输、误码率低。

11.3.2　性能

通信距离：标准功率时，1m；
低功率对低功率时，0.2m；
标准功率对低功率时，0.3m；
使用最新的物理层协议（10 GigaIR）时，支持链路距离达数米。

发射角度：最小锥角±15°。

传输速率：2.4kb/s～1Gb/s。

调制：基带，无载波。

波长：850～900nm。

数据帧容量：64B～64kB，它和数据速率有关。此外，大的数据块可以用相继发送多个帧的方法来传输，所以一次可以最大传输 8MB 的数据块。

比特错误率小于 10^{-9}，远优于一般无线电传输。

IrDA 发信机用定向发射红外脉冲方式通信，发射最小锥角为±15°。IrDA 的技术规格规定了其发射的辐照度的下限和上限，使信号在 1m 以外还能看见，而当接收机太靠近时也不会承受不了其亮度。IrDA 通信的典型最佳范围在 5～60cm 距离的锥角中央。IrDA 数据通信以半双工模式工作，因为当发射时，其接收机被自己发射机的光遮挡住了，不适合进行全双工通信。然而，通信两端的设备用迅速转换链路收发的方法可以模拟全双工通信。

11.3.3　应用

要使电脑能够进行红外通信，当然需要一个能发送和接收红外线信号的装置。许多笔记本电脑上都有一个黑色的红外窗口，这就是笔记本电脑的红外通信口，可以用来与其他红外设备进行红外数据传输。台式电脑基本都没有现成的红外通信口，为了使台式电脑也具有红外通信能力，需要用户为台式电脑配备一个红外适配器。红外适配器有不同的接口，图 11.3.1 所示是一个用于 USB 接口的红外适配器。

图 11.3.1 用于 USB 接口的红外适配器

从 1990 年代至 2000 年代初期，IrDA 广泛应用于个人数字助理（PDA）、便携式电脑，以及某些台式计算机中。目前它已经被其他无线技术所代替，例如 Wi-Fi 和蓝牙，因为后者不需要视线，能够用在像鼠标和键盘一类的硬件中。不过，IrDA 仍然使用在某些环境中，那里因为有干扰而不能使用无线技术。此外，IrDA 硬件仍然比较便宜，并且不会遇到无线技术（例如蓝牙）的保密问题。

大约在 2005 年，IrSimple 协议企图使 IrDA 得到复兴，因为这个协议使得在手机、打印机和显示器之间能够用不到 1 秒的时间传输图片。IrSimple 协议使数据传输速率提高了 4～10 倍。从一部手机传输一个 500kB 的普通图片只需不到 1 秒时间。有些品牌的单反照相机采用了 IrSimple 传输图像。

11.4 体 域 网

11.4.1 概述

体域网（Body Area Network，BAN）又称无线体域网（Wireless Body Area Network，WBAN）或身体传感网络（Body Sensor Network，BSN），是可穿戴的计算设备的无线网络。BAN 设备可以植入体内，或者安装在身体表面的一个固定位置。可穿戴设备可以与人们携带的东西一起，放在衣服口袋中、拿在手中或放在各种袋子里。在设备趋向小型化，特别是由一些小型化的身体传感器（Body Sensor Unit，BSU）和一个身体主站（Body Central Unit，BCU）组成的网络趋向小型化的同时，较大的厘米级的智能设备（标签和衬垫等）作为集线器（见 7.2.3 节）、网关（网关又称网间连接器、协议转换器，用于协议不同的两个网络互连。网关的结构和路由器类似。网关既可以用于广域网互连，也可以用于局域网互连。）和管理 BAN 应用的接口，仍然起着重要作用。

WBAN 技术的发展始于约 1995 年，其理念是使用无线个域网（WPAN）技术实现在人体上或人体附近的通信。大约 6 年后，“BAN”一词已经用于完全在人体体内、人体上和身体附近的通信系统。WBAN 系统可以用 WPAN 技术作为网关连接到更远距离。使用网关设备能够把人体上可穿戴设备连接到互联网，这样医生就能在远离病人的地方，使用互联网在线获取病人的资料。

11.4.2 原理

生理传感器、低功耗集成电路和无线通信的迅速发展，使新一代无线传感器网络能够用来监控交通、农作物、基建和健康。BAN 是一个跨学科领域，它能通过互联网，用实时更新的医疗记录来经济地连续监控身体状况。许多智能生理传感器能够集成到可穿戴 WBAN 中，用于计算机辅助康复或及时检测医疗情况。这个领域依赖能否把很小的生物传感器植入人体，并且舒适和不影响正常活动。植入人体的传感器将收集各种生理变化，以监控病人的健康状态。收集的信息将用无线电发送到一个外面的处理器。这套设备能实时地把所有信息发送给位于世界各地的医生。若检测到紧急情况，医生将通过计算机系统立刻给病人发送适当的消息或警告。目前提供消息的水平和供给传感器能源的能力还是有限的。这方面的技术还处于发展初期，一旦得到突破性进展，远程医疗和移动医疗将变成现实。

11.4.3 应用

BAN 的早期应用主要在医疗领域，特别是用于持续监测和记录患有慢性疾病（例如糖尿病、哮喘病和心脏病）的病人的关键指标。

安装在一个心脏病人身上的 BAN 网络，能够通过测量其重要体征指标的变化，在发生心肌梗塞之前给医院发出警报。

安装在一个糖尿病人身上的 BAN 网络，能够在其胰岛素水平下降时，马上用一个泵浦自动注射胰岛素。

BAN 的其他应用领域包括运动、军事和安保。BAN 的应用扩展到一些新领域还能够帮助在个人之间，或个人和机器之间，无缝隙地交换信息。

BAN 的最新国际标准是 IEEE802.15.6（见二维码 11.6）。

二维码 11.6

11.5 小　　结

- 个人网的覆盖范围一般在一米或数米内。目前发展快的是无线个人网，例如红外和蓝牙等。
- 蓝牙是一种无线技术标准，可实现固定设备、移动设备和个人网之间的短距离数据交换，用于大约 10m 内近距离的无线传输。蓝牙个人网也称为微微网，它能够提供两个或两个以上的微微网连接，以形成分布式网络。
- 红外使用人眼看不到的红外光，能以全自动方式解决“最后一米”的无线数据传输问题。这种无线光通信的主要优点是数据传输保密性好、视线传输、误码率低。在用标准功率时红外的通信距离可达到 1m，传输速率为 2.4kb/s～1Gb/s。
- 体域网是可穿戴的计算设备的无线网络，其设备可以植入体内，或者安装在身体表面的一个固定位置。体域网可以用 WPAN 作为网关连接到互联网。

习题

11.1　试述个人网的覆盖范围和用途。

11.2　试述蓝牙的覆盖范围和工作波段。

11.3　如何扩大蓝牙网的工作范围？

11.4　试述红外通信的主要优点。

11.5　试述红外通信的通信距离、传输速率和工作波段。

11.6　试述体域网的主要用途。

第12章　物　联　网

12.1　概　　述

物联网（Internet of Things，IoT）一词是首先由英国人凯文·阿什顿（Kevin Ashton）（见二维码 12.1）提出的。他提出用“物联网”一词表示由互联网通过许多传感器连接物质世界的一个系统。因此，他被称为“物联网之父”（图 12.1.1）。

物联网是将植入了电子器件、软件、传感器和执行机构的物品、车辆、建筑物等各种各样物体进行互连的网络，具备通用唯一识别码（UUID）。网络的互连使这些物体能够收集和交换数据（图 12.1.2）。

物联网利用现有网络基础设施对物体进行遥感和遥控，使各种物体直接集成到基于计算机的系统中，从而提高效率、准确性和经济性，并减少了人为干预。当物联网与传感器和执行机构结合使用时，它就是更具一般性的信息物理系统（Cyber-physical Systems）的一个实例，它还包括智能电网、虚拟发电厂、智能家庭、智能交通和智能城市等技术。每一个物体都能够通过植入其内的计算机系统（或其他识别装置）被唯一地识别，并且能够在此互联网基础设施内互相操作。

二维码 12.1

图 12.1.1　凯文·阿什顿

图 12.1.2　物联网

国际电信联盟（ITU）对物联网做了如下定义：通过二维码识读设备、射频识别（RFID）装置、红外感应器、全球定位系统和激光扫描器等信息传感设备，按约定的协议，把任何物品与互联网相连接，进行信息交换和通信，以实现智能化识别、定位、跟踪、监控和管理的一种网络。物联网顾名思义就是连接物体的网络。

物联网中的“物”可以是各种物体，例如植入体内的心脏检测器、农场动物体内的生物芯片收发信机、内置传感器的汽车、检测环境（食物）病原体的 DNA 分析装置，或者帮助消防员在搜寻时用的现场操作设备。这些物体能够利用各种现有技术收集有用的数据，然后再和其他物体之间自动交换数据。目前市场上的这类物体包括使用 Wi-Fi 遥测遥控的家庭自动化设备（也称为智能家庭设备），例如照明、暖气、通风、空调系统，以及洗衣机（烘干机）、吸尘机器人、空气净化器、烤箱或电冰箱等。

12.2 物联网的发展

最早在 1982 年出现了智能设备网络的概念。那时在美国卡内基梅隆大学（Carnegie Mellon University）安装了一台改进的可乐贩卖机，它是第一台连接到互联网的设备，能够报告其存货情况和新放入的饮料是否凉了。雷扎·拉吉（Reza Raji）在 1994 年 6 月份的电气与电子工程师学会会刊（IEEE Spectrum）上将物联网概念描述为"将小数据包集中到一个大组数据节点处，就能把从家用设备到整个工厂的所有东西集成一体并自动化。"在 1993 至 1996 年间一些公司相继提出一些解决方案，但是直到 1999 年这一领域才出现生机。比尔·乔伊在 1999 年的达沃斯世界经济论坛上提出设想将设备-设备（Device to Device，D2D）通信作为其"6 网站"结构的一部分（参考文献见二维码 12.2）。

二维码 12.2

物联网的概念在 1999 年因麻省理工学院（MIT）的"自动识别中心"成立和有关市场分析的文章发表而得到流行。那时自动识别中心创始人之一凯文·阿什顿认为射频识别（RFID）是物联网的必要条件。他认为，若所有物体和人在日常生活中都有识别码，则计算机就能对其进行管理和盘点。除了使用 RFID，给物体加标签还可以由其他技术实现，例如近场通信、条码、QR 码等。

金属氧化物半导体场效应晶体管（MOSFET）技术的进步是促成物联网快速发展的动力之一，因为到了 21 世纪 MOSFET 的制造工艺已可微缩至纳米等级，大幅降低了功耗，而低功耗设计正是物联网中的传感器可否被广泛运用的关键因素。除了 MOSFET，绝缘层上覆硅（silicon-on-insulator）与多核心处理器技术的发展，也是促成物联网普及的原因。

二维码 12.3

对物联网最早的理解是，把世界上所有物体装上很小的识别装置或机器可读的识别码，从而实现物联网，其影响之一是将改变人们的日常生活。例如，即时和不停地盘点控制库存将变得十分普及。后来的一个很大的变化是把物联网的"物"，从物体扩展到物理空间的对象。在 2004 年诸葛海（见二维码 12.3）提出一个将来互连环境的思考模型（见二维码 12.4）。

二维码 12.4

他提出的模型中包括三个世界的概念，即物理世界、虚拟世界和精神世界，以及一个多层参考结构。底层是自然界和器件，中层是互联网、传感器网和移动网络，上层是智能人-机共同体。此共同体支持分处各地的用户，使用网络积极促进物资、能源、技术、信息、知识和服务在此环境中的流动，以合作完成任务和解决问题。这个思考模型展望了物联网的发展趋势。

12.3 物联网的体系结构

物联网的体系结构一般分为三层或四层。三层的体系结构由底层至上层依次为感测层、网络层与应用层；四层的体系结构由底层至上层依次为感测层、网络层、平台工具层与应用服务层。三层与四层架构之差异，在于四层将三层之"应用层"拆分成"平台工具层"与"应用服务层"。

12.3.1 感测层

物联网需要给每个对象分配一个唯一的标识或地址，其概念最早是由 RFID 标签和电子产品代码发展出来的。在物联网与互联网链接后，由于需要大量的 IP 地址，而互联网协议 IPv4 的地址空间有限，因此物联网中的对象倾向使用互联网协议 IPv6，以提供足够的地址空间，IPv6 对于物联网的发展扮演着重要角色。

12.3.2 网络层

物联网有多种联网技术可供选择，按照有效传输距离可区分为：

1. 短距离无线技术

- 蓝牙网状网络（Bluetooth mesh networking）：规范采用蓝牙技术的网状网络，可增加节点数，并提供标准化的应用层。
- 可见光无线通信技术（Li-Fi）（见二维码 12.5）：与 Wi-Fi 标准相似的无线通信技术，但使用可见光通信以增加带宽。
- 近场通信（NFC）：使两个电子设备能够在 4 厘米范围内进行通信的通信协议。
- 射频识别（RFID）：使用射频电磁波访问 RFID 标签中数据的技术。
- Wi-Fi：基于 IEEE 802.11 标准的无线局域网技术。
- 紫蜂（ZigBee）（见二维码 12.6）：基于 IEEE 802.15.4 标准的个人网通信协议，具有低功耗，低数据速率，低成本的特性。
- Z-Wave（见二维码 12.7）：主要应用于智能家庭和安全应用的无线通信协议。

二维码 12.5

二维码 12.6

二维码 12.7

2. 中距离无线技术

- 高级长期演进技术（LTE-Advanced）：高速蜂窝网络的通信规范。通过扩展覆盖范围，提供更高的数据传输量和更低的延迟。
- 5G：新一代移动通信技术，提供高数据速率、减少延迟、节省能源、提高系统容量和大规模设备连接。

3. 长距离无线技术

- 低功率广域网：提供低数据速率与远程通信，降低功耗和传输成本。可用的 LPWAN 技术和协议分为使用授权频段的 NB-IoT，以及使用非授权频段的 LoRa、Sigfox、Weightless、Random Phase Multiple Access（RPMA）、IEEE 802.11ah 等。
- 甚小口径终端（VSAT）：使用小型面天线，通过人造卫星传输的通信技术。

4. 有线技术

- 以太网：基于 IEEE 802.3 标准的技术，可使用双绞线、光纤连接至集线器或网络交换器。

- 电力线通信（PLC）：以电缆传输电力和数据的通信技术，有 HomePlug 和 G.hn 等标准。

12.3.3 应用层

应用层在物联网的四层体系结构中，可再细分为平台工具层与应用服务层。平台工具层为底层的软件平台，作为应用服务层与网络层的接口，以支持各类的软件应用；应用服务层针对不同的应用需求，直接给出原始资料，或经过增值处理，由人机界面提供给用户。

12.4 人工智能物联网

人工智能物联网（AIoT）为物联网与人工智能的结合，以实现更高效率的物联网运作，改善人机交流、增强数据管理和分析。人工智能可用于将物联网数据转化为有用的信息，以改善决策流程，从而为“物联网数据即服务”（IoT Data as a Service，IoTDaaS）的模式奠定基础。

人工智能物联网的出现，对于物联网与人工智能两者均会产生变革，增加彼此之间的价值。因为人工智能通过机器学习功能，使得物联网变得更有价值；而物联网通过连接、信号和数据交换，使得人工智能可以获得更丰富的数据源。随着物联网遍及许多行业，将有越来越多的人为的，以及机器生成的非结构化数据，智能物联网可在数据分析中提供有力的支持，在各行各业中创造新的价值。

12.5 物联网的应用

据全球移动通信协会（GSMA）预测，2025 年全球物联网终端连接数量将达到 250 亿。

有了将嵌入了 CPU、存储器和电源的物体连网的能力，意味着物联网能在几乎所有领域找到应用。物联网还能执行操作，而不只是遥感。物联网的应用大体上至少能划分为以下 7 大类。

1. 消费者

物联网对消费者有许多应用，例如，智能购物系统能够用跟踪其手机的办法，监测某些特定用户在一个商店的购物习惯。这些用户于是对他们喜欢的商品能够得到特殊的报价，甚至被告知他们所需物品的位置，这是由他们的电冰箱自动用电话告诉他们的。又如，在供热、水、电和能源管理方面的应用。物联网的应用还能提供家庭安保功能和家庭自动化。

另一项主要的应用为辅助老年人与残疾人士，例如语音控制系统可以帮助行动不便人士，警报系统可以连接至听障人士的人工耳蜗，另外还有监控跌倒或癫痫等紧急情况的传感器，这些智能家庭技术可以提供给用户更多的自由和更高的生活质量。

2. 工业

物联网在工业中的应用称为工业物联网（Industrial internet of things，IIoT）。工业物联网专注于机器对机器（Machine to Machine，M2M）的通信，利用大数据、人工智能、云计算等技术，让工业运作有更高的效率和可靠度。工业物联网涵盖了整个工业应用，包括机器人、医疗设备和软件定义生产流程等，是第四次工业革命中，产业转型至工业 4.0 中不可或缺的一部分。

大数据分析在生产设备的预防性维护中扮演关键角色，其核心为信息物理系统。可通过 5C“连接（Connection）、转换（Conversion）、联网（Cyber），认知（Cognition）、配置（Configuration）”等过程来设计信息物理系统，将收集来的数据转化为有用的资料，并进而优化生产流程。

3. 农业

物联网在农业中的应用包括收集温度、降水、湿度、风速、病虫害和土壤成分的数据，并加以分析与运用。这样的方式称为精准农业，它利用决策支持系统，将收集来的数据进行精准分析，进而提高产出的质量和数量，并减少浪费。

例如，水产养殖是劳动力密集的工作，鱼苗必须由人工进行分类，以确保每条鱼的大小适当且无畸形。导入水产养殖辅助系统，可以大幅减轻人力负担，将有经验的人移至更高附加价值的工作。

4. 医疗保健

医疗物联网（IoMT）为物联网应用于医疗保健，包括数据收集、分析、研究与监控方面的应用，用以建立数字化的医疗保健系统。物联网设备可用于激活远程健康监控和紧急情况通知系统，包括简易的设施如血压计、便携式生理监控器，可监测植入人体的设备，如心律调节器、人工耳蜗等。世界卫生组织规划利用移动设备收集医疗保健数据，并进行统计、分析，创建“移动医疗”体系。

由于塑料与电子纺织品制造技术的进步，使得一次性使用的 IoMT 传感器已达到相当低的成本。对于即时医疗诊断应用的建立，可携性与低系统复杂性是不可或缺的要素。物联网在医疗保健的应用，如监测慢性病，以及疾病的预防和控制有很大的功用，通过远程监控，医院与卫生相关机构可以获得患者的数据，并可做进一步分析。

5. 交通

物联网的应用可以扩展至交通运输系统各个层面，包括交通工具、基础设施，以及驾驶人。物联网组件之间的信息传递，使得交通工具内以及不同交通工具之间可以互相通信，促成智能交通灯号、智能停车、电子道路收费系统、物流和车队管理、主动巡航控制系统，以及安全和道路辅助等应用。

例如，在物流和车队管理中，物联网平台可以通过无线传感器持续监控货物和资产的位置和状况，并在发生异常事件（延迟、损坏、失窃等）时发送特定警报。这必须借助物联网与设备之间的无缝连接才可能实现。利用导航定位、湿度、温度等传感器将数据发送至物联网平台，随后对数据进行分析，并将结果发送给用户。如此，用户可以跟踪交通工具的即时状态，并做出适当的处置。如果与机器学习结合，还可以进行驾驶睡意侦测，以及提供自动驾驶汽车等来帮助减少交通事故。

6. 基础设施

物联网在基础设施方面的应用主要是监控与控制各类基础设施，例如铁轨、桥梁、海上与陆上的风力发电厂、废弃物管理等。透过监控任何事件或结构状况的变化，以便高效地安排维修和保养活动。

例如在一座设备齐全的智慧城市中，对于能源使用、交通流量进行精密的控制，各家的垃圾透过管道集中送至废物处理中心，然后在这里进行自动分类，并且再回收利用。

另一个应用案例是在一座人口约 18 万的都市，安装了超过两万个传感器，主要应用于三方面：（1）交通，通过手机 App 可以即时获得停车位信息，并引导至该处停车；（2）供水，可即时获得用水信息；（3）公园智能空间，可随温度、湿度调整洒水系统，并检查公园内垃圾桶的垃圾量。

7. 军事

军事物联网是物联网在军事领域中的应用，目的是侦察、监控与战斗有关的目标。军事物联网相关领域包括传感器、车辆、机器人、武器、可穿戴式智能产品，以及在战场上相关智能技术的使用。

战地物联网（IoBT）是一个美国陆军研究实验室（ARL）的研究项目，着重研究与物联网相关的基础科学，以增强陆军士兵的能力。2017 年，ARL 启动了战地物联网协作研究联盟（IoBT-CRA），建立了产业、大学和陆军研究人员之间的工作合作关系，以推动物联网技术及其在陆军作战中的应用的理论研究。

12.6 物联网的安全性

安全性是物联网应用受到各界质疑的主要因素，质疑之处在于物联网技术正在快速发展中，但其中涉及的安全性挑战，与可能需要的法规变更等，目前均相当欠缺。

物联网面对的大多数技术安全问题类似于一般服务器、工作站与智能手机，包括密码太短、忘记更改密码的默认值、设备之间传输采用未加密信号、未将软件更新至最新版本等。另外，由于多数物联网设备计算能力相当有限，无法采取常见的安全措施，例如防火墙，或者高强度的密码；许多物联网设备因为价格低廉，因此无法获得人力与经费支持，将软件更新至最新版本。

安全性较差的物联网设备可能被当作跳板以攻击其他设备。2016 年时发生恶意程序 Mirai（辞源：日文“未来”）感染物联网设备，以分布式拒绝服务攻击（DDoS）攻击 DNS 服务器与许多网站。在 20 小时内，Mirai 感染了大约 65000 台物联网设备，最终感染数量为 20～30 万台。感染设备之国家分布以巴西、哥伦比亚和越南居前三位，设备包括数字视频录像机、网络监控摄影机、路由器、打印机等，以厂商区分依次为大华股份、华为、中兴通信、思科、合勤。2017 年 5 月，美国的跨国科技企业 Cloudflare 的计算机科学家 Junade Ali 指出，由于发布/订阅（Publish-subscribe pattern）的不当设计，许多物联网设备存在 DDoS 漏洞。利用这些漏洞将物联网设备作为跳板的攻击，是互联网服务的真正威胁。

产业界对各界质疑的安全性问题做出了回应，物联网安全基金会（IoTSF）于 2015 年 9 月 23 日成立，期望通过倡导知识与最佳实践使得物联网更加安全。此外，一些公司也推出创新解决方案，以确保物联网设备的安全性。2017 年，Mozilla 公司推出了“Project Things”，该项目可以通过安全的“Web of Things”网关与物联网设备建立加密连线。美国信息安全专家布鲁斯 • 施奈尔（Bruce Schneier）认为将物联网纳入政府监管业务是有必要的，以确保产业界生产的物联网设备可以遵守安全规范，以及出事的时候有人负责。

物联网的一大问题为平台分散、跨平台的可操作性低，以及欠缺通用技术标准。物联网设备种类繁多，以及硬件与在其上运作的软件之间的差异，使得开发系统时，各应用程序保持一致变得很困难。

物联网无定形（amorphous）的计算特性往往会造成安全性问题，因为在核心操作系统中发现的错误修补，通常无法涵盖较早期入门级的设备，一些研究人员表示，设备供应商未能通过补丁和更新支持较旧的设备，导致超过 87%的现行安卓（Android）设备容易受到攻击。

12.7　物联网的关键技术

12.7.1　条形码

物联网是由互联网通过传感器连接物质世界的一个系统。传感器将收集物体的信息并传输到物联网上，而物体的信息大都是存储在条形码上的。

1. 一维条码

条形码简称条码（barcode），早期的条码只是将宽度不等的多个黑条和白条，按照一定的编码规则排列成的平行线图案，用以表示一组信息的图形标识符，又称一维条码。

图 12.7.1　EAN 码

图 12.7.1 中示出的是一种称为 EAN（European Article Number）码的一维条码，它是国际物品编码协会制定的一种商品条码（Globe standard 1，GS1），在全世界通用。此图中条码表示的就是条码下方的数字。EAN 码有标准版（EAN-13）和缩短版（EAN-8）两种。标准版表示 13 位数字，又称 EAN13 码；缩短版表示 8 位数字，又称 EAN8 码。两种条码的最后一位为校验位，它由前面的 12 位或 7 位数字计算得出。

EAN13 码由前缀码、厂商识别码、商品项目代码和校验码组成。前缀码是国际 EAN 组织各会员的代码，我国可用的国家代码是 690～699。厂商识别码是由中国物品编码中心（Article Numbering Center of China，ANCC）分配给厂商的，共 4 位。商品代码有 5 位，由厂商自定。校验码为 1 位，用于防止扫描阅读错误。

这种条码是一维条码，它可以标出物品的生产国、制造厂家、物品名称、生产日期，或者图书分类号、邮件发送的起止地点、类别、日期等许多信息，因而在商品流通、图书管理、邮政管理、银行系统等许多领域都得到广泛的应用。

这种一维条码在用传感器阅读后，将读取的这组数字传输到计算机上，用计算机上的应用程序对数据进行处理。一维条码的容量有限，仅能识别物品，需要从计算机的数据库中提取对应物品的更多信息。

一维条码技术已经非常成熟，世界上已经有二百多种一维条码，每种条码都有自己的编码规则。一维条码按照应用分类有产品条码和物流条码。产品条码包括 EAN 码和 UPC 码，物流条码包括 128 码、ITF 码、39 码、库德巴（Codabar）码等。

在一维条码基础上发展出来的二维条码能够存储更多的信息。下面将介绍几种二维条码。

2. QR 二维码

QR（Quick Response）二维码，简称 QR 码，是一种二维条码，它由日本丰田汽车公司下属一家子公司于 1994 年设计，原来是为制造时跟踪汽车设计的。QR 码是一个机器可读的光学标签，包含它附着的物体的信息。QR 码使用 4 种标准化的编码模式（数字式、字母数字式、字节/比特式和日文汉字式），以有效地存储数据。

QR 码和一维条码相比，因为读取快、存储量大，所以很快普及到其他许多行业，包括商业跟踪应用和智能手机用户的应用等。QR 码可以用来显示文档，在用户的设备中添加电子名片，打开统一资源标识符（Uniform Resource Identifier，URI）（见二维码 12.8），或撰写电子邮件和文本消息。QR 码已经成为最广泛使用的二维码之一。从 2010 年起，在中国火车票上已经使用了 QR 码（见图 12.7.2）。

二维码 12.8

图 12.7.2　中国火车票上的 QR 码

QR 码是在白色背景上由排列在一个方形网格上的黑色方块构成的图形，在图 12.7.3 中给出一个实例，它能用成像装置（例如照相机或扫描枪）读取，并且在用纠错编码解码后可以从中提取出所需的数据。QR 码图形内不同区域有不同的含义，在图 12.7.4 中给出了国际组织 ISO/IEC 的规定（见二维码 12.9 中的参考文献）。

图 12.7.3　QR 码形实例

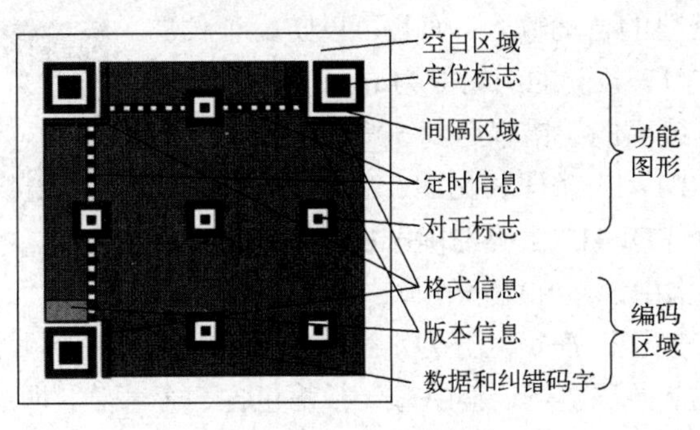

图 12.7.4　QR 码的结构

二维码 12.9

不同版本的 QR 码容纳的数据容量不同，可以根据需要选用。在图 12.7.5 中给出了各种版本 QR 码图形的样本。例如，版本 1 的元素仅有 21×21 个；而版本 40 的元素达 177×177 个，可以容纳 1264 个 ASCII 码的字符。

QR 码的纠错能力分为 4 级。低级（L 级）能纠正 7%的码字错误，中级（M 级）能纠正 15%的码字错误，1/4 级（Q 级）能纠正 25%的码字错误，高级（H 级）能纠正 30%的码字错误。因为 QR 码有如此强大的纠错能力，所以 QR 码中可以嵌入艺术图案而不会影响读出，如图 12.7.5（h）所示。

图 12.7.5　各种版本 QR 码图形样本

3. PDF417 条码

PDF417 条码是一种堆叠式二维条码，是由美国 Symbol Technologies 公司的王寅君（Ynjiun P. Wang）博士于 1991 年发明的，目前应用也很广泛。PDF 是 Portable Data File 的缩写，是便携数据文件的意思。组成条码的每一个条码字符由 4 个条和 4 个空共 17 个单元构成，故称为 PDF417 条码。PDF417 条码需要有对其实现解码功能的条码阅读器才能识别，其最大的优势在于具有庞大的数据容量和极强的纠错能力。

PDF417 条码可表示数字、字母或二进制数据，也可表示汉字。PDF417 条码的容量较大，最多可容纳 1850 个字符或 1108 个字节的二进制数据，如果只表示数字则可容纳 2710 个数字。除了可将人的姓名、单位、地址、电话等基本资料进行编码，还可将人体的特征如指纹、视网膜扫描图形及照片等个人纪录存储在条码中，这样不但可以实现证件资料的自动输入，而且可以防止证件的伪造，减少犯罪。PDF417 条码的纠错能力分为 9 级，级别越高，纠错能力越强，最高的纠错率达到 50%。由于这种纠错功能，使得污损的 PDF417 条码（见图 12.7.6）也可以正确读出。我国已制定了 PDF417 条码的国家标准。

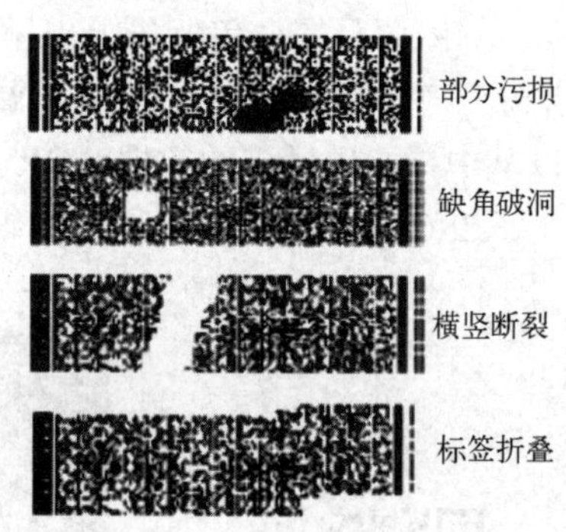

图 12.7.6　PDF417 码的纠错能力

PDF417 条码的结构由 3 至 90 行条码堆叠而成，为了扫描方便，其四周皆有净空区，净空区分为水平净空区与垂直净空区。图 12.7.7 示出一个由 6 行条码堆叠成的 PDF417 条码实例，其中每一行都包含 5 个部分，即起始图形、左行指示符、数据码字、右行指示符和结束图形，四周都有一定的净空区。

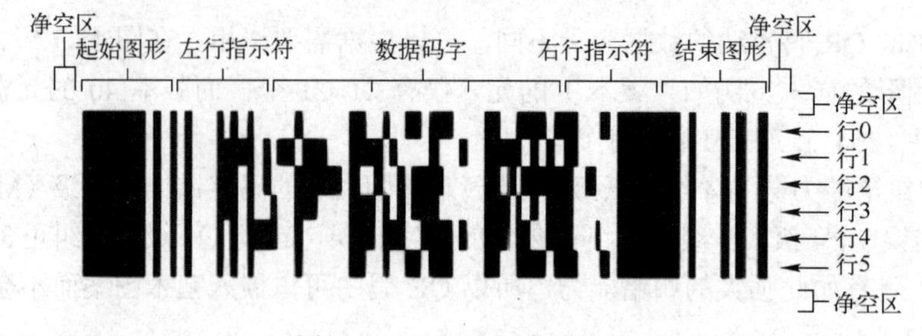

图 12.7.7　PDF417 条码实例

PDF417 条码的各区功能如下：净空区是规定有最小尺寸的白色空间，用以分隔每个条码；起始图形用于识别 PDF417 条码；左行指示符包含该行信息，例如行数和纠错能力；数据码字区可以有 1 至 30 个码字，在图 12.7.8 中 PDF417 条码数据码字区内仅有 3 个码字；右行指示符包含该行更多的信息；最右是结束图形。

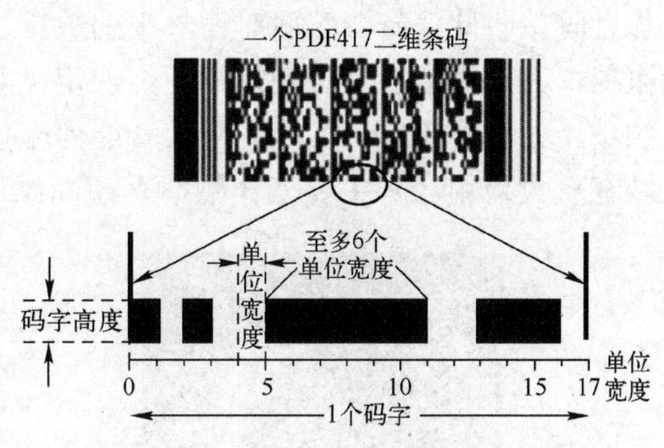

图 12.7.8　PDF417 条码的数据码字结构

数据码字区中的每个码字由 4 个黑条和 4 个白条组成，黑条和白条的宽度都可按照数据编码，可宽可窄，但是都不能超过 6 个单位宽度，而且数据码字区的总宽度为 17 个单位宽度（见图 12.7.8）。

12.7.2　射频识别技术

1．概述

射频识别（Radio-frequency identification，RFID）技术俗称电子标签，它使用电磁场来自动识别和跟踪附着在物体上的含有电子信息的标签。无源标签能接收附近 RFID 读取器发出的询问无线电波。有源标签有一个本地电源，例如一个电池，可以和数百米外的 RFID 读取器通信。与条码不同，电子标签不需要读取器在视线内，所以它可以镶嵌在被监测的物体内。RFID 是自动识别和数据采集（Automatic Identification and Data Capture，AIDC）方法之一。

RFID 标签能够应用在许多工业领域中，例如将 RFID 标签附着在生产线上的汽车上就能跟踪该汽车的生产进程，将 RFID 标签附着在药品上就能跟踪其在各仓库间的流动，将 RFID 芯片植入牲畜或宠物体内就能正确识别动物（图 12.7.9）。

因为 RFID 标签能够附着在现金、支票、衣物和财物上，或者植入动物或人体内，所以有可能造成未经许可读取和个人有关的信息，并引起人们严重的对隐私问题的关切。由于有这方面的关切，ISO/IEC 已经制定出了解决这些隐私和保密问题的标准。

美国国防部规定 2005 年 1 月 1 日以后，所有军需物资都要使用 RFID 标签；美国食品与药品管理局（FDA）建议制药商从 2006 年起利用 RFID 跟踪常被造假的药品。欧盟统计办公室的统计数据表明，2010 年，欧盟有 3%的公司应用 RFID 技术，应用分布在身份证件和门禁控制、供应链和库存跟踪、汽车收费、防盗、生产控制、资产管理等领域。根据中国物联网年度发展报告（2016－2017），我国 RFID 自主标准产品已达到国际先进水平，RFID 产业链趋于完整、成熟，竞争优势进一步增强（见图 12.7.10）。2016 年我国 RFID 市场规模达 608.8 亿元，年增长 24.5%。

2．工作原理

（1）标签

RFID 是一个射频识别系统，它用一个标签附着在被识别的物体上。用一个称为问答机的双向无线电收发信机发射一个信号到标签并读取其响应。RFID 标签分为有源、无源和半有源 3 种。

有源 RFID 标签本身带有电池，并周期性地发射某一频率的识别（ID）信号。当读取器靠近时接收此信号，然后对信号中的数据进行处理。有源 RFID 产品是最近几年慢慢发展起来的，其远距离自动识别的特性，决定了其巨大的应用空间和市场潜质。在远距离自动识别领域，如智能监狱、智能医院、智能停车场、智能交通、智慧城市、智慧地球及物联网等领域有重大应用。其主要工作频率有超高频 433MHz、微波 2.45GHz 和 5.8GHz。

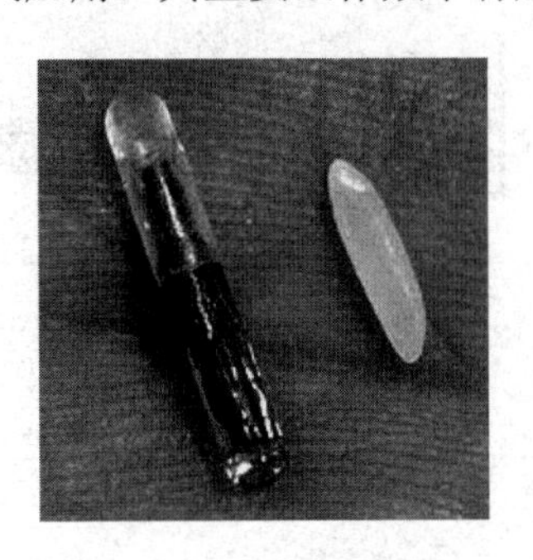

图 12.7.9　为了识别而植入宠物体内的 RFID 芯片，图中示出它和一粒大米的比较

图 12.7.10　中国物联网年度发展报告（2016—2017）

半有源 RFID 标签带有一个小电池，当其靠近一个 RFID 读取器时就被激活，发射其识别信号。半有源 RFID 技术也可以叫作低频激活触发技术，利用低频（125kHz）近距离精确定位，而用微波（2.45GHz）远距离识别和上传数据，解决了单纯的有源 RFID 和无源 RFID 没有办法实现的功能。它在门禁进出管理、人员精确定位、区域定位管理、周界管理、电子围栏及安防报警等领域有着很大的优势。

无源 RFID 标签则更便宜和更小，因为它没有电池，而靠读取器发射的无线电波的能量供电，因此这时读取器的发射功率要比传输信号所需的功率大 1000 倍左右。无源 RFID 标签的基本工作原理很简单。当 RFID 读取器和标签互相靠近时，标签利用接收到的读取器发射的电磁波的能量作为能源（电源），发送出标签芯片中存储的信息。无源 RFID 产品发展最早，也是发展最成熟，市场应用最广的产品。比如，公交卡、食堂餐卡、银行卡、宾馆门禁卡、二代身份证等。其主要工作频率有低频 125kHz、高频 13.56MHz、超高频 433MHz、超高频 915MHz。

标签有不同的外形，如图 12.7.11～图 12.7.13 所示。

图 12.7.11　无源标签

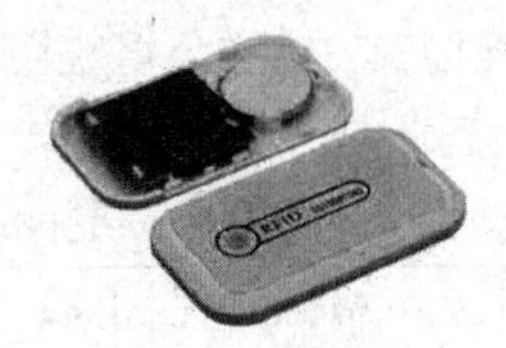

图 12.7.12　有源标签

图 12.7.13　半有源标签

RFID 标签分为只读型和读/写型两种。只读型标签由工厂设定其序号，用作进入一个数据库的密钥。读/写型标签则由系统用户写入特定的数据。现场可编程标签可以一次写入、多次读出。“空白”标签可以由用户写入一个电子产品代码。

RFID 标签至少包含 3 部分：一个集成电路，用于存储和处理信息（调制和解调视频信号）；从读取器发射信号获取直流功率的电路；接收和发射信号的天线。

RFID读取器发射一个编码信号去询问标签。RFID标签收到询问后回复其识别信息及其他信息，它可以只是一个唯一的标签序号，也可以是和产品有关的信息，例如库存编号、批号、生产日期或其他信息。

（2）读取器

RFID系统可以按照标签和读取器的类型分类。无源读取器有源标签（PRAT）系统具有一个无源读取器，它只接收有源标签（电池供电，只能发射）发出的无线电信号。一个PRAT系统读取器的接收范围可以在0～600米间调整。有源读取器无源标签（APRT）系统具有一个有源读取器，它发射询问信号并接收来自无源标签的认证回复。有源读取器有源标签（ARAT）系统使用有源标签，它能够被有源读取器发出的询问信号激活。这种系统也可以使用半有源标签，它像无源标签那样工作，但是有一个小电池用于为标签发射回答信号供电。

固定读取器可以设定一个严格控制的特定询问区域。这样能够明确规定标签进出询问区域的读取范围。移动读取器可以是手持式的，或安装在购物车或汽车上。

读取器有各种不同形式，如图12.7.14～图12.7.16所示。

图12.7.14　无源读取器

图12.7.15　有源读取器

图12.7.16　手持式读取器

3．通信

读取器和标签之间通信有不同的方式，取决于标签使用的频段。工作在低频（LF）和高频（HF）的标签，按照无线电波长衡量，距离读取器的天线很近，因其距离只有波长的百分之几。在此近场范围，标签和读取器的发射机之间有电磁场紧密耦合关系，标签成为读取器发射机的部分负载，因此，标签能够直接调制读取器产生的电磁场。若标签改变其作为负载的大小，读取器就能够检测得到。在UHF和更高的频段，标签和读取器的距离大于一个波长，这就需要用不同的方法发送信息（参考文献见二维码12.10）。这时标签能够反向散射信号。有源标签具有功能分开的发射机和接收机，故标签不需要在读取器询问信号的频率上给予回答。

二维码12.10

在标签中存储的一种常用的数据为电子产品代码（EPC）。当用一个RFID打印机把此码写入标签后，此标签将含有96比特的数据。前8比特是信头，它用于识别协议的版本；随后的28比特用于识别管理此数据的组织，组织的编号是由EPC全球联盟分配的；再后面的24比特是物体类别，用于识别产品的种类；最后36比特是每个特定标签的唯一序号。后面这两组数据是由发行此标签的组织设定的。像统一资源定位器（Uniform Resource Locator，URL）那样，总电子产品代码号能够作为进入全球数据库的密钥，用于唯一地识别一个特定的产品。

4．优点

RFID是一项易于操控、简单实用的技术，特别适合自动化控制应用，可以工作在各种恶劣环境下，不怕油渍、灰尘污染等恶劣的环境，可以替代条码；例如，用在工厂的流水线上跟踪物体。长距离 RFID 产品多用于交通上，识别距离可达几十米，如自动收费或识别车辆身份等。RFID 系统主要有以下几方面优点：

（1）读取方便快捷：数据的读取无须光源，甚至可以透过外包装来读取。其有效识别距离大，采用主动标签时，有效识别距离可达到 30m 以上。

（2）识别速度快：标签一进入电磁场，读取器就可以即时读取其中的信息，而且能够同时处理多个标签，实现批量识别。

（3）数据容量大：数据容量最大的二维条形码（PDF417），最多也只能存储 2725 个数字；RFID 标签则可以根据用户的需要扩充到数万个数字。

（4）使用寿命长，应用范围广：可以应用于粉尘、油污等高污染环境和放射性环境，而且其封闭式包装使得其寿命大大超过印刷的条形码。

（5）标签数据可动态更改：利用编程器可以向标签写入数据，从而赋予 RFID 标签具有交互式便携数据文件的功能，而且写入时间相比打印条形码更短。

（6）更好的安全性：不仅可以嵌入或附着在不同形状、类型的产品上，而且可以为标签数据的读写设置密码保护，从而具有更高的安全性。

（7）动态实时通信：标签以每秒 50～100 次的频率与读取器进行通信，所以只要 RFID 标签所附着的物体出现在读取器的有效识别范围内，就可以对其位置进行动态追踪和监控。

5. RFID 和蓝牙的比较

RFID 和蓝牙在使用频段、传输速率和标准化方面都存在较大差异。

（1）使用频段不同，标准化进程不一样

① RFID 技术所使用的频段为 50kHz～5.8GHz，没有全球范围内的通用标准。各系列标准的应用范围也有较大差异。

② 蓝牙设备的工作频段选在全球都可以自由使用的 2.4GHz 的 ISM 频段（2.400～2.4835GHz）。1999 年 7 月，蓝牙正式公布了蓝牙技术规范《Bluetooth Version1.0》。2004 年 11 月 8 日批准最新规范《BluetoothCoreSpecificationVersion2.0+Enhanced DataRate（EDR）》。数据传输速率提高到以往的 3 倍，并减少了耗电量。

（2）传输速率和通信距离不同

RFID 技术的传输速率一般较低，且通信距离短，一般小于 5 米。蓝牙 1.2 版本有效距离达 10 米，传输速率达 1Mb/s。新标准出来后，使传输范围达到 100 米，最高速率达到数十兆比特每秒。

（3）设备兼容性

RFID 可以实现电子设备之间简单而便利的互动，只要把它们彼此靠近就可以，不需要其他步骤，可以和其他的网络比如蓝牙和无线局域网建立起安全连接，并且可以用来访问内容和服务。

蓝牙技术兼容性不好，造成销售形势不容乐观。比如不少蓝牙耳机与部分电话之间无法实现正常通信。另外连接两台蓝牙设备的操作过程比较复杂。

6. 应用

RFID 和蓝牙的技术特点不同，使得其市场和应用范围也有较大区别。RFID 易于操控，简单且特别适合用于自动化控制。它支持只读工作模式也支持读写工作模式，且无须接触或瞄准，可自由工作在各种恶劣环境下。另外，由于该技术很难被仿冒、侵入，使 RFID 具备了极高的安全防护能力。

RFID 有多种应用，如门禁管理、货物跟踪、人员和动物跟踪、身份鉴别、防伪监管、道路收费系统、机器读取旅行文件、抄表系统、航空行李跟踪、体育赛事定时等。

12.7.3 近场通信

1. 概述

近场通信（Near-Field Communication，NFC）是一种新兴的短距离通信技术，它是由 RFID 技术演变而来的。NFC 能使两个电子设备，例如一个智能手机和一个打印机，在相距几厘米的近距离内建立通信。它能用于非接触式支付系统，代替或补充如信用卡和智能卡所用的系统，实现移动支付。NFC 可用于社交网络，来共享通信录、照片、视频或文件。具有 NFC 功能的设备能够当作电子身份证件和门卡使用，以及读取电子标签和进行支付等。

NFC 标签（图 12.7.17）是一个无源数据存储器，它能被读取，并且有的能用一个 NFC 设备写入。典型的 NFC 标签存储数据量在 96 至 8192 字节之间（2015 年时），并且通常是只读的，但是有些是可以重复写入的。NFC 标签能够加密存储个人资料，例如，借记卡或信用卡信息、诚信资料、个人密码、通信录等。

近场通信技术通常作为芯片内置在设备中，或者整合在手机的 SIM 卡或 microSD 卡中，当设备进行应用时，通过简单的碰一碰即可建立连接。例如在用于门禁管制或检票之类的应用时，用户只需将储存有票证或门禁代码的设备靠近阅读器即可；在移动付费之类的应用中，用户将设备靠近后，输入密码确认交易，或者接受交易即可；在数据传输时，用户将两台支持近场通信的设备靠近，即可建立连接，进行下载音乐、交换图像或同步处理通信录等操作（图 12.7.18）。

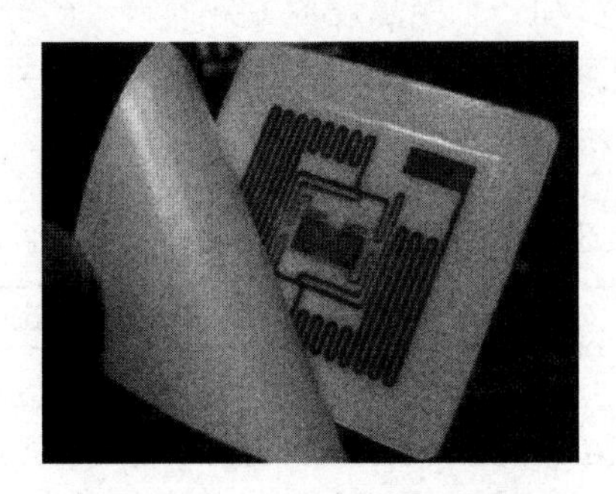

图 12.7.17 NFC 标签

图 12.7.18 近场通信的功能

NFC 技术应用在世界范围内受到了广泛关注，国内外的电信运营商、手机厂商等纷纷开展应用试点，一些国际性组织也积极进行标准化工作。据业内相关机构预测，基于 NFC 技术的手机应用将会成为移动增值业务的下一个重要应用，自 2006 年起不同品牌的智能手机逐渐都增设了内置 NFC 系统。

2. 工作原理

与其他“感应卡”技术一样，NFC 使用两个环形天线之间的近场电磁感应，好像一个空（气）心变压器（一般的变压器都有铁芯或磁芯）那样进行通信。NFC 设备使用全球可用的无须执照的 13.56MHz 无线电频段工作，数据传输速率为 106kb/s、212kb/s 和 424kb/s，采用 ASK 调制，其射频能量主要集中在±7kHz 带宽内。NFC 设备使用小型标准天线时的理论最大工作距离是 20cm，实际工作距离大约为 10cm。

NFC 设备有两种工作模式：

（1）被动模式。发起（通信）设备产生一个载波电磁场，目标设备用调制现有电磁场的方法（负载调制技术，Load Modulation）应答。在采用这种模式时，目标设备从发起设备产生的电磁场吸取其工作（电源）功率，因此目标设备就是一个应答器。

（2）主动模式。发起设备和目标设备交替产生自己的电磁场进行通信。一个设备当等待接收数据时即停止发射其电磁波。用这种模式工作时，两个设备都需要有电源供应。

虽然 NFC 的通信距离只有几厘米，但是明文 NFC 并不能保证通信的保密性。NFC 不能防止窃听，也可能受到攻击而使数据被篡改。加用高层密码协议可以建立一个保密信道。

NFC 设备有三种使用模式：

① 仿智能卡模式。使具有 NFC 功能的设备，例如智能手机，能够当作借记卡、信用卡、标示卡或门票使用，允许用户完成支付或购票等交易。

② 读/写器模式。使具有 NFC 功能的设备能读取嵌入在签条或智能广告中的廉价 NFC 标签存储的信息。

③ 点对点通信模式。使具有 NFC 功能的设备互相以特定方式交换信息。

3. NFC 和蓝牙的比较

NFC 和蓝牙都是可以应用于手机上的近距离通信技术。NFC 的数据传输速率比蓝牙低，通信距离也比蓝牙短，而且消耗的功率也低得多，并且不需要配对。NFC 的通信建立时间比标准蓝牙的通信建立时间短，两个 NFC 设备是自动连接的，连接建立时间小于 0.1s，而不需要用人工配置去识别对方设备。NFC 的最大工作距离小于 20cm，从而降低了非法截留的可能性，使其特别适合用于信号拥挤的地方。当 NFC 和一个无源设备（例如，一个没有开机的手机、一个非接触式智能卡、一个智能广告）通信时，它消耗的功率大于低功耗的蓝牙 V4.0，因为它照射无源标签需要额外的功率。表 12.7.1 示出了 NFC 和蓝牙的性能比较。

表 12.7.1　NFC 和蓝牙的性能比较

	NFC	蓝牙	低功率蓝牙
标签电源	不需要	需要	需要
标签价格	便宜	贵	贵
与 RFID 兼容性	按 ISO 18000-3 标准空中接口	激活	激活
标准化主体	ISO/IEC	Bluetooth SIG	Bluetooth SIG
网络标准	ISO 13157 等	IEEE 802.15.1（该标准已不再维持）	IEEE 802.15.1（该标准已不再维持）
网络类型	点对点	WPAN	WPAN
距离	< 20cm	≈100m（1 类）	≈50m
频率	13.56MHz	2.4～2.5GHz	2.4～2.5GHz
传输速率	424kb/s	2.1Mb/s	1Mb/s
建立时间	< 0.1s	< 6s	< 0.006s
电流	< 15mA（读取时）	随类别而变	< 15mA（读取和发射）

4. NFC 和 RFID 的比较

NFC 是在 RFID 的基础上发展而来的，NFC 本质上与 RFID 没有太大区别，都是基于地理位置相近的两个物体之间的信号传输。两者的区别是，NFC 技术增加了点对点通信功能，可以快速寻找对方并建立通信连接；而 RFID 通信的双方设备是主从关系。

在技术上，与 RFID 比较，NFC 具有通信距离短、带宽宽、能耗低等特点。

（1） NFC 只限于工作在 13.56MHz 频段，而 RFID 的工作频段有低频（125～135kHz）、高频（13.56MHz）和超高频（860～960MHz）。

（2）有效通信距离：NFC 实际通信距离小于 10cm（所以具有很高的安全性），RFID 从几米到几十米。

（3）因为同样工作于 13.56MHz，NFC 与现有非接触智能卡技术兼容，所以很多的厂商和相关团体都支持 NFC；而 RFID 标准较多，统一较为复杂，只能根据具体行业需求，采用相应的技术标准。

（4）应用：RFID 更多地应用在生产、物流、跟踪、资产管理领域，而 NFC 则应用在门禁、公交、手机支付等领域。

二维码 12.11

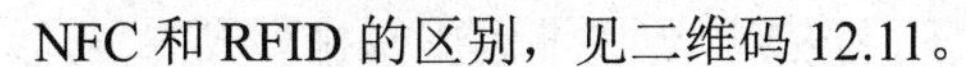

NFC 和 RFID 的区别，见二维码 12.11。

12.7.4 传感器

从原理上看，传感器是一个将能量从一种形式转换成另一种形式的器件，通常是把一种形式能量的信号转换成另一种能量形式的信号。

我国国家标准（GB/T 7665－2005）对传感器的定义是："能感受被测量并按照一定的规律转换成可用输出信号的器件或装置，通常由敏感元件和转换元件组成。"其中敏感元件指传感器中能直接感受或响应被测量的部分；转换元件指传感器中能将敏感元件感受或响应的被测"量"转换成适于传输或测量的电信号部分。

上面引用的国家标准可能不易读通，若将其写为"能感受被测'量'（并按照一定的规律转换成可用输出信号）的器件或装置，通常由敏感元件和转换元件组成。"可能稍微好读一点儿。

敏感元件能感受的可以是能量、力、力矩、光、温度、运动、位置等物理量，也可以是基于化学反应原理的化学量，或基于酶、抗体和激素等分子识别功能的生物量。

在中文中常把英文的 Transducer 和 Sensor 都译为传感器，但是这两个英文单词的含义有些细微的区别。Sensor 有时特指上述的敏感元件，即只能感受外界信息或刺激并做出反应。传感器则能按一定规律将反应变换成为电信号或其他所需形式的信息输出，以满足信息的传输、处理、存储、显示、记录和控制等要求。

人们为了从外界获取信息，必须借助于感觉器官。然而，在科学研究和生产实践中，单靠人自身感觉器官的功能已逐渐满足不了实际需要。为适应这种情况，就需要传感器。因此可以说，传感器是人类五官的延伸。

在现代工业生产尤其是自动化生产过程中，要用各种传感器来监视和控制生产过程中的各个参数，使设备工作在正常状态。在基础科学研究中，要获取大量人类感官无法直接获取的信息，例如超高温、超低温、超高压、超高真空、超强磁场、超弱磁场等，这时传感器更是必不可少的工具。

图 12.7.19 示出几种传感器的外形。

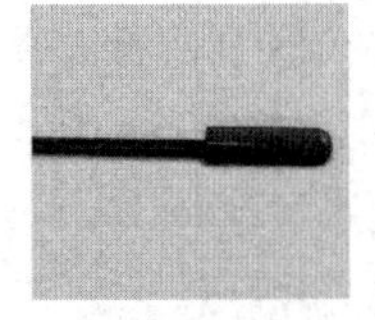

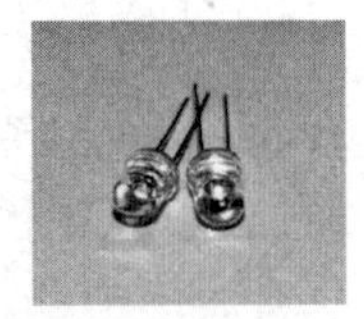

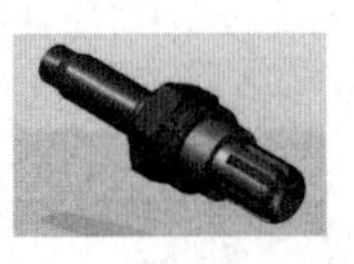

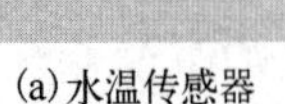

(a)水温传感器　(b)称重传感器　(c)光敏传感器　(d)接近传感器　(e)氧传感器

图 12.7.19　几种传感器的外形

12.8　小　结

- 物联网是将植入了电子器件、软件、传感器和执行机构的各种各样物体互连的网络。射频识别是物联网的必要条件，给物体加标签还可以采用近场通信、条码、QR 码等技术。
- 传感器将收集的物体信息传输到物联网上，而物体的信息大都是存储在条形码上的。一维条码是将宽度不等的多个黑条和白条，按照一定的编码规则排列成的平行线图案。一维条码在用传感器阅读后，将读取的数字传输到计算机上，用计算机上的应用程序对数据进行处理。
- QR 码是一种二维条码，和一维条码相比，它读取快、存储量大。不同版本的 QR 码可以容纳的数据容量不同。QR 码的纠错能力分为 4 级。
- PDF417 条码是一种堆叠式二维条码，其最大的优势在于具有庞大的数据容量和极强的纠错能力。PDF417 条码的最高纠错率达到 50%。
- 射频识别系统用一个双向无线电收发信机发射一个信号到电子标签并读取其响应。电子标签分为有源、无源和半有源 3 种。电子标签射频识别系统主要有以下优点：读取方便快捷；识别速度快；数据容量大；使用寿命长；应用范围广；标签数据可动态更改；安全性更好；动态实时通信。
- RFID 和蓝牙在使用频段、传输速率和通信距离，以及设备兼容性和价格等方面都存在较大差异。RFID 和蓝牙的技术特点不同，使得其市场和应用范围也有较大区别。
- 近场通信（NFC）是一种新兴的短距离通信技术，它能使两个电子设备在相距约 10 厘米内的近距离建立通信，它能用于非接触式支付系统，以及用于社交网络来共享文件。NFC 标签是一个无源数据存储器，它能够加密存储个人资料。近场通信技术通常作为芯片内置在设备中，通过简单的碰一碰即可建立连接。
- 传感器是一种将能量从一种形式转换成另一种形式的器件，通常是把一种能量形式的信号转换成另一种能量形式的信号，它由敏感元件和转换元件组成。

习题

12.1　何谓物联网？

12.2　物联网的必要条件有哪些？

12.3　物联网的应用有哪几大类？

12.4　试述传感器的功能。

12.5　什么是一维条码？它能表示几位数字？

12.6　试述 QR 码的容量和纠错能力。

12.7　比较 QR 码和 PDF417 码的容量和纠错能力。

12.8　试述射频识别的基本原理，以及它与条码的区别。

12.9　射频识别分为哪几种？

12.10　试述射频识别的工作原理。

12.11　试述射频识别的主要优点。

12.12　比较射频识别和蓝牙的性能。

12.13　试述近场通信的功能。

12.14　试述近场通信的技术性能。

12.15　近场通信有哪几种工作模式？有哪几种使用模式？

12.16　比较近场通信和蓝牙的性能。

12.17　比较近场通信和视频识别的性能。

12.18　什么是传感器？它由哪些元件组成？

第 13 章　全球卫星定位系统

13.1　概　　述

全球卫星定位是指利用人造地球卫星为地球表面或近地空间的任何地点提供全天候的三维坐标信息。全球卫星定位系统（图 13.1.1），一方面可以看作卫星通信的一种应用；另一方面，按照国际电信联盟对物联网的定义，它也可以是物联网的一个组成部分。

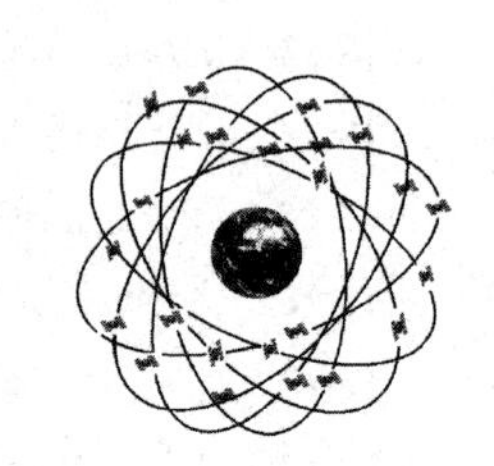

图 13.1.1　全球卫星定位系统

全球卫星定位系统不仅能够精确测定任何地点的三维坐标（经纬度、高度），还能测定移动物体的速度和提供精准的时间。有的系统还能够利用卫星和物体之间的通信链路传递文字信息。因此，全球卫星定位系统又称全球导航卫星系统（GNSS）。

目前，世界上有 4 个卫星导航系统，即美国的 GPS（Global Positioning System）、俄罗斯的格洛纳斯（GLONASS）、欧洲研制和建立的伽利略（Galileo）卫星导航系统和中国的北斗卫星导航系统。

GPS 由美国国防部于 20 世纪 70 年代初开始研制，于 1993 年全部建成，其空间卫星星座包括 21 颗工作卫星和 3 颗在轨备用卫星，共 24 颗卫星。1994 年美国宣布在 10 年内向全世界免费提供 GPS 使用权，但美国只向外国提供低精度的卫星信号，定位精度在 100 米左右；军用的精度在 10 米以下。2000 年以后，美国政府决定取消对民用信号中人为加入的误差，因此，现在民用 GPS 也可以达到 10 米左右的定位精度。

“伽利略”系统于 1999 年 2 月首次公布计划，其目的是摆脱欧洲对 GPS 的依赖，打破其垄断。该项目总共由 30 颗卫星组成，可以覆盖全球，亦可与 GPS 兼容。与 GPS 相比，“伽利略”系统更先进，也更可靠，其位置测量精度达 1 米。伽利略系统从 2014 年起投入运营。

格洛纳斯（GLONASS）是在 1976 年苏联时期开始启动的项目，后由俄罗斯继承下来。GLONASS 是“GLOBAL NAVIGATION SATELLITE SYSTEM”的缩写。该系统的标准配置为 24 颗卫星，包括 21 颗工作卫星和 3 颗备用卫星。它于 2007 年开始运营，当时只开放俄罗斯境内卫星定位及导航服务。到 2009 年，其服务范围已经拓展到全球，定位精度在 1.5 米之内。

中国的北斗卫星导航系统（BeiDou Navigation Satellite System），简称 BDS（图 13.1.2）。它是一种全天候、全天时提供卫星导航信息的导航系统。北斗卫星导航系统能够提供与 GPS 同等的服务。不同于 GPS 的是，“北斗”具有短报文通信功能，可以一次传送 120 个汉字，其定位精度为分米、厘米级别，测速精度为 0.2m/s，授时精度 10ns。北斗卫星由 5 颗静止轨道卫星和 30 颗非静止轨道卫星组成（图 13.1.3）。2017 年 11 月 5 日，中国第三代导航卫星——北斗三号的首批组网卫星（2 颗）以“一箭双星”的发射方式顺利升空，它标志着中国正式开始建造“北斗”全球卫星导航系统。2020 年 7 月 31 日上午，北斗三号全球卫星导航系统正式开通。

图 13.1.2　北斗卫星导航系统标志

图 13.1.3　北斗卫星导航系统

自 2000 年到 2023 年，北斗卫星导航系统共发射卫星 60 颗。其中北斗一号系统 4 颗星已全部退役。北斗二号系统发射 25 颗组网卫星，目前 16 颗卫星在亚太区域提供服务。北斗三号系统已发射 30 颗组网卫星，在全球范围内提供服务。

13.2　基本定位原理

13.2.1　二维空间中的定位

利用卫星定位的基本原理是建立在测量距离的基础上的。被测物体位置与一颗卫星的距离，是由测量电磁波在两者之间传播时间决定的。电磁波的传播时间Δt乘以电磁波传播速度v就是两者的距离$d=\Delta t\cdot v$。

在二维空间中若利用测距原理定位，当只利用一颗卫星测距时（图 13.2.1（a）），在测得距离为d后，只能测定物体位置在一个半径为d的圆周上。当用两颗卫星测距时（图 13.2.1（b）），假设卫星 1 和 2 的位置坐标分别为(x_1, y_1)和(x_2, y_2)，以及物体位置的坐标为(x, y)，可以写出如下两个方程式：

$$\begin{aligned} d_1 &= [(x_1-x)^2+(y_1-y)^2]^{1/2} \\ d_2 &= [(x_2-x)^2+(y_2-y)^2]^{1/2} \end{aligned} \tag{13.2.1}$$

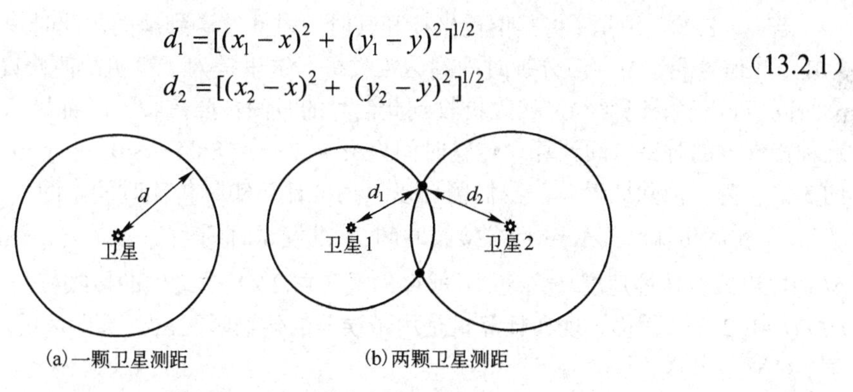

图 13.2.1　在二维空间中测距

(x_1, y_1)和(x_2, y_2)由卫星导航系统给出，是已知数，故在测得物体与两个卫星的距离为d_1和d_2后，式（13.2.1）中只有x和y是未知数，因此式（13.2.1）可以看成一个二元二次方程组，由其可以求出物体位置的坐标值(x,y)。因为二次方程有两个根，所以上述方程组有两个解，它在图 13.2.1（b）显示为两个点。物体位置可能在两个点的位置之一上，必须增加其他条件才可以最终决定物体位置。

13.2.2 三维空间中的定位

类似地，在三维空间中，假设物体位置的坐标为(x, y, z)，这时至少需要有 3 个三元二次方程式，才能求解出(x, y, z)值，即至少需要下列 3 个方程式：

$$\begin{aligned} d_1 &= [(x_1 - x)^2 + (y_1 - y)^2 + (z_1 - z)^2]^{1/2} \\ d_2 &= [(x_2 - x)^2 + (y_2 - y)^2 + (z_2 - z)^2]^{1/2} \\ d_3 &= [(x_3 - x)^2 + (y_3 - y)^2 + (z_3 - z)^2]^{1/2} \end{aligned} \tag{13.2.2}$$

这就是说，至少必须有已知其位置的 3 颗卫星，并分别测出它们和物体的距离 d_1, d_2, d_3，才能求出此物体位置的三维坐标(x, y, z)。这个三元二次方程组也有两个解。排除不在地球表面的那个解，就可得到物体位置坐标。

用卫星定位的实际过程是这样的：由待定位置的物体中的接收机，接收卫星发来的信息，用此信息计算物体的位置。从第 i 颗卫星发来的信息中包括卫星位置信息(x_i, y_i, z_i)和发出此信息的时间 t_i。设接收机收到此信息的时间为 t_0。则卫星 i 和物体之间的距离 d_i 应为电磁波传播速度 c 乘以传播时间(t_0-t_i)，所以这时 d_i 就可以求出来了。

需要注意的是，t_i 是由卫星上的时钟给出的，而 t_0 是由接收机内的时钟给出的。若两个时钟都非常准确，则计算出的结果是正确的。事实上，哪个时钟都不是绝对准确的，而且其误差是不能容忍的。例如，若卫星的高度为 18000km，则信号从卫星传输到地面仅需要 60ms 的时间；若时钟的误差为 6 秒，则将引入 100 倍距离误差。为了解决这个问题，就需要有一个标准时间 t_d 作为参考。卫星时间和接收机时间都有误差，不能作为依据。

为了容易理解，我们用一个例子做说明。假设：

标准时间= t_d

卫星 i 的时钟时间 t_{si} = 标准时间+误差 $= t_d + \Delta t_{si}$，$\Delta t_{si} = 1\text{min}$

接收机的时钟时间 t_r = 标准时间+误差 $= t_d + \Delta t_r$，$\Delta t_r = 3\text{min}$

若 $t_d = 8{:}00$，卫星 i 将其位置坐标和其时钟时间发送到地面，此时卫星 i 的时钟时间 $t_{si} = 8{:}01$，此信号经过$\Delta t = 1$ 分钟时间到达接收机（这里是为了说明简便假设为 1min，实际上传输时间应该在毫秒量级），接收机收到此信号的时间按照接收机时钟显示的是 $t_r = 8{:}04$。按照这种带误差的时钟时间计算，传输时间为$\Delta t' = t_r - t_{si} = 8{:}04 - 8{:}01 = 3\text{min}$，是实际传输时间$\Delta t$ 的 3 倍。为了消除此误差，我们需要以 t_d 为准计算实际传输时间，即

$$\text{实际传输时间}\Delta t = \text{标准接收时间}-\text{标准发送时间} = (t_r - \Delta t_r) - (t_{si} - \Delta t_{si}) \tag{13.2.3}$$

Δt 乘以电磁波传播速度（光速）c 就得出式（13.2.2）中给出的接收机与卫星的真实距离 $d_i = c\cdot\Delta t\ (i=1, 2, 3)$。然而，现在计算机是用带误差的传输时间$\Delta t'$计算距离的，计算得到的距离是 $d_i' = c\cdot\Delta t'$。由式（13.2.3）

$$\Delta t = (t_r - t_{si}) - (\Delta t_r - \Delta t_{si}) = \Delta t' - (\Delta t_r - \Delta t_{si}) \tag{13.2.4}$$

得到真实距离 $$d_i = c\cdot\Delta t = c\cdot[\Delta t' - (\Delta t_r - \Delta t_{si})] = d_i' - c\cdot(\Delta t_r - \Delta t_{si}),\ i=1, 2, 3 \tag{13.2.5}$$

将式（13.2.5）代入式（13.2.2），得到

$$\begin{aligned} d_1' - c\cdot(\Delta t_r - \Delta t_{s1}) &= [(x_1 - x)^2 + (y_1 - y)^2 + (z_1 - z)^2]^{1/2} \\ d_2' - c\cdot(\Delta t_r - \Delta t_{s2}) &= [(x_2 - x)^2 + (y_2 - y)^2 + (z_2 - z)^2]^{1/2} \\ d_3' - c\cdot(\Delta t_r - \Delta t_{s3}) &= [(x_3 - x)^2 + (y_3 - y)^2 + (z_3 - z)^2]^{1/2} \end{aligned} \tag{13.2.6}$$

或写成

$$
\begin{aligned}
d_1' &= [(x_1-x)^2+(y_1-y)^2+(z_1-z)^2]^{1/2}+c\cdot(\Delta t_r-\Delta t_{s1})\\
d_2' &= [(x_2-x)^2+(y_2-y)^2+(z_2-z)^2]^{1/2}+c\cdot(\Delta t_r-\Delta t_{s2})\\
d_3' &= [(x_3-x)^2+(y_3-y)^2+(z_3-z)^2]^{1/2}+c\cdot(\Delta t_r-\Delta t_{s3})
\end{aligned}
\tag{13.2.7}
$$

式中 (x_1, y_1, z_1)、(x_2, y_2, z_2)和(x_3, y_3, z_3)是 3 颗卫星的坐标，它们在标准时间 t_d 的取值从卫星发送到接收机，是已知数；$\Delta t_{si}\,(i = 1,2,3)$为卫星时钟的误差，由卫星发送到接收机，是已知的；$d_i' = c\cdot\Delta t'$ $(i = 1, 2, 3)$可以用接收机测得的传输时间$\Delta t'$计算出来，也是已知的；只有接收机位置坐标(x, y, z)和接收机时钟误差Δt_r是待求的未知数。现在有 4 个未知数，但是仅有 3 个方程式。因此，为了求解出这 4 个未知数，我们需要增加一颗卫星，从而得到 4 个方程式：

$$
\begin{aligned}
d_1' &= [(x_1-x)^2+(y_1-y)^2+(z_1-z)^2]^{1/2}+c\cdot(\Delta t_r-\Delta t_{s1})\\
d_2' &= [(x_2-x)^2+(y_2-y)^2+(z_2-z)^2]^{1/2}+c\cdot(\Delta t_r-\Delta t_{s2})\\
d_3' &= [(x_3-x)^2+(y_3-y)^2+(z_3-z)^2]^{1/2}+c\cdot(\Delta t_r-\Delta t_{s3})\\
d_4' &= [(x_4-x)^2+(y_4-y)^2+(z_4-z)^2]^{1/2}+c\cdot(\Delta t_r-\Delta t_{s4})
\end{aligned}
\tag{13.2.8}
$$

结论就是：全球卫星定位系统在轨道上运行的卫星有二三十颗，为了能利用卫星定位，地上的定位接收机必须至少能够同时“看”到 4 颗卫星。测定了接收机的坐标(x, y, z)，不但知道了其经纬度，还得知了其高度。此外，还可从接收机时钟误差Δt_r获得准确时间。

13.3 差分定位原理

上面给出的卫星定位原理，是按照理想情况计算的。实际上，由于存在着卫星轨道误差、时钟误差、SA（选择可用性）（见二维码 13.1）影响、大气影响、多径效应以及其他误差，解算出的坐标存在误差。因此，实际测出的距离与卫星的实际距离有一定的差值，一般称测量出的距离为伪距，需要用差分方法来修正此误差。

二维码 13.1

差分定位原理是，首先利用已知其精确三维坐标的基准台，接收卫星信号，从而测出伪距。利用基准台已知的精确坐标和从伪距计算出的带误差的坐标，从而求得伪距修正量或位置修正量，再将这个修正量实时或事后发送给用户（定位或导航仪），对用户的测量数据进行修正，以提高卫星定位精度。

根据差分定位基准站发送信息的方式，可将差分定位分为三类，即：位置差分、伪距差分和载波相位差分。这三类差分定位方式的工作原理是相同的，即都是由基准站发送修正量，用户站接收此修正量并对其测量结果进行修正，以获得精确的定位结果。不同的是，发送的修正量的具体内容不一样，其差分定位精度也不同。

13.3.1 位置差分原理

这是一种最简单的差分方法。这种差分方法用基准站上的定位接收机观测 4 颗卫星，进行三维定位，从而计算出基准站的坐标。此计算出的坐标与基准站的已知精确坐标是不一样的，所以得到修正值。基准站利用通信链路将此修正值发送给用户站，用户站利用此修正值对坐标进行修正。

最后得到的修正后的用户坐标已消去了基准站和用户站的共同误差，例如卫星轨道误差、SA 影响、大气影响等，因而提高了定位精度。此差分方法的先决条件是基准站和用户站必须观测同一组卫星。位置差分方法适用于用户与基准站间距离在 100km 以内的情况。

13.3.2 伪距差分原理

二维码 13.2

伪距差分是目前应用最广的一种技术。几乎所有的民用差分定位接收机都采用这种技术。国际海事无线电委员会（见二维码 13.2）也推荐采用这种技术。

伪距差分的基本原理是：在基准站上的接收机，利用已知的它至可见的 4 个卫星的距离，与含有误差的测量值比较，经过一些处理后求出其差值，然后将这 4 颗卫星的测距差值传输给用户。用户利用此测距差值来修正测量的伪距。最后，用户利用修正后的伪距求得本身的位置，这样就可消去公共误差，提高定位精度。与上述位置差分相似，伪距差分能将两站公共误差抵消，但随着用户到基准站距离的增加，加大了系统数据的传递延迟，又出现了系统误差，这种误差用任何差分法都是不能消除的。用户和基准站之间的距离对精度有决定性影响。

13.3.3 载波相位差分原理

载波相位差分技术又称为 RTK（Real Time Kinematic）技术，它是建立在实时处理两个测量站的载波相位基础上的。它能实时提供观测点的三维坐标，并达到厘米级的高精度。

与伪距差分原理相似，由基准站通过数据链实时地将其载波测量值及站坐标信息一同传送给用户站。用户站接收卫星的载波相位，将其与来自基准站的载波相位相比，得出相位差分测量值进行实时处理，能实时给出厘米级的定位结果。

实现载波相位差分的方法分为两类：修正法和差分法。前者与伪距差分相同，基准站将载波相位修正量发送给用户站，用户站用以修正其载波相位，然后求解出其三维坐标。后者将基准站采集的载波相位发送给用户，进行求差并计算出坐标。前者为准 RTK 技术，后者为真正的 RTK 技术。

13.4 北斗卫星导航系统

13.4.1 系统组成

北斗卫星由 5 颗静止轨道卫星和 30 颗非静止轨道卫星组成，北斗卫星导航系统由基本系统和增强系统两部分组成。

1. 基本系统

它由空间段、地面段和用户段 3 部分组成：

空间段由地球静止轨道卫星、倾斜地球同步轨道卫星和中圆地球轨道卫星组成。

地面段包括主控站、时间同步/注入站和监测站等，以及星间链路运行管理设施。

用户段包括北斗及兼容其他卫星导航系统的模块、天线等基础部件和终端设备等。

2. 增强系统

它分为地基增强系统与星基增强系统两部分。

地基增强系统整合国内地基增强资源，建立以北斗为主、兼容其他卫星导航系统的高精度卫星导航服务体系。利用高精度接收机，通过地面基准站网，利用卫星、移动通信、数字广播等播发手段，在服务区域内提供1～2m、分米级和厘米级的实时高精度导航定位服务。

星基增强系统通过地球静止轨道卫星搭载卫星导航增强信号转发器，可以向用户播发星历误差、卫星钟差、电离层延迟等多种修正信息，实现对原有卫星导航系统定位精度的改进。

13.4.2 系统特点

- 空间段采用3种轨道卫星组成混合星座，与其他卫星导航系统相比，高轨道卫星更多，抗遮挡能力更强，尤其在低纬度地区更为明显。
- 提供多个频点的导航信号，能够通过多频信号组合使用等方式提高服务精度。
- 融合了导航与通信能力，具有实时导航、快速定位、精确授时、位置报告和短报文通信服务五大功能。

13.4.3 系统服务

- 2000年，发射北斗一号2颗地球静止轨道卫星，建成系统并投入使用，采用有源定位体制，为中国用户提供定位、授时、广域差分和短报文通信服务。
- 2012年年底，完成北斗二号14颗卫星发射组网，在兼容北斗一号系统技术体制基础上，增加无源定位体制，为亚太地区用户提供定位、测速、授时和短报文通信服务。
- 2020年6月，成功发射北斗三号最后一颗全球组网卫星。开通北斗三号全球卫星导航系统，为全球用户提供优质服务。
- 2022年9月，国内北斗高精度共享单车投放量突破500万辆，货车安装北斗装置超过百万辆。2022年上半年，新进网手机中有128款支持北斗系统。
- 2022年，北斗卫星地基增强系统工程已建成投入使用，北斗智能船载终端陆续投放航运市场，长江干线1.5万余艘船舶用上北斗系统。
- 2022年11月国际搜救卫星组织（COSPAS-SARSAT）正式宣布中国政府与该组织的四个理事国完成《北斗系统加入国际中轨道卫星搜救系统合作意向声明》的签署，标志着北斗系统正式加入国际中轨道卫星搜救系统。
- 2022年12月高德地图调用的北斗卫星日定位量已超过2100亿次。
- 2023年2月，北斗终端数量在交通运输营运车辆领域超过800万台，农林牧渔业领域达到130余万台。

- 截至2023年7月，北斗系统已服务全球200多个国家和地区的用户。

13.4.4　系统应用领域

- 交通运输：截至2018年12月，国内超过600万辆营运车辆、3万辆邮政和快递车辆，36个中心城市约8万辆公交车、3200余座内河导航设施、2900余座海上导航设施已应用北斗系统。
- 农林渔业：实现农机远程管理与精准作业，服务农机设备超过5万台，精细农业产量提高5%，农机油耗节约10%。为渔业管理部门提供船位监控、紧急救援、信息发布、渔船出入港管理等服务，全国7万余只渔船和执法船安装北斗终端，累计救助1万余人。
- 水文监测：成功应用于多山地域水文测报信息的实时传输，提高灾情预报的准确性，为制定防洪抗旱调度方案提供重要支持。
- 气象测报：气象测报型北斗终端设备，提高了国内高空气象探空系统的观测精度、自动化水平和应急观测能力。
- 电力调度：基于北斗的电力时间同步应用，为电力事故分析、电力预警系统、保护系统等高精度时间应用创造了条件。
- 救灾减灾：提供实时救灾指挥调度、应急通信、灾情信息快速上报与共享等服务。
- 公共安全：全国40余万部警用终端接入警用位置服务平台。
- 电子商务：电子商务企业的物流货车及配送员，应用北斗车载终端和手环，实现了车、人、货信息的实时调度。
- 智能穿戴：多款支持北斗系统的手表、手环等智能穿戴设备，以及学生卡、老人卡等特殊人群关爱产品不断涌现，并得到广泛应用。
- 定位：2018年前三季度，在中国市场销售的智能手机中北斗定位的支持率达到63%以上。定位功能在森林防火等应用中发挥了突出作用。2022年11月，高德地图上线了北斗卫星定位查询系统。

13.5　小　　结

- 全球卫星定位系统不仅能够精确测定任何地点的三维坐标，还能测定移动物体的速度和提供精准的时间。
- 目前，世界上有4个卫星导航系统，即美国的GPS、俄罗斯的GLONASS、欧洲的伽利略卫星导航系统和中国的北斗卫星导航系统。
- 利用卫星定位的基本原理是建立在测量距离的基础上的。卫星定位系统的卫星是低轨道移动卫星。为了在地面上任何地点的物体处能够同时“看”到4颗卫星，在轨道上运行的卫星数目一般多达二三十颗。
- 由于存在着卫星轨道误差、时钟误差、SA影响、大气影响、多径效应以及其他误差，解算出的坐标存在误差。因此，需要用差分定位方法来修正此误差。差分定位方法分为三类，即位置差分、伪距差分和载波相位差分。

习题

13.1　全球卫星定位系统能够测定哪些参数？

13.2　目前世界上有哪几个卫星导航系统？

13.3　为什么需要 4 颗卫星才能测定地面物体的 3 维坐标？

13.4　试述差分定位原理。

13.5　什么是伪距？

13.6　试述位置差分原理。

13.7　试述伪距差分原理。

13.8　试述载波相位差分原理。

第14章　区　块　链

14.1　区块链的起源和发展

互联网应用发展的又一个新领域是区块链（blockchain）。区块链本质上是一个去中心化的数据库。区块链起源于比特币，是比特币的底层技术。比特币（bitcoin）是一种基于去中心化，采用点对点网络，以区块链作为底层技术的加密货币。普通货币都有一个发行单位（中心），例如人民币是由中国人民银行发行的，而比特币没有发行单位，所以是去中心化的货币。

2008 年 10 月 31 日，日裔美国人中本聪[①]发表论文《比特币：一种点对点式的电子现金系统》，标志着比特币的诞生。2009 年 1 月 3 日，第一个序号为 0 的比特币根块诞生，2009 年 1 月 9 日出现序号为 1 的区块，并与序号为 0 的根块相连，形成了链，标志着区块链的诞生。区块链作为所有比特币交易的公共账簿。

为比特币发明的区块链使比特币成为第一个数字货币，解决了不需要一个可信中心或中央服务器问题。比特币的设计启发了将区块链应用于其他领域。

有人认为区块链技术是继蒸汽机、电力、互联网之后，下一代颠覆性的核心技术。如果说蒸汽机释放了人们的生产力，电力解决了人们基本的生活需求，互联网彻底改变了信息传递的方式，那么区块链作为构造信任的机器，将可能彻底改变整个人类社会价值传递的方式。2019 年 10 月 24 日下午，中共中央政治局就区块链技术发展现状和趋势进行第十八次集体学习。 中共中央总书记习近平在主持学习时强调，区块链技术的集成应用在新的技术革新和产业变革中起着重要作用。

区块链的发展是全球性的。在国内目前已经成立了中国分布式总账基础协议联盟、中国区块链应用研究中心、金融区块链联盟等，推动区块链产业研究与合作。继区块链被正式列入“十三五”国家信息化规划，区块链技术研究目前已经处于最好的发展阶段。

14.2　比　特　币

与大多数货币不同，比特币不依靠特定货币机构发行，它依据特定算法，通过大量的计算产生。比特币使用 P2P（点对点）网络中众多节点构成的分布式数据库来确认并记录所有的交易行为，并使用密码学的设计来确保货币流通各个环节的安全性。P2P 的去中心化特性与算法本身可以确保无法通过大量制造比特币来人为操控币值。基于密码学的设计可以使比特币只能被真实的拥有者转移或支付。这同样确保了货币所有权与流通交易的匿名性。比特币的总数量有限，该货币系统的总数量曾在 4 年内只有不超过 1050 万个，之后的总数量将被永久限制在 2100 万个。

和法定货币相比，比特币没有一个集中的发行方，而是由网络节点的计算生成，谁都有

---

① 另有一种说法，认为中本聪真实身份未知，可能是一个虚构的人名，是一个人或一群人所组成的团队。

可能参与制造比特币，而且可以在全世界流通，可以在任意一台接入互联网的电脑上买卖，不管身处何方，任何人都可以挖掘、购买、出售或收取比特币，并且在交易过程中外人无法辨认用户身份信息。

比特币网络通过“挖矿”来生成新的比特币。所谓“挖矿”实际上就是通过一系列算法，计算出符合要求的哈希值，从而争取到记账权。比特币网络会自动调整数学问题的难度，让整个网络约每10分钟得到一个合格答案。随后比特币网络会新生成一定量的比特币作为区块奖励，奖励获得答案的人。设计者在设计比特币之初就将其总量设定为2100万个。最开始每个争取到记账权的人都可以获得50个比特币作为奖励，之后每4年减半一次。预计到2140年，比特币将无法再继续细分，从而完成所有货币的发行，之后不再增加。

在某些国家、中央银行、政府机关、学术界则将比特币视为虚拟商品，而不认为它是货币。货币金融学认为货币具有交易介质、记账单位、价值储藏和延期支付四种基本职能，但由于比特币的高度波动性因此不具有后两种基本职能从而不是货币。

2013年12月5日，中国人民银行、工业和信息化部、银监会、证监会等部门就联合发布了《关于防范比特币风险的通知》，当时下令金融机构与支付机构不能提供比特币的托管、兑换、支付等服务。2021年9月24日，中国人民银行等十部委发布的《关于进一步防范和处置虚拟货币交易炒作风险的通知》指出，虚拟货币不具有与法定货币等同的法律地位，虚拟货币相关业务活动属于非法金融活动，对于境外虚拟货币交易所的境内工作人员，以及明知或应知其从事虚拟货币相关业务，仍为其提供营销宣传、支付结算、技术支持等服务的法人、非法人组织和自然人，将被依法追究相关责任。

14.3　区块链的组成

区块链是由许多服务器中存储的区块（block）链接成的数据库，其特点是去中心化、公开、透明、匿名、信息不可篡改，并且是每人都可以参与记录的，所以区块链也可以看作一个分布式账本。

区块链的每一个区块中保存了一定的信息，区块按照各自产生的时间顺序连接成链条。这个链条被保存在所有的服务器中，这些服务器又称为这个链条的节点。只要整个系统中有一台服务器可以工作，整条区块链就是安全的。这些服务器在区块链系统中为整个区块链系统提供存储空间和算力（HashRate，计算机计算哈希函数输出的速度）支持。如果要修改区块链中的信息，必须征得半数以上节点的同意并修改所有节点中的信息，而这些节点通常掌握在不同的主体手中，因此篡改区块链中的信息是一件极其困难的事情。

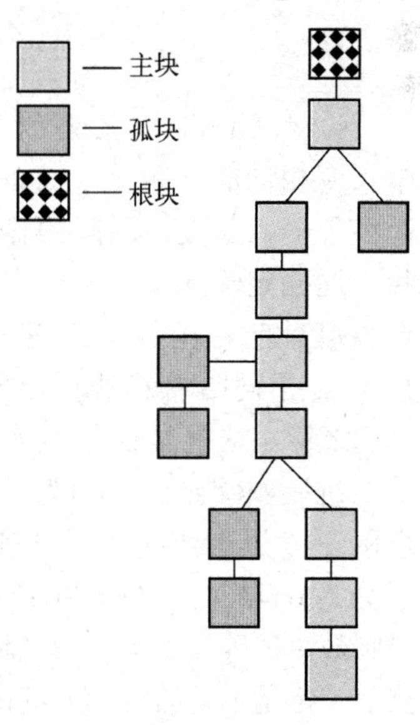

图 14.3.1　区块链的构成

简单说来，区块链就是一个特殊的分布式数据库。区块可以理解为具有固定格式的一组数据，这些区块是链接在一起的。区块分为根块（genesis block）、主块（main block）和孤块（orphan block）3种。在图14.3.1中示出区块链的构成。这种树状结构的区块链称为哈希（Hash）树，或用其发明人的名字称为默克尔（Merkle）树。哈希又称为散列，是一种算法或算法的结果。哈希从输入数据中提取出特征值，在 14.4 节中将专门对其进行介绍。

哈希树为一种典型的二叉树结构，由一个根块，一些主块和一些孤块组成。图 14.3.1 中连接在根块上由主块组成的最长的链是主链（main chain），主链外有孤块。如果节点收到了一个有效的区块，而在现有的区块链中却未找到它的父区块，那么这个区块被认为是孤块。孤块会被保存在孤块池中，直到它们的父区块被节点收到。一旦收到了父区块并且将其连接到现有区块链上，节点就会将孤块从孤块池中取出，并且连接到它的父区块，让它作为区块链的一部分。根块是哈希树上所有交易的哈希值。当一个区块上的所有交易都得出哈希值后，最终得到的值就是根块，更改任意数据都会导致根块发生变化。因此，一旦根块生成，即可确保网络上没有任何数据被更改。

区块由区块头（block header）和区块体（block body）两部分组成。区块头中包含前一区块的哈希（Hash）（哈希的含义见 14.4 节）、本区块交易记录的哈希和时间戳记（timestamp）等。时间戳记中则记录当前区块产生的时间。区块体中存储交易（或称业务）记录的数据。

各个区块的连接如图 14.3.2 所示。

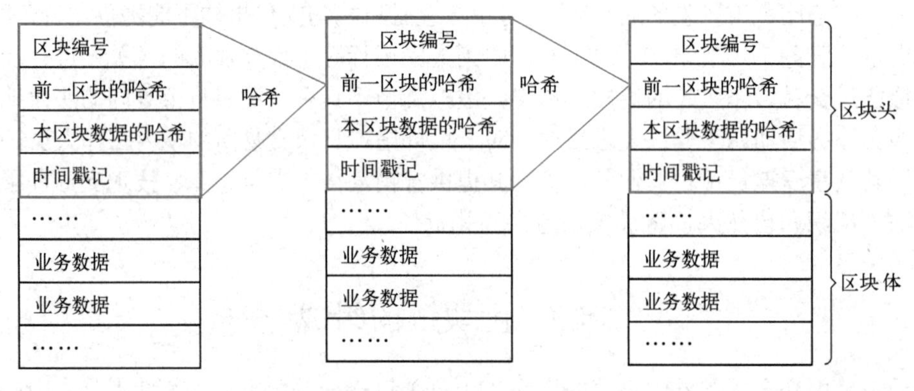

图 14.3.2　区块的连接

14.4　哈　　希

哈希（hash），又译为“散列”，它把任意长度的输入数据，通过哈希算法变换成一个长度相同的哈希值（hashed value）。这种转换是一种压缩映射，即哈希值的长度通常远小于输入长度。不同的输入都能够压缩成相同长度的哈希值，但是不可能由哈希值来唯一地确定输入值。简单来说就是一种将任意长度的数据压缩到某一固定长度。哈希函数不止有一种，可以找到不同的哈希函数（见二维码 14.1）。不同哈希算法算出的哈希值的长度不同。例如，哈希值长度是 256 比特。这就是说，不管原始数据多长，最后都会计算出一个 256 位的二进制数哈希值。因为二进制的 256 位数太长，所以常用 16 进制数表示（16 进制数的介绍见第 3 章 3.2.1 节）。例如，用 64 位 16 进制数表示为：6a42c503953909637f78ee8c99b3b85aade362416685afc23901bdefe8349105，即 16 进制数 1 位等效于 4 位二进制数：64×4=256。而且可以保证，只要原始数据不同，对应的散列值一定是不同的。一个设计优秀的哈希是一个“单向”运算函数：对于给定的哈希值，没有实用的方法可以计算出其原始输入，也就是说很难伪造。

二维码 14.1

14.5 哈 希 树

由各个区块的哈希值构成的树状结构链称为哈希树。树中更靠上的节点是它们各自子节点的哈希值。例如图 14.5.1 中，H 表示哈希值，H4 是哈希值 H0 和哈希值 H1 串联结果的哈希值。即 H4=H(H0+H1)，其中“+”表示串联。H0 和 H1 分别是数据 0 和数据 1 的哈希值。哈希根是将 H4 和 H5 连接后所获取的哈希值。

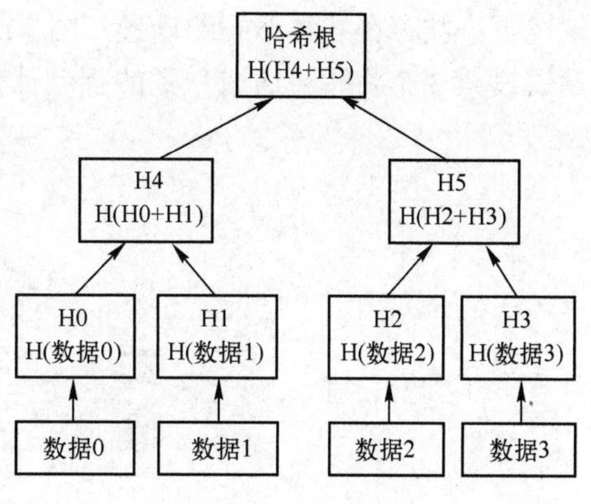

图 14.5.1 哈希树的结构

大多数哈希树都是二叉树，但它们也可以在每个节点下有更多的子节点。

哈希树的顶部为哈希根，亦称根块。以从点对点（P2P）网络下载文件为例：通常先从可信的来源获取哈希根，例如朋友告知、网站分享等。得到哈希根后，则整颗哈希树就可以通过 P2P 网络中的非受信来源获取。下载得到哈希树后，即可根据可信的哈希根对其进行校验，验证哈希树是否完整未遭破坏。如果哈希树被损坏或被伪造，则将验证来自另一个来源的另一颗哈希树，直到程序找到与顶部哈希匹配的哈希树。

14.6 区块链的加密

区块链的设计是加密的，加密采用拜占庭容错（Byzantine Fault Tolerance）算法。

14.6.1 拜占庭将军问题

拜占庭将军问题是美国计算机科学家莱斯利·兰伯特（Leslie Lamport）于 1982 年提出的一个假想问题，它对分布式共识问题做了一种情景化想定。拜占庭是东罗马帝国的首都，由于当时罗马帝国国土辽阔，每支军队的驻地分隔很远，将军们只能靠信使传递消息。发生战争时各地将军在观察敌情之后，必须制定一个共同的行动计划，例如进攻或者撤退，且只有当半数以上的将军共同发起进攻时才能取得胜利。然而，其中一些将军可能是叛徒，试图阻止忠诚的将军达成一致的行动计划。更糟糕的是，负责消息传递的信使也可能是叛徒，他们可能篡改或伪造消息，或者使消息丢失。因此，将军们必须有一个预定的方法，使所有忠诚的将军能够一致行动。而且少数几个叛徒不能使忠诚的将军做出错误的行动。也就是说，拜占庭将军问题的实质就是要寻找一个方法，使得将军们在一个有叛徒的非信任环境中建立对行动计划的共识[①]。

二维码 14.2

事实上，拜占庭将军问题是分布式系统领域最复杂的容错模型，它描述了如何在存在恶意行为（如消息篡改或伪造）的情况下使分布式系统达成一致性协议和算法的重要基础（二维码 14.2）。

为了更加深入地理解拜占庭将军问题，我们以 3 将军问题（图 14.6.1）为例进行说明。

① https://zhuanlan.zhihu.com/p/107439021

当 3 个将军都忠诚时，可以通过投票确定一致的行动方案，如图 14.6.2 所示，即将军 1 和将军 2 通过观察敌军军情并结合自身情况判断可以发起攻击，而将军 3 通过观察敌军军情并结合自身情况判断应当撤退。最终 3 个将军经过投票表决得到结果为：进攻∶撤退=2∶1，所以将一同发起进攻取得胜利。对于 3 个将军，每个将军都能执行 2 种决策（进攻或撤退）的情况下，共存在 6 种不同的场景，图 14.6.2 是其中 1 种，对于其他 5 种场景可简单地推知，通过投票 3 个将军将达成一致的行动计划.

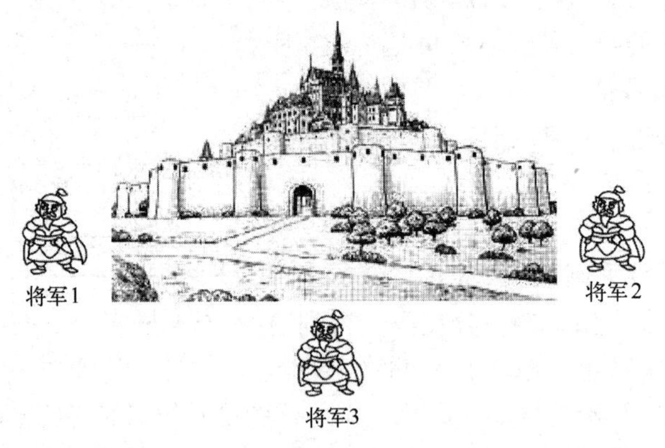

图 14.6.1　拜占庭 3 将军问题

当 3 个将军中存在 1 个叛徒时，可能扰乱正常的作战。图 14.6.3 是将军 3 为叛徒的 1 种场景，他给将军 1 和将军 2 发送了不同的消息，在这种情况下将军 1 通过投票得到的结果是：进攻∶撤退=1∶2，将做出撤退的行动计划；将军 2 通过投票得到的结果是：进攻∶撤退=2∶1，将做出进攻的行动计划。结果只有将军 2 发起了进攻并战败。

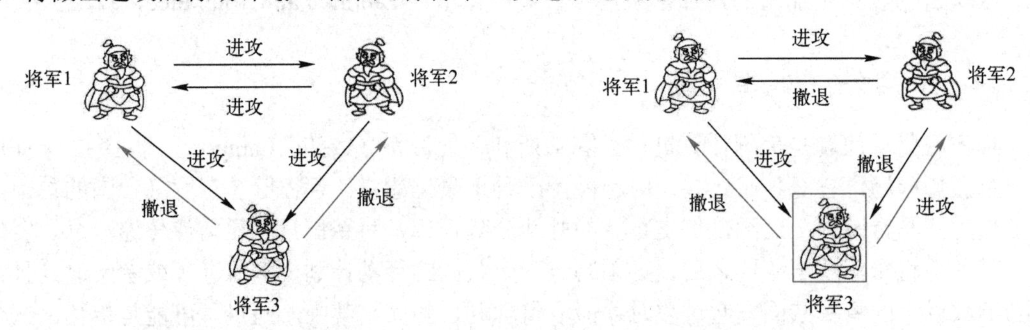

图 14.6.2　3 个将军都忠诚的情况　　　　图 14.6.3　2 忠诚 1 叛徒的情况

事实上，对于 3 个将军中存在 1 个叛徒的情况，想要达到一致的行动方案是不可能的。详细的证明可参看莱斯利·兰伯特（Leslie Lamport）的论文“The Byzantine Generals Problem”。论文中还给出了一个更加普适的结论：如果存在 *m* 个叛将，那么至少需要 3*m*+1 个将军，才能最终达成一致的行动方案。

14.6.2　拜占庭将军问题的解决方案

莱斯利·兰伯特在其论文中给出了两种拜占庭将军问题的解决方案，即口信消息（Oral message）型解决方案和签名消息（signed message）型解决方案。

1．口信消息型解决方案

口信消息的定义是：①任何已经发送的消息都将被正确传达；②消息的接收者知道是谁发送了消息；③消息的缺失可以被检测到。

基于口信消息的定义，可以知道口信消息不能被篡改但是可以被伪造。从对图 14.6.3 情况的推导，可以知道存在 1 个叛将时，必须有 3 个忠将才能达到最终的行动一致。我们将利用 3 个忠将和 1 个叛将的情况对口信消息型解决方案进行推导。在口信消息型解决方案中，首先发送消息的将军称为主将，其他的称为副将。对于 3 忠将 1 叛将的情况，需要进行 2 轮作战信息协商，并且如果没有收到作战信息就默认撤退。图 14.6.4 是主将为忠将的情况。在第 1 轮作战信息协商中，主将向 3 位副将发送了进攻的消息；在第 2 轮中，3 位副将再次进行作战信息协商，由于副将 1 和副将 2 为忠将，因此他们根据主将的消息向另外 2 位副将发送了进攻的消息，而副将 3 为叛将，为了扰乱作战计划，他向另外 2 位副将发送了撤退的消息. 最终主将、副将 1 和副将 2 达成了一致的进攻计划，取得胜利。

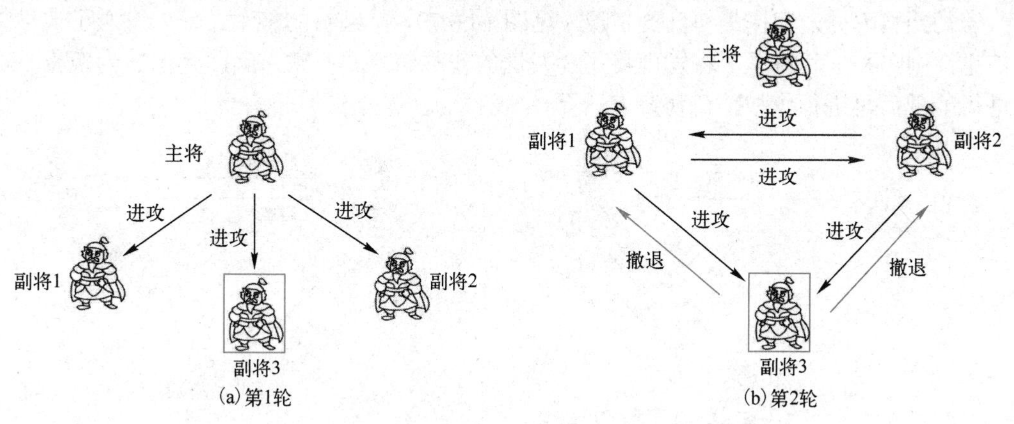

图 14.6.4　主将为忠将的情况

图 14.6.5 是主将为叛将的情况，在第 1 轮作战信息协商中，主将向副将 1 和副将 2 发送了撤退的消息，但是为了扰乱作战计划向副将 3 发送了进攻的消息。在第 2 轮中，由于所有副将均为忠将，因此都将来自主将的消息正确地发送给其余两位副将。最终所有忠将都能达成一致撤退的计划。

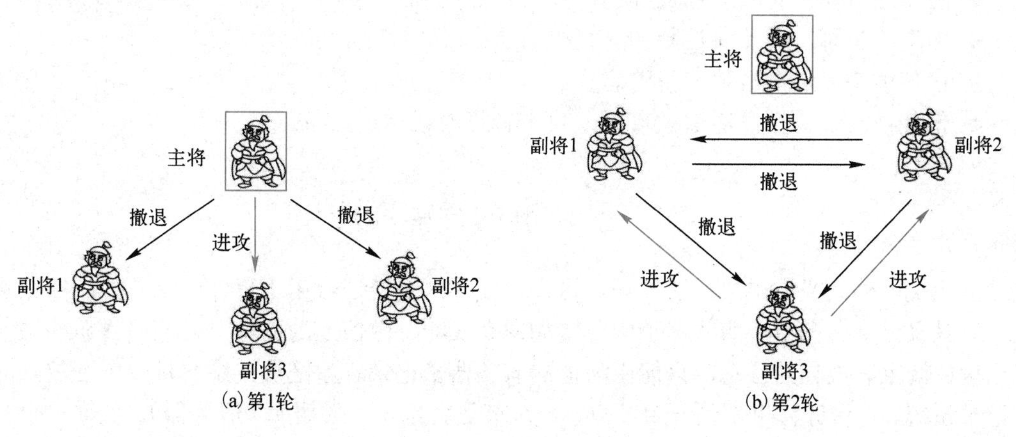

图 14.6.5　主将为叛将的情况

如上所述，对于口信消息型解决方案，若叛将人数为 m，将军人数不少于 $3m+1$，那么最终能达成一致的行动计划。在这个算法中，叛将人数 m 是已知的，且 m 决定了递归的次数，即 m 决定了进行作战信息协商的轮数。若存在 m 个叛将，则需要进行 $m+1$ 轮作战信息协商。故上述存在 1 个叛将的情况需要进行 2 轮作战信息协商。

2. 签名消息型解决方案

签名消息的定义是：在口信消息定义的基础上增加了如下 2 条：①忠诚将军的签名无法伪造，而且对他签名消息的内容进行任何更改都会被发现；②任何人都能验证将军签名的真伪。

按照签名消息的定义，可以知道，签名消息无法被伪造或者篡改。为了深入理解签名消息型解决方案，同样以三将军问题为例进行推导。图 14.6.6 是忠将率先发起作战协商的情况。是忠将的将军 1 率先向将军 2 和将军 3 发送了进攻消息，一旦是叛将的将军 3 篡改了来自将军 1 的消息，那么将军 2 将发现作战信息被将军 3 篡改了，将军 2 将执行将军 1 发送的消息。

若是叛将率先发起作战协商的情况（见图 14.6.7），是叛将的将军 3 率先发送了误导的作战信息，则将军 1 和将军 2 将发现将军 3 发送的作战信息不一致，因此判定其为叛将。可对其进行处理后再进行作战信息协商。

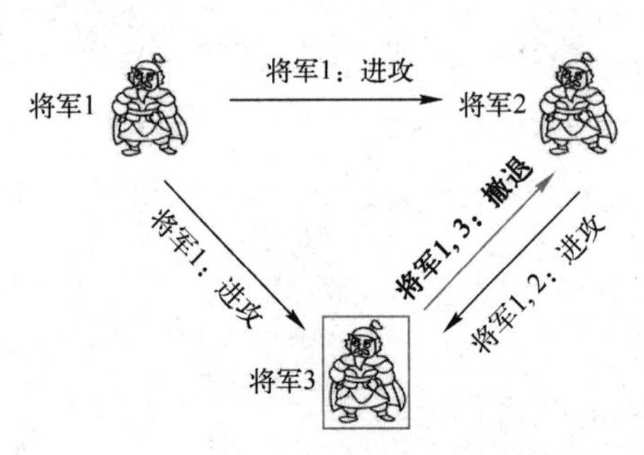

图 14.6.6　忠将率先发起作战协商的情况

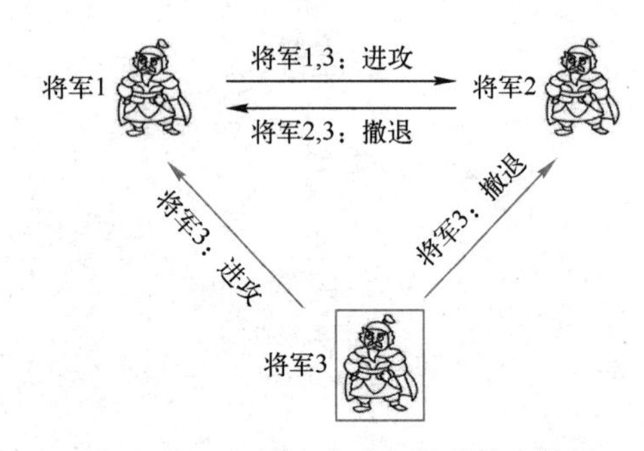

图 14.6.7　叛将率先发起作战协商的情况

签名消息型解决方案可以处理任何数量叛将的情况。

综上所述，在分布式系统领域，拜占庭将军问题中的角色与计算机领域的对应关系如下：

- 将军，对应计算机节点；
- 忠诚的将军，对应运行良好的计算机节点；
- 叛变的将军，被非法控制的计算机节点；
- 信使被杀，通信故障使得消息丢失；
- 信使被间谍替换，通信被攻击，攻击者篡改或伪造信息。

14.7　区块链的性能和应用

区块链能够达成去中心化的共识，这样就使得区块链适合用于事件记录。传统的记录系统，记录权只掌握在中心服务器手中。譬如所有 QQ、微信上的信息，只能由腾讯的服务器来记录；淘宝、天猫的信息，只能由阿里的服务器来记录。但区块链系统是一个开放式的分布记录系统，每台计算机都是一个节点，一个节点就是一个数据库（服务器）。任何一个节点都可以记录，而且直接连接到另外一个节点（即 P2P 模式），中间无须第三方服务器。当其中两个节点发生业务（交易）时，这笔加密的业务会广播到其他所有节点（记录下来），目的是防止业务双方篡改业务信息。这体现了区块链的几个重要特征：完全点对点（P2P）、没有中间方、信息加密、注重隐私、业务可追溯；所有节点的信息统一，业务不可篡改（修改一个节点的信息，需要其他节点共同修改）。区块链的应用领域包括：智能合约、证券交易、电子商务、物联网、社交通信、文件存储、存在性证明、身份验证、股权众筹等。

14.8　区块链的类型

1．共有区块链网络

公有区块链无须权限，任何人均可加入它们。此类区块链的所有成员享有读取、编辑和验证区块链的平等权限。人们主要将公有区块链用于交换和挖掘加密货币，如比特币、以太坊（Ethereum）和莱特币（Litecoin）等。

2．私有区块链网络

一个组织可以控制多个私有区块链，又称为托管式区块链。该组织决定谁能成为成员，以及它们在该网络中拥有哪些权限。私有区块链只是部分去中心化，因为它们具有访问限制。Ripple 就是一个私有区块链的示例，它是一个面向企业的数字货币交换网络。

3．混合区块链网络

混合区块链结合了私有网络和公有网络的元素。公司可随公有系统一起建立私有、基于权限的系统。通过这种方法，公司可以控制对区块链中存储的特定数据的访问，同时保持其余数据处于公开状态。公司使用智能合约允许公有成员检查私有交易是否已经完成。例如，混合区块链可以授予对数字货币的公有访问权限，同时保持银行拥有的货币处于私有状态。

4．联盟区块链网络

联盟区块链网络由一组组织负责监管。多家预先选择的组织共同承担维护区块链及确定数据访问权限的职责。对于其中很多组织拥有共同目标并可通过共担责任而获益的行业，通常更喜欢联盟区块链网络。例如，全球航运业务网络联盟（Global Shipping Business Network Consortium）是一个非营利性区块链联盟，该联盟致力于实现航运业数字化，以及加强海运业运营商之间的合作。

14.9　小　　结

- 区块链起源于比特币，是比特币的底层技术。比特币的设计启发了将区块链应用于其他领域。有人认为区块链技术是继蒸汽机、电力、互联网之后，下一代颠覆性的核心技术。习近平在主持学习时强调，区块链技术的集成应用在新的技术革新和产业变革中起着重要作用。继区块链被正式列入“十三五”国家信息化规划，区块链技术研究目前已经处于最好的发展阶段。
- 比特币是一种基于去中心化，采用点对点网络，以区块链作为底层技术的加密货币。比特币使用点对点网络中众多节点构成的分布式数据库来确认并记录所有的交易行为，并使用密码学的设计来确保货币流通各个环节的安全性。某些国家和学术界将比特币视为虚拟商品，而不认为它是货币。中国人民银行和有关国家部委认为比特币是虚拟货币，不具有与法定货币等同的法律地位。

- 区块链是由许多服务器中存储的区块链接成的数据库，其特点是去中心化、公开、透明、匿名、信息不可篡改，所以区块链也可以看作一个分布式账本。区块可以理解为具有固定格式的一组数据，这些区块是链接在一起的。区块分为根块、主块和孤块 3 种。树状结构的区块链称为哈希树。哈希又称为散列，是一种算法或算法的结果。
- 哈希把任意长度的输入数据，压缩成一个长度相同的哈希值。哈希值的长度通常远小于输入长度。哈希值是一个"单向"运算函数：对于给定的哈希值，没有实用的方法可以计算出其原始输入，也就是说很难伪造。哈希不止有一种，可以找到不同的哈希函数。
- 哈希树的叶节点是一个文件或一组文件中的数据块的哈希。树中更靠上的节点是它们各自子节点的哈希值。大多数哈希树都是二叉树。哈希树的顶部称为哈希根。通常先从可信的来源获取哈希根。得到哈希根后，则整颗哈希树就可以通过 P2P 网络中的非受信来源获取。下载得到哈希树后，即可根据可信的顶部哈希对其进行校验，验证哈希树是否完整未遭破坏。
- 区块由区块头和区块体两部分组成。区块头中包含前一区块的哈希、本区块交易记录的哈希和时间戳记等。时间戳记中则记录当前区块产生的时间。区块体中存储交易（业务）记录的数据。
- 区块链的设计是加密的，加密采用拜占庭容错算法。拜占庭容错算法有两种解决方案，即口信消息型解决方案和签名消息型解决方案。
- 区块链适合用于事件记录、医疗记录和其他管理活动的记录。传统的记录系统，记录权只掌握在中心服务器手中。但区块链系统是一个开放式的分布记录系统，每台计算机都是一个数据库（服务器）。任何一个节点都可以记录，中间无须第三方服务器。
- 区块链的重要特征是：完全点对点、没有中间方、信息加密、注重隐私、业务可追溯且不可篡改。区块链的应用领域包括：智能合约、 证券交易、电子商务、物联网、社交通信、文件存储、存在性证明、身份验证、股权众筹等。

习题

14.1 区块链和比特币有什么关系？

14.2 比特币和普通货币有什么区别？

14.3 货币应具有哪 4 种基本职能？

14.4 区块链具有哪些特点？

14.5 区块由哪两部分组成？它们分别包含什么内容？

14.6 什么是哈希？为什么要把输入数据变成哈希？

14.7 区块链是用什么加密法加密的？

14.8 区块链有哪些重要特征？

14.9 区块链可以应用于哪些领域？

14.10 区块链有哪些类型？

第 15 章　多输入多输出原理

15.1　概　　述

本书前面各章讨论的通信系统信道都仅有一对输入端和一对输出端，本章将讨论的多输入多输出（Multiple-Input and Multiple-Output，MIMO）技术则是用在信道两端分别有多对输入端和多对输出端的无线电信道。在本书第 2 章中分析过无线电信道中有多径传播和由其产生的码间串扰，因此使信号传输的质量和速率都受到有害影响。然而，在无线电通信系统中采用多个发射天线和多个接收天线，利用多径传播不仅能取得分集接收效果，而且还能利用多径传播发送和接收多路信号，大大提高信道传输能力。MIMO 和智能天线完全不同，后者研发的目的仅是改进单路信号的性能，例如波束形成和分集。MIMO 已经应用在多个通信标准中，例如 IEEE802.11n (Wi-Fi)、IEEE802.11ac (Wi-Fi)、HSPA+ (3G)、WiMAX (4G)和 4G (LTE)中。在图 15.1.1 中示出一种采用 MIMO 技术的 Wi-Fi 路由器。

图 15.1.1　Wi-Fi 路由器

一般说来，一条无线链路两端的收发天线组合共有 4 种，即单输入单输出（SISO），单输入多输出（SIMO），多输入单输出（MISO）和多输入多输出（MIMO）。SISO 无线通信系统在本书前面各章已经讨论了。现在介绍其他 3 种系统。

15.1.1　单输入多输出无线通信系统

在第 2 章中提到过，多径效应会使数字信号的码间串扰增大，影响接收信号的质量，因此一种传统的想法是设法利用多副接收天线系统，消除或减小多径效应的影响。这就是用分开一定距离的多副接收天线，接收同一发射天线发射来的信号（图 15.1.2）。两副天线间的距离越大，其接收信号之间的相关性越小或者不相关。由于各副天线的信号衰落时间不同，故将各副天线的信号合并起来或者选择质量好的信号接收，就可以改善接收信号的质量。这种接收方法称为分集接收法。若要得到分集效果，必须解决各路接收信号之间的同相相加问题。

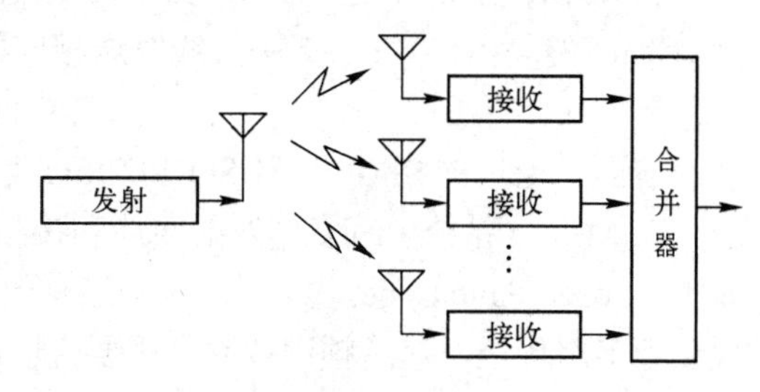

图 15.1.2　SIMO 无线通信系统

15.1.2　多输入单输出无线通信系统

在上面讨论的单输入多输出系统中，在接收端采用了空间分集，即按照不同空间划分几条信号传播路径，达到改善接收信号质量的目的。这种分集方法需要在接收端设置几副接收天线。在移动通信中的移动接收端（例如，手机），若发射频率不是很高（即波长不是很短），可能由于移动设备太小而不适宜安装多副天线，但是在固定接收站则可以安装，例如用在Wi-Fi 路由器中。手机一类的小型终端若不适合采用多副接收天线，可以采用多输入单输出（MISO）分集法，MISO 无线通信系统见图 15.1.3。

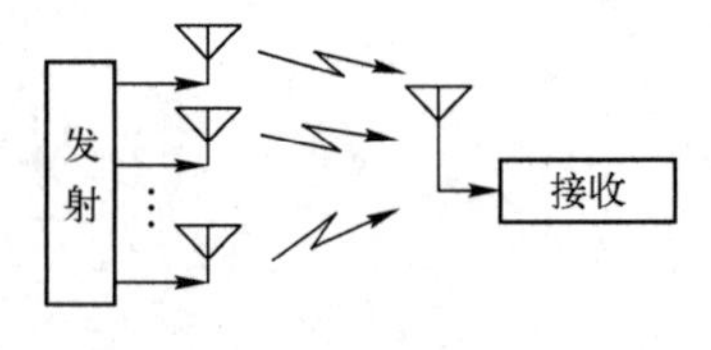

图 15.1.3　MISO 无线通信系统

在这种分集中，接收端只有一副天线，它接收来自不同发射天线的信号。由于每路信号的传播路径不同，信号同时受到严重衰落的概率很小，因而提高了接收信号的可靠性。因为几路接收信号最终要合并成一路接收信号，所以发送端的几副天线只能发送相同的信号。MISO 无线通信系统可以称为发射分集系统。

15.1.3　多输入多输出无线通信系统

在多输入多输出（MIMO）无线通信系统（图 15.1.4）中，收发双方使用同时工作的多副天线进行通信，并且通常采用复杂的信号处理技术来显著提高可靠性、传输距离和通信容量。这里，一个信息可以用不同的发射天线重复发送，或者将几个不同来源的信息用不同的发射天线发送。

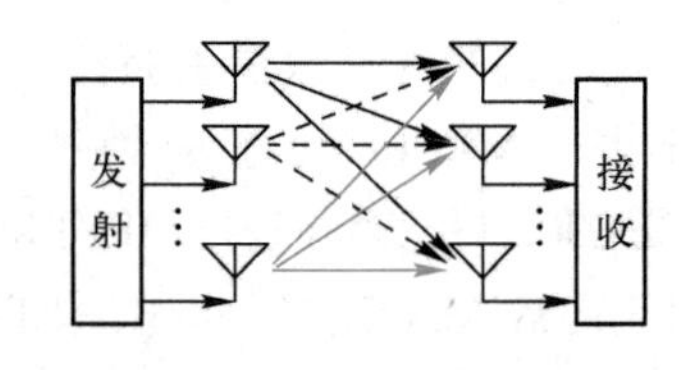

图 15.1.4　MIMO 无线通信系统

通常用 $m \times n$MIMO 表示一个 MIMO 系统的天线数量，其中 m 为发射天线数目，n 为接收天线数目。例如，3×3MIMO 无线通信系统有 3 副发射天线和 3 副接收天线（$m=n=3$）。

在 MIMO 系统中，当几副天线发送不同的信号，且天线之间互不相关时，相当于此 MIMO 系统有多个独立的信道，它们可以分别独立地同时传输不同的信息，因此系统容量随着收发天线数目（m 和 n）较小者的增大而按比例（线性地）增加。

例如，假设 $m=2$，$n=3$，当信道没有衰落时（即理想恒参信道），2 副发射天线同时发送 2 路不同的信息，3 副接收天线同时接收 2 路不同的信息，此 MIMO 系统的通信容量将为 SISO 系统的 2 倍。对于衰落信道，因为还可以利用多出的一副接收天线做分集接收，此 MIMO 系统的通信容量将略高于衰落信道 SISO 系统通信容量的 2 倍。

当 MIMO 系统 2 副天线发送不同的信息时，系统的信息传输速率可以成倍地增加，这称为 MIMO 的复用模式；当 2 副天线发送相同的信息时，系统的可靠性可以增大，这称为 MIMO 的分集模式。

前面讨论过的 SIMO、MISO 和 SISO 可以看成 MIMO 的特例。

在 MIMO 系统中有多副发射天线和接收天线，因此可以利用时间和空间两维来构造空时编码（Space Time Code，STC）。这样能有效抵消衰落，提高功率效率，并且能够在信道中实现并行多路传送，提高频谱效率。需要说明的是，空时编码因为利用了分集效应，所以需要在多径信道中应用。

空时编码主要有下列几种：空时分组码（Space Time Block Code，STBC）、贝尔分层空时结构（Bell Layered Space Time Architecture，BLAST）、空时格型编码（Space Time Trellis Code，STTC）、循环延迟分集（Cyclic Delay Diversity）等。应用这几类编码的接收机需要已

知信道传输参数；另外还有适用于不知道信道传输参数情况的差分空时编码（Differential Space Time Code，DSTC）等。

15.2 分集接收信号的合并方法

在 15.1 节中提到过分集接收，它将几个来自不同传播路径的同一信号合并，以求提高信号的可靠性。几个同一来源的接收信号的合并方法有下列 3 种。

1．选择法

选择法又称开关法，其基本原理是选择每瞬间最强的一路接收信号输出。显然，这种方法得到的输出信噪比始终等于最强一路信号的信噪比。这种方法的主要缺点是选择开关在快速衰落信号间挑选最强信号的过程中，必然存在开关瞬变及滞后效应，影响信号质量。当路数增多时这种影响更为显著。此外，未被选用的信号弃之不用，也不合算。

2．直接合并法

在直接合并法中，接收机输出信号是由各路天线接收信号（包括噪声）以等增益相加合成的。各接收天线接收到的信号是同一发射机发射的，可以调整各路信号的相位使之相同，因此各路信号按电压相加。而各路信号中的噪声互相无关，在合并时是按功率相加的。结果是，在大多数情况下，输出信噪比得到改善。例如，当只有两路接收信号分集时，若此两路信号和噪声的功率均相等，则输出信噪比可以得到 3dB 的改进；但是若其中一路信号很弱，例如第二路信号完全消失（但是接收电路的噪声仍然存在），可能输出信噪比反而比输入信噪比坏 3 分贝。

3．最佳比值合并法

在直接合并法中，输出信噪比可能低于收入信噪比的原因在于各路信号直接相加，因此可以想到若各路信号按一定比例相加，使信号强的一路输出大一些，信号弱的一路输出小一些，甚至不输出就能克服这个缺点。若能够调整各路信号合并时的比例，使合并后的输出信噪比最大，就称为最佳比值合并（又称最大比值合并）。

现在研究最佳比值合并时，接收信号的最佳输出信噪比。

假设在最佳比值合并法中，对应一个发射信号有 N 副接收天线（见图 15.2.1），N 路接收信号分别经过加权后相加（各路信号的相位经过调整后，同相相加）合并，得到合并后的接收信号 $s_r(t)$

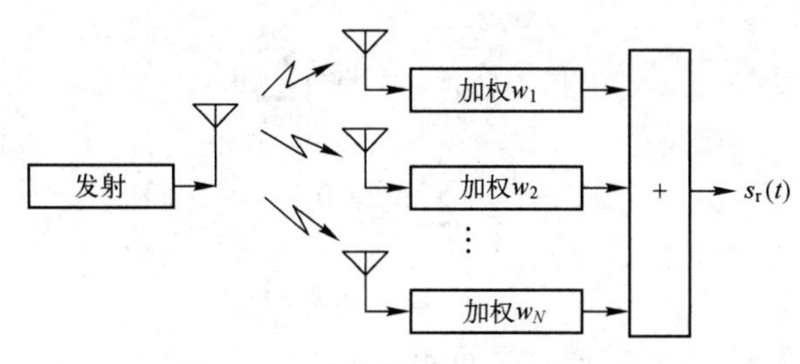

图 15.2.1　最佳比值合并分集接收

假设发射信号每个码元的（归一化）能量为 E_s，第 n 条支路接收信号码元（归一化）能量为$A_n^2 E_s$，第 n 条支路接收信号的幅度为$A_n\sqrt{E_s}$，其中 A_n 表示信号幅度经过传输受到的衰减；A_n 越大接收信号越强。在各路信号合并时，假设每条支路加权系数为 w_n，$n=1,2,\cdots,N$，则加权后第 n 条支路接收信号的幅度为$w_n A_n\sqrt{E_s}$。假设接收机噪声主要为内部噪声，第 n 条支路的噪声功率谱密度也被加权 w_n^2。各条支路接收信号被调整为同相后加权叠加，则合并后的信号幅度为

$$\sum_{n=1}^{N} w_n A_n \sqrt{E_s}$$

因为不同支路上的噪声是不相关的，合并时噪声按功率相加，而信号按幅度相加，所以合并后的信噪比为

$$r(w_1, w_2, \cdots w_N)\left(\sum_{n=1}^{N} w_n A_n \sqrt{E_s}\right)^2 \Bigg/ \sum_{n=1}^{N} w_n^2 N_0 = (E_s / N_0)\left(\sum_{n=1}^{N} w_n A_n\right)^2 \Bigg/ \sum_{n=1}^{N} w_n^2 \qquad (15.2.1)$$

显然合成信号的信噪比是各支路加权系数 w_n，$n=1, 2,\cdots, N$ 的函数。要使合成信号的信噪比取得最大值，就需要求上式对 w_n 的极值。显然，$\{w_n\}$，$n = 1,2,\cdots, N$ 不全为零，因此需要对 $r(w_1, w_2,\cdots, w_N)$求偏导，即极值点必定满足

$$\frac{\partial \gamma(w_1, w_2, \cdots, w_N)}{\partial w_i} = 0, \qquad i = 1, 2, \cdots, N \qquad (15.2.2)$$

各支路的噪声功率相同，其功率谱密度为 N_0。即

$$\left(\frac{E_s}{N_0}\right)\left[2A_i \sum_{n=1}^{N} w_n A_n \Bigg/ \sum_{n=1}^{N} w_n^2\right] - \left(\frac{E_s}{N_0}\right)\left[2w_i\left(\sum_{n=1}^{N} w_n A_n\right)^2 \Bigg/ \left(\sum_{n=1}^{N} w_n^2\right)^2\right] = 0 \quad i = 1,2,\cdots, N \qquad (15.2.3)$$

上式化简后得到

$$A_i \sum_{n=1}^{N} w_n^2 - w_i \sum_{n=1}^{N} w_n A_n = 0 \quad i = 1,2,\cdots, N \qquad (15.2.4)$$

例如，当仅有两条接收支路（即仅有两副接收天线）时，得到

对于第 1 条支路，i=1，有

$$A_1 \sum_{n=1}^{N} w_n^2 - w_1 \sum_{n=1}^{N} w_n A_n = 0 \qquad (15.2.5)$$

对于第 2 条支路，i=2，有

$$A_2 \sum_{n=1}^{N} w_n^2 - w_2 \sum_{n=1}^{N} w_n A_n = 0 \qquad (15.2.6)$$

由 w_2×式（15.2.5)−w_1 ×式（15.2.6)，可得

$$w_1 A_2 \sum_{n=1}^{N} w_n^2 = w_2 A_1 \sum_{n=1}^{N} w_n^2 \qquad (15.2.7)$$

显然

$$\sum_{n=1}^{N} w_n^2 \neq 0 \qquad (15.2.8)$$

故有

$$w_1 A_2 = w_2 A_1 \qquad (15.2.9)$$

同理可得

$$w_i A_j = w_j A_i \qquad (15.2.10)$$

即

$$\frac{w_i}{w_j} = \frac{A_i}{A_j}, \quad i, j = 1, 2, \cdots, N, \ i \neq j \qquad (15.2.11)$$

上式表明，当每条支路的加权系数 w_i 之比等于其支路上的信号幅度衰减 A_i 之比时，可以得到最佳的信号合并。换言之，接收信号幅度越大（即 A_i 越大），加权系数应该越大，该路信号在合并时占有的比重也越大。

【例 15.2.1】 若分集接收路数 N=2，接收信号幅度衰减分别为 $A_1=10^{-6}$ 和 $A_2=10^{-7}$，试计算最佳比值合并时所能获得的增益。

当只有 1 路（A_1）时，按照式（15.2.1）计算接收信噪比为

$$r(w_1)=\frac{E_s}{N_0}\frac{(w_1A_1)^2}{w_1^2}=\frac{E_s}{N_0}(10^{-12}) \tag{15.2.12}$$

当 2 路信号分集时，$A_1=10^{-6}$ 和 $A_2=10^{-7}$，按照式（15.2.11），有

$$\frac{w_1}{w_2}=\frac{A_1}{A_2}=10$$

这时最佳比值合并分集接收信噪比按照式（15.2.1）计算

$$r(w_1,w_2)=\frac{E_s}{N_0}\frac{(w_1A_1+w_2A_2)^2}{w_1^2+w_2^2}=\frac{E_s}{N_0}(1.01\times10^{-12}) \tag{15.2.13}$$

当 2 路信号分集时，$A_1=A_2=10^{-6}$，则最佳比值合并分集接收信噪比为

$$r(w_1,w_2)=\frac{E_s}{N_0}\frac{(w_1A_1+w_2A_2)^2}{w_1^2+w_2^2}=\frac{E_s}{N_0}(4\times10^{-12}) \tag{15.2.14}$$

比较式（15.2.12）、式（15.2.13）和（15.2.14）可见，即使第 2 路接收信号很弱（即信噪比很差），在最佳比值合并时对合并后信号的信噪比改善也是有帮助的，而随着第 2 路信号强度增大，合并后信号的信噪比改善也随之提高。

上面介绍的是分集信号合并的方法，并且是空间分集法中的信号合并方法。除了空间分集法，还有频率分集法、极化分集法等；它们利用发送不同频率或不同极化的信号，实现分集，这样的体制需要发送几个不同频率或极化的信号，因此发送设备相对要复杂些。

15.3 MIMO 的基本原理

15.3.1 简明 MIMO 通信系统模型

为了简明，在图 15.3.1 中画出了只有两个输入和两个输出的 MIMO 通信系统，用 2×2 MIMO 表示它。

在 2×2 MIMO 通信系统中，因为有两副接收天线，所以可以同时接收两路不同的信号。在图 15.3.1 中，$\boldsymbol{T}_1$、$\boldsymbol{T}_2$ 为两发射信号矢量（即振幅和相位），$\boldsymbol{R}_1$、$\boldsymbol{R}_2$ 为接收信号矢量，h_{11}、h_{12}、h_{21} 和 h_{22} 分别表示 4 个传播路径上的信号衰减。于是，可以写出下面两个方程式

$$\boldsymbol{R}_1=h_{11}\boldsymbol{T}_1+h_{21}\boldsymbol{T}_2 \tag{15.3.1}$$

$$\boldsymbol{R}_2=h_{12}\boldsymbol{T}_1+h_{22}\boldsymbol{T}_2 \tag{15.3.2}$$

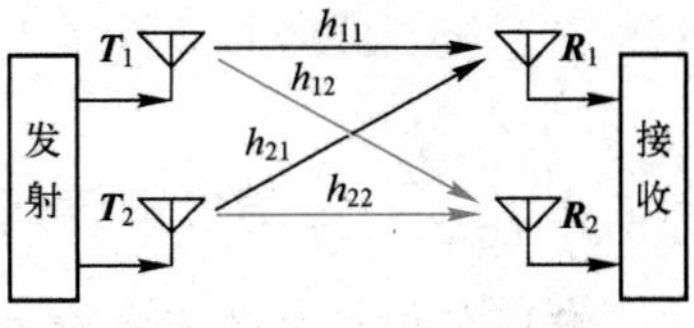

图 15.3.1 2×2 MIMO 通信系统

式（15.3.1）和式（15.3.2）可以写成如下矩阵式

$$\begin{bmatrix} R_1 \\ R_2 \end{bmatrix} = \begin{bmatrix} h_{11} & h_{21} \\ h_{12} & h_{22} \end{bmatrix} \begin{bmatrix} T_1 \\ T_2 \end{bmatrix} \tag{15.3.3}$$

式（15.3.3）可以改写为

$$\boldsymbol{R} = \boldsymbol{HT} \tag{15.3.4}$$

式中

$$\boldsymbol{R} = \begin{bmatrix} R_1 \\ R_2 \end{bmatrix}, \quad \boldsymbol{H} = \begin{bmatrix} h_{11} & h_{21} \\ h_{12} & h_{22} \end{bmatrix}, \quad \boldsymbol{T} = \begin{bmatrix} T_1 \\ T_2 \end{bmatrix}$$

15.3.2　MIMO 系统的性能

MIMO 系统的性能和矩阵 $\boldsymbol{H}$ 有密切关系。当

$$\boldsymbol{H} = \begin{bmatrix} h_{11} & 0 \\ 0 & 0 \end{bmatrix} \quad 或 \quad \boldsymbol{H} = \begin{bmatrix} 0 & 0 \\ 0 & h_{22} \end{bmatrix} \tag{15.3.5}$$

时，MIMO 系统就退化成 SISO 系统了。当

$$\boldsymbol{H} = \begin{bmatrix} h_{11} & 0 \\ 0 & h_{22} \end{bmatrix} \tag{15.3.6}$$

时，MIMO 系统就变成了两条独立的信道链路组成的系统，因此使系统的容量倍增，达到最大。此时若 h_{11} 和 h_{22} 为常量，则此两条独立信道为恒参信道。若 h_{11} 和 h_{22} 是随时间变化的变量，则是两条独立的衰落信道。若 $h_{11}=h_{22}$，则两条信道的衰减相等，系统容量是单条信道容量的两倍，可以把待发送的信息和发射功率平均分配到两条信道上发送；若 $h_{11} \neq h_{22}$，则两条信道的质量不同，MIMO 系统应该把较多的信息和功率用质量好的信道发送，而把较少的信息用质量较差的信道发送。

MIMO 系统在发送信息前若知道这两条信道的矩阵 $\boldsymbol{H}$ 的参量，就能够按照上述方法分配信息和功率。$\boldsymbol{H}$ 表示传播路径上的信号衰减，它又称为信道状态信息（Channel State Information，CSI）。在双向信道中，可以在接收端将实时测量得到的 CSI 发送给发送端，为此发送端需要发送导频或在每帧信号前插入训练序列。或者，在无法获得 CSI 的情况下，可以设定一组信道矩阵参量，例如设定各条信道的参量相同。

不难看出，若 MIMO 系统有 n 副发送天线和 n 副接收天线，则可以写出

$$\boldsymbol{H} = \begin{bmatrix} h_{11} & 0 & \cdots & 0 \\ 0 & h_{22} & \cdots & 0 \\ \vdots & \vdots & \ddots & \vdots \\ 0 & 0 & \cdots & h_{nn} \end{bmatrix} \tag{15.3.7}$$

式（15.3.7）形式的信道衰减矩阵能使链路具有 n 个独立信道。这种形式的矩阵 $\boldsymbol{H}$，只在其主对角线上有非 0 元素，称为对角矩阵。矩阵 $\boldsymbol{H}$ 若具有对角矩阵形式，就能够使 MIMO 系统的容量随天线数量线性增大，这正是我们寻求的目标。

15.3.3　信道衰减矩阵 H 的变换和预编码

实际的信道衰减矩阵 $\boldsymbol{H}$ 并不是对角矩阵，若能设法使 $\boldsymbol{H}$ 变成对角矩阵，就可以使 MIMO 系统的容量随天线数量线性地增大。此外，$\boldsymbol{H}$ 也不一定是方阵，它可以是 $m \times n$ 阶矩阵。这时

同样需要对 $\boldsymbol{H}$ 做适当的变换，使之变成具有对角矩阵的形式。

$\boldsymbol{H}$ 的变换涉及线性代数中的奇异值分解（Singular Value Decomposition，SVD）理论。奇异值分解理论给出：假设 $\boldsymbol{H}$ 是一个 $m\times n$ 阶矩阵，其中的元素全为实数或复数，则存在下述分解

$$\boldsymbol{H}=\boldsymbol{U\Sigma V}^{\mathrm{T}} \tag{15.3.8}$$

式中 $\boldsymbol{U}$ 和 $\boldsymbol{V}$ 也取决于信道状态信息，$\boldsymbol{U}$ 和 $\boldsymbol{V}$ 均为单位正交矩阵，即 $\boldsymbol{UU}^{\mathrm{T}}=\boldsymbol{I}$ 和 $\boldsymbol{VV}^{\mathrm{T}}=\boldsymbol{I}$，$\boldsymbol{\Sigma}$ 为 $m\times n$ 阶对角矩阵，即它仅在主对角线上有非 0 元素。$\boldsymbol{\Sigma}$ 的一般形式为：

$$\boldsymbol{\Sigma}=\begin{bmatrix}\lambda_1 & 0 & \cdots & 0\\ 0 & \lambda_2 & \cdots & 0\\ \vdots & \vdots & \ddots & \vdots\\ 0 & 0 & \cdots & \lambda_n\end{bmatrix} \tag{15.3.9}$$

式中 λ_i 称为奇异值。

由（15.3.4）可知，$\boldsymbol{H}$ 决定发射信号矢量 $\boldsymbol{T}$ 和接收信号矢量 $\boldsymbol{R}$ 之间的关系。为了使 MIMO 系统容量最大，希望 $\boldsymbol{H}$ 是像 $\boldsymbol{\Sigma}$ 那样的对角矩阵。为此，对系统做如下改变：

将式（15.3.8）代入式（15.3.4），得到

$$\boldsymbol{R}=(\boldsymbol{U\Sigma V}^{\mathrm{T}})\boldsymbol{T} \tag{15.3.10}$$

在发送端将发送信号 $\boldsymbol{T}$ 进行预编码，变成 $\boldsymbol{VT}$ 发射；在接收端将接收信号$(\boldsymbol{U\Sigma V}^{\mathrm{T}})\ \boldsymbol{VT}$ 先进行预解码（即乘以 $\boldsymbol{U}^{\mathrm{T}}$），变成 $\boldsymbol{U}^{\mathrm{T}}(\boldsymbol{U\Sigma V}^{\mathrm{T}})\ \boldsymbol{VT}$ 再送去解调。于是，得到接收信号

$$\boldsymbol{R}=\boldsymbol{U}^{\mathrm{T}}(\boldsymbol{U\Sigma V}^{\mathrm{T}})\boldsymbol{VT} \tag{15.3.11}$$

因为 $\boldsymbol{U}$ 和 $\boldsymbol{V}$ 均为单位正交矩阵，即 $\boldsymbol{UU}^{\mathrm{T}}=\boldsymbol{I}$ 和 $\boldsymbol{VV}^{\mathrm{T}}=\boldsymbol{I}$，所以有

$$\boldsymbol{R}=\boldsymbol{I\Sigma I}\,\boldsymbol{T} \tag{15.3.12}$$

即

$$\boldsymbol{R}=\boldsymbol{\Sigma T} \tag{15.3.13}$$

式（15.3.13）表示发送信号和接收信号之间的信道衰减矩阵是一个对角矩阵，即系统容量能随天线数量成比例地线性增大。预编码的 MIMO 系统的简化框图如图 15.3.2 所示。

预编码将原数据流 $\boldsymbol{T}$ 的 n 个符号分为一组$\{\boldsymbol{T}_i\}$ $(i=1, 2, \cdots, n)$，用矩阵 $\boldsymbol{V}$ 变换成并行数据流 $\boldsymbol{S}$，见式（15.3.14），再用 n 个天线发射出去，如图 15.3.3 所示。

$$\begin{bmatrix}S_1\\ S_2\\ \vdots\\ S_n\end{bmatrix}=\begin{bmatrix}v_{11} & v_{12} & \cdots & v_{1n}\\ v_{21} & v_{22} & \cdots & v_{2n}\\ \vdots & \vdots & \vdots & \vdots\\ v_{n1} & v_{n2} & \cdots & v_{nn}\end{bmatrix}\begin{bmatrix}T_1\\ T_2\\ \vdots\\ T_n\end{bmatrix} \tag{15.3.14}$$

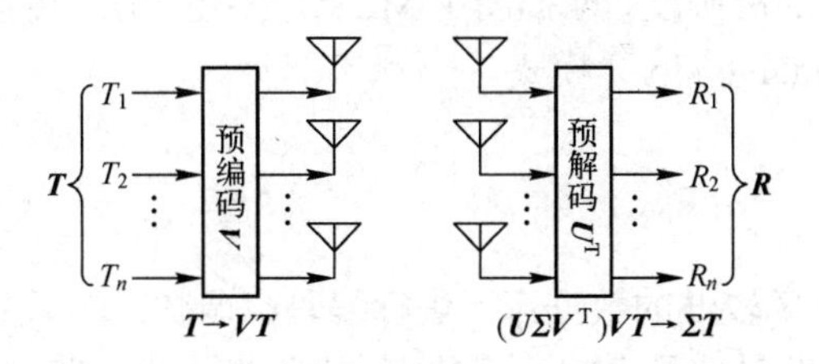

图 15.3.2　预编码的 MIMO 系统的简化框图

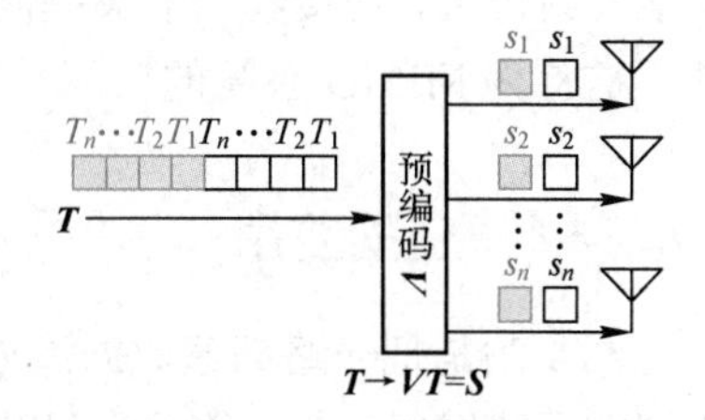

图 15.3.3　预编码

为了预编码和预解码，需要知道 $\boldsymbol{V}$ 和 $\boldsymbol{U}$，它们的计算方法如下：

由式（15.3.8）

$$\boldsymbol{H}=\boldsymbol{U\Sigma V}^{\mathrm{T}}$$

可以得到如下性质：

$$\boldsymbol{HH}^{\mathrm{T}}=\boldsymbol{U\Sigma V}^{\mathrm{T}}\boldsymbol{V\Sigma}^{\mathrm{T}}\boldsymbol{U}^{\mathrm{T}}=\boldsymbol{U\Sigma\Sigma}^{\mathrm{T}}\boldsymbol{U}^{\mathrm{T}} \tag{15.3.15}$$

$$\boldsymbol{H}^{\mathrm{T}}\boldsymbol{H}=\boldsymbol{V\Sigma}^{\mathrm{T}}\boldsymbol{U}^{\mathrm{T}}\boldsymbol{U\Sigma V}^{\mathrm{T}}=\boldsymbol{V\Sigma}^{\mathrm{T}}\boldsymbol{\Sigma V}^{\mathrm{T}} \tag{15.3.16}$$

上式中 $\boldsymbol{\Sigma\Sigma}^{\mathrm{T}}$ 与 $\boldsymbol{\Sigma}^{\mathrm{T}}\boldsymbol{\Sigma}$ 的阶数是不同的，$\boldsymbol{\Sigma\Sigma}^{\mathrm{T}}=\boldsymbol{\Sigma}_{\mathrm{m}}$ 是 m 阶方阵，而 $\boldsymbol{\Sigma}^{\mathrm{T}}\boldsymbol{\Sigma}=\boldsymbol{\Sigma}_n$ 是 n 阶方阵，但是它们的主对角线特征值相等，即

$$\boldsymbol{\Sigma\Sigma}^{\mathrm{T}}=\boldsymbol{\Sigma}_m=\begin{bmatrix}\sigma_1^2 & 0 & 0 & \cdots & 0\\ 0 & \sigma_2^2 & 0 & \cdots & 0\\ \cdots & \cdots & \ddots & \cdots & \cdots\\ 0 & 0 & \cdots & \sigma_{m-1}^2 & 0\\ 0 & 0 & \cdots & 0 & \sigma_m^2\end{bmatrix} \tag{15.3.17}$$

$$\boldsymbol{\Sigma}^{\mathrm{T}}\boldsymbol{\Sigma}=\boldsymbol{\Sigma}_n=\begin{bmatrix}\sigma_1^2 & 0 & 0 & \cdots & 0\\ 0 & \sigma_2^2 & 0 & \cdots & 0\\ \cdots & \cdots & \ddots & \cdots & \cdots\\ 0 & 0 & \cdots & \sigma_{n-1}^2 & 0\\ 0 & 0 & \cdots & 0 & \sigma_n^2\end{bmatrix} \tag{15.3.18}$$

式中 σ_i^2 为 $\boldsymbol{\Sigma}_m$（和 $\boldsymbol{\Sigma}_n$）的特征值。

因为 $\boldsymbol{HH}^{\mathrm{T}}$ 和 $\boldsymbol{H}^{\mathrm{T}}\boldsymbol{H}$ 也是对称矩阵，可以利用式（15.3.15）做特征值分解，得到的特征矩阵即为 $\boldsymbol{U}$；利用式（15.3.16）做特征值分解，得到的特征矩阵即为 $\boldsymbol{V}$；对 $\boldsymbol{\Sigma\Sigma}^{\mathrm{T}}$ 或 $\boldsymbol{\Sigma}^{\mathrm{T}}\boldsymbol{\Sigma}$ 中的特征值开方，可以得到所有的奇异值 λ_i。上述求矩阵 $\boldsymbol{H}$ 的特征矩阵 $\boldsymbol{V}$ 和 $\boldsymbol{U}$ 的计算过程实例见附录 20。

由上述分析可知，发送信号 $\boldsymbol{T}$ 经过预编码后，将使信道衰减 $\boldsymbol{\Sigma}$ 具有对角矩阵形式，能使 MIMO 系统的容量随天线数量线性增大。这样就把信道中有害的多径现象变成有益的现象，可以利用它增大信道容量或提高可靠性。

15.4 MIMO 系统的工作模式

在 MIMO 系统中，有多个发射信号在空中同时传输，如图 15.1.3 所示。在发射端多个天线发射的多个信号可以携带相同的信息，也可以携带不同的信息。若多个信号携带不同的信息同时由多个天线发射出去，则信息传输速率增大，就提高了 MIMO 系统的传输速率，这称为 MIMO 系统的空间复用（Space Multiplexing）模式。若多个信号携带相同的信息同时由多个天线发射出去，使接收端能够提高接收信息的准确度，即提高了 MIMO 系统的信息传输可靠性，这称为 MIMO 系统的空间分集（Space Diversity）模式。

15.4.1 空间复用

空间复用是把一路高速数据流分为几路速率较低的数据流，进行编码、调制，然后分别用不同的天线发射出去。各天线间的距离应使发射信号之间相互独立。接收机接收各路信号，然后解调、解码，将几路数据流合并，恢复出原始信号。为了减小多径效应的影响，在空间复用系统中，通常还采用 OFDM（见 5.3.3 节），以增长码元持续时间。图 15.4.1 示出两路空

间复用 MIMO 系统的框图，由图可知不同的天线发射不同的信息，因此 MIMO 系统的容量得到倍增。

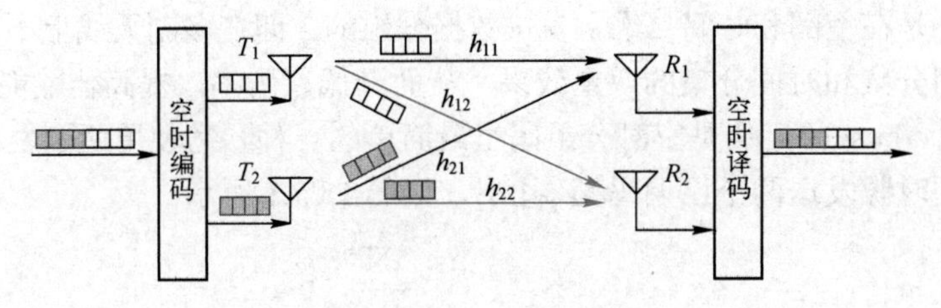

图 15.4.1　两路空间复用 MIMO 系统的框图

当然，空间复用时几副天线发送的数据流不必须是从一路高速数据流分成的几路较低速率数据流，也可以是独立的几路数据流分别送入各副天线。

15.4.2　空间分集

空间分集是对同一组发送数据分别进行编码、调制，并用不同的天线进行发射，如图 15.4.2 所示。接收机分别接收信号，经过解调、解码，将接收信号合并，恢复出原始数据。发送端用多副天线发射同一信号而接收端用一副天线接收多副天线发射的信号，称为发射分集；发送端用一副天线发射的信号被接收端用多副天线接收，称为接收分集。

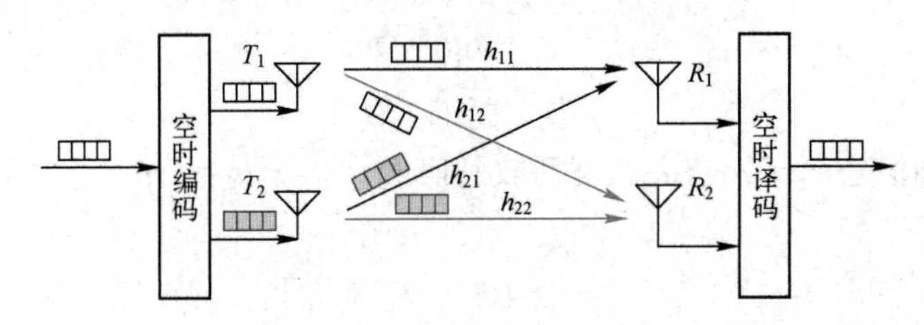

图 15.4.2　空间分集 MIMO 系统的框图

15.5　空时编码技术

空时编码将待发送信号编码后用多副发射天线在不同时间发射，使发送信号在时域和空域具有相关性，从而在接收端获得多径带来的效益。无论是空间复用还是空间分集，都需要经过空时编码才能够得到多径的效益，否则只能因多径效应带来损失。

空时编码器输入信号通常是已调码元，即一个包含特定振幅和相位的正弦波，它可以用一个矢量或复数表示。空时编码器对这个复数处理后，得到代表此码元的多个复数。由这些复数代表的这个码元分别在不同时间送到不同天线上进行发射。

常用的空时编码方法有：空时分组码（Space Time Block Code，STBC）、贝尔分层空时结构（Bell Layered Space Time Architecture，BLAST）、空时网格码（Space Time Trellis Code，STTC）、循环延时分集（Cyclic Delay Diversity，CDD）、时间切换发射分集（Time Switched Transmit Diversity，TSTD）等。

下面将以空时分组码为例进行重点讨论，其他几种分集只分别做不同程度的介绍。

15.5.1 空时分组码

空时分组码是在空间和时间二维上安排数据分组的，即在多副天线上不同时刻发送不同信息，取得空间分集和时间分集的双重效果，从而降低误码率，提高传输能力。

阿拉莫提（Alamouti）码是空时分组码里最简单的一种，它使用两副发射天线，一副接收天线。在不同时隙发送两个已调码元 s_1、s_2，如图 15.5.1 所示。

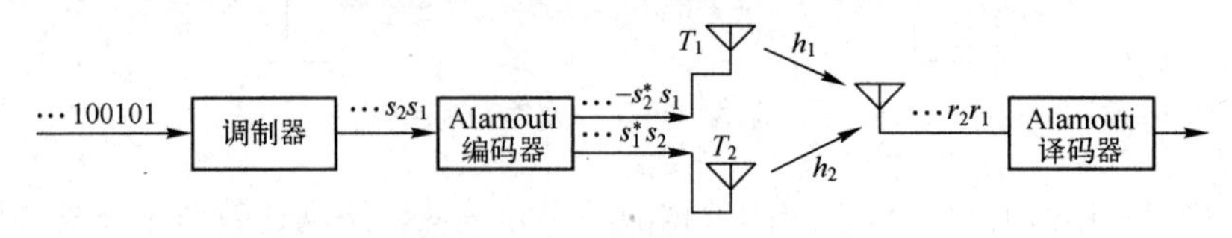

图 15.5.1　阿拉莫提空时分集

为了传输 s_1、s_2 两个码元，在两副天线上先分别发送 s_1 和 s_2，然后发送 $-s_2^*$ 和 s_1^*，如图 15.5.2 所示。

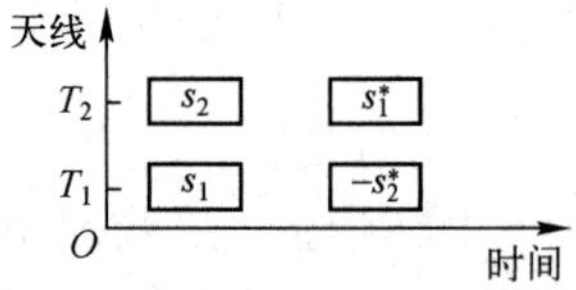

接收端天线每个时刻收到的都是两个码元 s_1 和 s_2 的混合信号。下面讨论在接收端如何将来自天线的此混合信号进行译码，恢复成原来发射的两个独立信号。

图 15.5.2　阿拉莫提时空分组码原理

参照式（15.3.3）可以写出接收天线先后收到 r_1 和 r_2：

$$r_1 = s_1h_1 + s_2h_2 \tag{15.5.1}$$

$$r_2 = -s_2^*h_1 + s_1^*h_2 \tag{15.5.2}$$

即接收端首先收到信号 $r_1=s_1h_1+s_2h_2$，然后收到信号 $r_2 = -s_2^*h_1 + s_1^*h_2$，它们可以用矩阵形式表示为

$$\begin{bmatrix} r_1 \\ r_2^* \end{bmatrix} = \begin{bmatrix} h_1 & h_2 \\ h_2^* & -h_1^* \end{bmatrix} \begin{bmatrix} s_1 \\ s_2 \end{bmatrix} \tag{15.5.3}$$

式中

$$\boldsymbol{H} = \begin{bmatrix} h_1 & h_2 \\ h_2^* & -h_1^* \end{bmatrix} \tag{15.5.4}$$

为信道衰减矩阵。

假设接收端能够获得 $\boldsymbol{H}$ 的数值，在式（15.5.3）两端乘以 $\boldsymbol{H}$ 的埃尔米特矩阵（Hermitian matrix）$\boldsymbol{H}^{\mathrm{H}}$：

$$\boldsymbol{H}^{\mathrm{H}} = \begin{bmatrix} h_1^* & h_2 \\ h_2^* & -h_1 \end{bmatrix} \tag{15.5.5}$$

$\boldsymbol{H}^{\mathrm{H}}$ 是把 $\boldsymbol{H}$ 转置后再把每个元素换成它的共轭复数得到的，这样矩阵中每个第 i 行第 j 列的元素都与第 j 行第 i 列的元素共轭相等。

于是得到

$$\begin{bmatrix} h_1^* & h_2 \\ h_2^* & -h_1 \end{bmatrix} \begin{bmatrix} r_1 \\ r_2^* \end{bmatrix} = \begin{bmatrix} h_1^* & h_2 \\ h_2^* & -h_1 \end{bmatrix} \begin{bmatrix} h_1 & h_2 \\ h_2^* & -h_1^* \end{bmatrix} \begin{bmatrix} s_1 \\ s_2 \end{bmatrix} \tag{15.5.6}$$

将其化简后，得到

$$\begin{bmatrix} \tilde{r}_1 \\ \tilde{r}_2^* \end{bmatrix} = (|h_1|^2 + |h_2|^2) \begin{bmatrix} s_1 \\ s_2 \end{bmatrix} \tag{15.5.7}$$

式中
$$\begin{bmatrix}\tilde{r}_1\\ \tilde{r}_2^*\end{bmatrix}=\begin{bmatrix}h_1^* & h_2\\ h_2^* & -h_1\end{bmatrix}\begin{bmatrix}r_1\\ r_2^*\end{bmatrix}=\boldsymbol{H}^{\mathrm{H}}\begin{bmatrix}r_1\\ r_2^*\end{bmatrix} \tag{15.5.8}$$

式（15.5.7）右端的$(|h_1|^2+|h_2|^2)$是一个常量，表示信道对发射信号s_i $(i=1, 2)$的衰减。于是式（15.5.7）左端表示的信号是两个已经分离的s_1和s_2。而原来接收端天线收到的信号r_i $(i=1, 2)$中，每个r_i都包含s_1和s_2的成分。这就是阿拉莫提码的译码过程（见图 15.5.3）。

阿拉莫提码是 1998 年提出的，它是空时分组码里最简单的一种，在发送端不需要信道状态信息，在接收端可以用线性处理算法译码，降低了译码的复杂度。阿拉莫提码发明时给出一个两副发射天线的分集接收方案，后来由 V.Tarokh 等人于 1999 年推广到多副天线的情况。

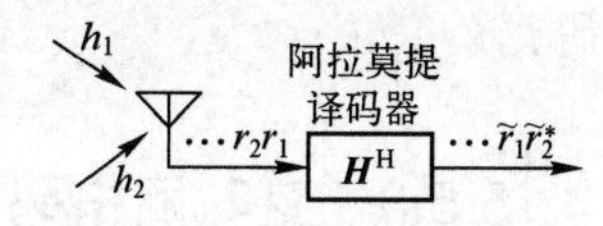

图 15.5.3　阿拉莫提译码原理

15.5.2　贝尔分层空时结构

贝尔分层空时结构是 G. J. Foschini 于 1996 年提出的。它需要在发送端和接收端使用多副天线，接收天线数目不少于发射天线数目，并且接收端译码器需要知道精确的信道状态信息。

分层空时结构码的基本原理是，先将系统输入的数据流分成若干组子数据流。各子数据流经过信道编码器编码后，再对其进行分层编码。分层编码后的信号经过调制送至发射天线。

贝尔分层空时结构按照发送端分路方式不同分为：对角分层空时结构（Diagonal Layered Space Time，DLST）、垂直分层空时结构（Vertical Layered Space Time，VLST）和水平分层空时结构（Horizon Layered Space Time，HLST）。DLST 具有较好的空时特性及层次结构，使用较多。DLST 与另外两种的主要区别在于编码方法不同。DLST 的空时码，在 m 副天线发送的子数据之间存在分组编码关系，频谱利用率高；而另外两种分层空时结构不存在子数据之间的编码。

下面以 4 副发射天线（m=4）为例，介绍这 3 种分层空时编码方法。设 4 路分层编码器的输入为：

分层编码器 1 的输入——$\cdots s_{41}, s_{31}, s_{21}, s_{11}, s_{01}$
分层编码器 2 的输入——$\cdots s_{42}, s_{32}, s_{22}, s_{12}, s_{02}$
分层编码器 3 的输入——$\cdots s_{43}, s_{33}, s_{23}, s_{13}, s_{03}$
分层编码器 4 的输入——$\cdots s_{44}, s_{34}, s_{24}, s_{14}, s_{04}$

- HLST：其各分层编码器的输出和输入相同，即：

分层编码器 1 的输出——$\cdots s_{41}, s_{31}, s_{21}, s_{11}, s_{01}$
分层编码器 2 的输出——$\cdots s_{42}, s_{32}, s_{22}, s_{12}, s_{02}$
分层编码器 3 的输出——$\cdots s_{43}, s_{33}, s_{23}, s_{13}, s_{03}$
分层编码器 4 的输出——$\cdots s_{44}, s_{34}, s_{24}, s_{14}, s_{04}$

- VLST：其各分层编码器的输出按照垂直方向送出，即：

分层编码器 1 的输出——$\cdots s_{44}, s_{43}, s_{42}, s_{41}, s_{04}, s_{03}, s_{02}, s_{01}$
分层编码器 2 的输出——$\cdots s_{54}, s_{53}, s_{52}, s_{51}, s_{14}, s_{13}, s_{12}, s_{11}$
分层编码器 3 的输出——$\cdots s_{64}, s_{63}, s_{62}, s_{61}, s_{24}, s_{23}, s_{22}, s_{21}$
分层编码器 4 的输出——$\cdots s_{74}, s_{73}, s_{72}, s_{71}, s_{34}, s_{33}, s_{32}, s_{31}$

- DLST：其各分层编码器的输出按照对角线送出，即：

分层编码器 1 的输出——$\cdots s_{44}, s_{43}, s_{42}, s_{41}, s_{04}, s_{03}, s_{02}, s_{01}$

分层编码器 2 的输出——$\cdots s_{53}, s_{52}, s_{51}, s_{14}, s_{13}, s_{12}, s_{11}, 0$

分层编码器 3 的输出——$\cdots s_{62}, s_{61}, s_{24}, s_{23}, s_{22}, s_{21}, 0, 0$

分层编码器 4 的输出——$\cdots s_{71}, s_{34}, s_{33}, s_{32}, s_{31}, 0, 0, 0$

从上述例子可以看出：HLST 将分层编码器的各路输入直接输出，并没有编码，所以性能最差；而 DLST 将输入在空间和时间上都分散更好，具有最好的分层编码特性，但是存在编码冗余度。

15.5.3 空时网格码

空时网格码是 1998 年由 V Tarokh 等人最早提出的。它把 8PSK 调制（见 3.2.1 节）的各个码元用不同的天线按空时编码的方法发射出去。

15.5.4 循环延时分集

循环延时分集将一个信号经过不同延时分别在几个天线上发射，这样就增大了信号经过信道的传输时间。对这样几路不同延时的信号，接收端相当于收到了几路人为的多径信号。循环延时分集常用在 OFDM 系统中，将经过不同的循环移位的 OFDM 信号，分别送到几副天线进行发射，可以减小码间串扰。在图 15.5.4 中示出了两副天线的循环延时分集发送端的框图。

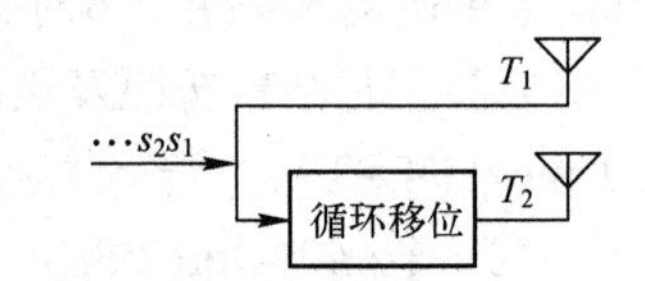

图 15.5.4 循环延时分集发送端的框图

15.5.5 时间切换发射分集

时间切换发射分集是切换不同发射时间的分集，它将发射时隙编号后，根据时隙号的奇、偶，在两个天线上交替发射信号。例如奇数时隙用第 1 副天线发射，偶数时隙用第 2 副天线发送。

15.6 小 结

- 本书前面各章论述的通信系统信道只有单输入端和单输出端。对于无线通信系统的一条链路而言，这意味着链路两端只有一副发射天线和一副接收天线。在这种无线链路中，多径传播（见 2.7.2 节）是有害的，它使接收信号产生衰落。然而，在 MIMO 系统中，却可以利用这种多径传播现象取得好处。
- 一般说来，一条无线链路两端的收发天线数量共有 4 种组合，即单输入单输出（SISO），单输入多输出（SIMO），多输入单输出（MISO）和多输入多输出（MIMO）。SISO 通信系统在本书前面各章已经讨论了。本章讨论其他 3 种系统。
- SIMO 系统有一副发射天线和多副接收天线，这时可以利用多副接收天线作为分集接收。多个分集接收的信号合并为一路信号前，需要将各路信号的载波相位调整至相同，才适宜合并送到接收机去处理。多路分集信号合并有多种方法，其中最佳比值合并法的性能最好。

- MISO 系统有多副发射天线和一副接收天线，这时可以利用一副接收天线接收来自多个发射天线发射的信号。由于只有一副接收天线和一部接收机，故几副发射天线必须发射同一信号。这称为发射分集。
- 因为 MIMO 系统有多副发射天线和多副接收天线，各发射天线可以发射同一信号，也可以发射携带不同信息的不同信号，在发送端和接收端之间形成多个独立的信道，所以 MIMO 系统既可以构成分集接收系统，也可以构成复用系统，使系统的传输能力比 SISO 系统的传输能力成倍增长。因此 MIMO 系统有两种工作模式，即空间分集模式和空间复用模式。
- MIMO 系统采用空时编码使发送信号在时域和空域具有相关性。常用的空时编码方法有：空时分组码、贝尔分层空时结构、空时网格码、循环延时分集、时间切换发射分集等。

习题

15.1 SIMO 系统能够以空间复用模式工作吗？为什么？

15.2 MISO 系统能够以空间复用模式工作吗？为什么？

15.3 分集接收信号有哪几种合并方法？分别叙述其优缺点。

15.4 试述 MIMO 系统的工作原理。

15.5 MIMO 系统有哪些工作模式？各有什么功能？

15.6 什么是空时编码技术？

15.7 什么是空时分组码？

15.8 阿拉莫提空间分集系统的发送端和接收端是否需要信道状态信息？

15.9 试述分层空时结构码的基本原理。

15.10 贝尔分层空时结构按照发送端分路方式不同分为几种结构？其中哪种结构性能最好？

15.11 一个采用最佳比值合并的分集系统，若分集接收路数 N=2，接收信号幅度衰减分别为 $A_1=10^{-6}$ 和 $A_2=5\times10^{-7}$，试计算最佳比值合并时得到的信噪比。

附录 1　英文缩略词英汉对照表

1G	Fist Generation	第一代
2G	Second Generation	第二代
3D	Three-dimension	3 维
3G	Third Generation	第三代
3GPP	3rd Generation Partnership Project	第三代合作伙伴计划
4G	Fourth Generation	第四代
5G	Fifth Generation	第五代
A		
ADSL	Asymmetric Digital Subscriber Line	非对称数字用户线路
AIDC	Automatic Identification and Data Capture	自动识别和数据采集
AIoT	Artificial Intelligence & Internet of Things	人工智能物联网
AM	Amplitude Modulation	振幅调制
AMPS	Advanced Mobile Phone System	高级移动电话系统
ANCC	Article Numbering Center of China	中国物品编码中心
ANSI	American National Standards Institute	美国国家标准化组织
AP	Application Process	应用进程
ARL	Army Research Laboratory	美国陆军研究实验室
App	Application Program	应用程序
ARP	Address Resolution Protocol	地址解析协议
ARPANET	Advanced Research Project Agency Network	美国高级研究计划署网
ARQ	Automatic Repeat Request	检错重发
ASCII	American Standard Code for Information Interchange	美国标准信息交换码
ASK	Amplitude Shift Keying	振幅键控
B		
B2B	Business-to-Business	企业对企业
BAN	Body Area Network	体域网
Bcc	Blind carbon copy	暗送
BCU	Body Central Unit	身体主站
BDS	BeiDou Navigation Satellite System	北斗卫星导航系统
BLAST	Bell Layered Space Time Architecture	贝尔分层空时结构
BP	Beeper	寻呼机
BS	Base Station	基站
BSN	Body Sensor Network	身体传感网络
BSU	Body Sensor Unit	身体传感器
C		
CAI	Common Air Interface	公共空中接口
CATV	Cable Television	有线电视

Cc	Carbon copy	抄送
CCITT	Consultative Committee International Telegraph and Telephone	国际电报电话咨询委员会
CDD	Cyclic Delay Diversity	循环延时分集
CDM	Code Division Multiplexing	码分复用
CDMA	Code Division Multiple Address	码分多址
CERN	Conseil Européen pour la Recherche Nucléaire	欧洲核子研究中心
COFDM	Coded Orthogonal Frequency Division Multiplexing	编码正交频分复用
CPU	Central Processing Unit	中央处理器
CRC	Cyclic Redundancy Check	循环冗余检验
CSMA/CD	Carrier Sense Multiple Access with Collision Detection	载波监听多点接入/碰撞检测
CT	Cordless Telephone	无绳电话
D		
D2D	Device to Device	设备-设备
DARPA	Defense Advanced Research Projects Agency	美国国防部高级研究计划局
DDoS	Distributed denial of service attack	分布式拒绝服务攻击
DEC	Digital Equipment Corporation	数据设备公司
DECT	Digital Enhanced Cordless Telecommunication	增强数字无绳通信
DLST	Diagonal Layered Space Time	对角分层空时结构
DMT	Discrete Multi-Tone	离散多音
DNA	Deoxyribonucleic acid	脱氧核糖核酸
DNS	Domain Name System	域名系统
DSTC	Differential Space Time Code	差分空时编码
DTMF	Dual-Tone Multi-Frequency	双音多频
E		
EAN	European Article Number	欧洲商品编码
EDI	Electronic Data Interchange	电子数据交换
EDR	Enhanced Data Rate	增强数据速率
EHF	Extremely High Frequency	极高频
EIA	Electronic Industries Association	美国电子工业协会
ELF	Extremely Low Frequency	极低频
EPC	Electronic Product Code	产品电子代码
F		
FAX	Facsimile	传真
FCS	Frame Check Sequence	帧检验序列
FDA	Food and Drug Administration	美国食品与药物管理局
FDM	Frequency Division Multiplexing	频分多路复用
FDMA	Frequency Division Multiple Address	频分多址
FEC	Forward Error Correction	前向纠错
FM	Frequency Modulation	频率调制
FSK	Frequency Shift Keying	频率键控

FTP	File Transfer Protocol	文件传输协议
G		
GHz	Gigahertz	吉赫兹
GLONASS	Global Navigation Satellite System	格洛纳斯卫星导航系统
GNSS	Global Navigation Satellite System	全球导航卫星系统
GPS	Global Positioning System	全球定位系统
GSM	Global System for Mobile Communication	全球移动通信系统
GSMA	GSM Association	全球移动通信协会
H		
HF	High Frequency	高频
HFC	Hybrid Fiber-Coaxial	光缆-同轴电缆混合
HLST	Horizon Layered Space Time	水平分层空时结构
HTML	HyperText Markup Language	超文本标记语言
HTTP	HyperText Transfer Protocol	超文本传送协议
Hz	Hertz	赫兹
I		
IAB	Internet Architecture Board	互联网架构委员会
IANA	Internet Assigned Numbers Authority	互联网编号分配局
IC	Integrated Circuit	集成电路
ICANN	Internet Corporation for Assigned Names and Numbers	互联网名字与编号分配机构
ICMP	Internet Control Message Protocol	网际控制报文协议
IE	Internet Explorer	互联网浏览器
IESG	Internet Engineering Steering Group	互联网工程指导组
IETF	Internet Engineering Task Force	互联网工程任务组
IGF	Internet Governance Forum	互联网管理论坛
IGMP	Internet Group Management Protocol	网际组管理协议
IIoT	Industrial internet of things	工业物联网
IMAP	Internet Message Access Protocol	网际报文存取协议
IMS	IP Multimedia Subsystem	多媒体子系统
Inmarsat	International Maritime Satellite Organization	国际海事卫星组织 国际海事通信卫星系统
IoBT	Internet of Battlefield Things	战地物联网
IoBT-CRA	Internet of Battlefield Things Collaborative Research Alliance	战地物联网协作研究联盟
IoMT	Internet of Medical Things	医疗物联网
IoT	Internet of Things	物联网
IoTDaaS	IoT Data as a Service	物联网数据即服务
IoTSF	Internet of Things Security Foundation	物联网安全基金会
IP	Internet Protocol	网际协议
IrDA	Infrared Data Association	红外数据协会、红外通信

IRSG	Internet Research Steering Group	互联网研究指导组
IRTF	Internet Research Task Force	互联网研究工作组
ISDN	Integrated Services Digital Network	综合业务数字网
ISI	Inter Symbol Interference	码间串扰
ISO	International Standard Organization	国际标准化组织
ISOC	Internet Society	互联网协会
ISP	Internet Service Provider	互联网服务供应商
ITF	Interleaved Two of Five	交叉二五条码
ITU	International Telecommunication Union	国际电信联盟
J		
K		
kb	kilobit	千比特
kB	kilobyte	千字节
km	kilometer	千米
kHz	kilohertz	千赫兹
L		
LAN	Local Area Network	局域网
LF	Low Frequency	低频
Li-Fi	Light Fidelity	可见光无线通信
LLC	Logical Link Control	逻辑链路控制
LTE	Long Term Evolution	长期演进技术
M		
m	Meter	米
M2M	Machine to Machine	机器对机器
MAC	Medium Access Control	媒体接入控制
MAN	Metropolitan Area Network	城域网
MD5	Message Digest Algorithm 5	信息摘要算法 5
MF	Medium Frequency	中频
MHz	Megahertz	兆赫兹
MIME	Multipurpose Internet Mail Extension	通用互联网邮件扩充协议
MIMO	Multiple-Input Multiple-Output	多输入多输出
MISO	Multiple-Input Single-Output	多输入单输出
MIT	Massachusetts Institute of Technology	麻省理工学院
MOSFET	Metal Oxide Semiconductor Field Effect Transistor	金属氧化物半导体场效晶体管
MTU	Maximum Transfer Unit	最大传送单元
N		
NFC	Near-Field Communication	近场通信
NSF	National Science Foundation	美国国家科学基金会
NSFNet	National Science Foundation Network	美国国家科学基金会网络
O		
QAM	Quadrature Amplitude Modulation	正交振幅调制

OFDM	Orthogonal Frequency Division Multiplexing	正交频分复用
OSI	Open System Interconnection Reference Model	开放系统互连参考模型
P		
P2P	peer to peer	点对点
PABX	Private Automatic Branch Exchange	专用交换机
PAN	Personal Area Network	个人网
PC	Personal Computer	个人计算机
PCM	Pulse Code Modulation	脉冲编码调制
PCMCIA	Personal Computer Memory Card International Association	PC 内存卡国际联合会
PDA	Personal Digital Assistant	个人数字助理，掌上电脑
PDF	Portable Data File	便携数据文件
PDM	Polarization Division Multiplexing	极化复用
PDMA	Polarization Division Multiple Address	极化多址
PDN	Public Data Network	公共数字网
PLC	Power Line Communication	电力线通信
PM	Phase Modulation	相位调制
PoC	PTT over Cellular	网上一按即通业务
POP3	Post Office Protocol v3	邮局协议版本 3
PPP	Point-to-Point Protocol	点对点协议
PSK	Phase Shift Keying	相位键控
PSTN	Public Switch Telephone Network	公共交换电话网
PTT	Push To Talk	一按即通方式
Q		
QAM	Quadrature Amplitude Modulation	正交振幅调制
QPSK	Quadrature Phase Shift Keying	正交相位键控
QR	Quick Response	QR 二维码
R		
RAN	Radio Access Network	无线接入网
RFC	Request for Comments	征求意见文档
RFID	Radio Frequency Identification	射频识别
RIR	Regional Internet Registry	互联网地址注册机构
ROM	Read-Only Memory	只读存储器
RR	Radio Regulation	无线电规则
RTK	Real Time Kinematic	载波相位差分技术
S		
SA	Selective Availability	选择可用性技术
SDM	Space Division Multiplexing	空分复用
SDMA	Space Division Multiple Address	空分多址
SHF	Super High Frequency	超高频
SIM	Subscriber Identity Module	用户识别卡

SIMO	Single-Input Multiple-Output	单输入多输出
SISO	Single-Input Single-Output	单输入单输出
SLF	Super Low Frequency	超低频
SMTP	Simple Mail Transfer Protocol	简单邮件传输协议
SONET/SDH	Synchronous Optical Network/synchronous digital hierarchy	光同步数字传输网
STBC	Space Time Block Code	空时分组码
STC	Space Time Block Code	空时分组码
STTC	Space Time Trellis Code	空时格型编码
T		
TACS	Total Access Communication System	全接入通信系统
TCP	Transmission Control Protocol	传输控制协议
TDM	Time Division Multiplexin	时分多路复用
TDMA	Time Division Multiple Address	时分多址
THF	Tremendously High Frequency	超极高频
THz	Terahertz	太赫兹
TIA	Telecommunications Industry Association	美国电信工业协会
TTL	Time To Live	生存时间
TSTD	Time Switched Transmit Diversity	时间切换发射分集
U		
UA	User Agent	用户代理
UCLA	University of California，Los Angeles	洛杉矶加州大学
UDP	User Datagram Protocol	用户数据报协议
UHF	Ultra High Frequency	特高频
ULF	Ultra Low Frequency	特低频
UPC	Universal Product Code	通用产品代码
URI	Uniform Resource Identifiers	统一资源标识
URL	Uniform Resource Locator	统一资源定位符
USB	Universal Serial Bus	通用串行总线
UUID	Universally Unique Identifier	通用唯一识别码
V		
VAN	Value-added Network	增值网
VCSEL	Vertical Cavity Surface Emitting Laser	垂直腔表面发射激光器
VHF	Very High Frequency	甚高频
VLF	Very Low Frequency	甚低频
VLST	Vertical Layered Space Time	垂直分层空时结构
VoIP	Voice-over-Internet Protocol	互联网电话协议
VPN	Virtual Private Network	虚拟专用网
VSAT	Very Small Aperture Terminal	甚小孔径终端
VSB	Vestigial Side Band	残留边带调制

W

WAN	Wide Area Network	广域网
WBAN	Wireless Body Area Network	无线体域网
WDM	Wave Division Multiplexing	波分复用
WLAN	Wireless Local Area Network	无线局域网
WMAN	Wireless Metropolitan Area Network	无线城域网
WPAN	Wireless Personal Area Network	无线个人网
WWW	World Wide Web	万维网

附录 2　纠错编码基本原理

无论是具有检错功能还是纠错功能的编码，我们统称为纠错编码。现在先用一个例子说明其原理。设有一种由 3 个二进制码元构成的编码，共有 $2^3 = 8$ 种不同的可能码组。若将其全部用来表示天气，则可以表示 8 种不同天气，例如：

000——晴　　001——云　　010——阴　　011——雨
100——雪　　101——霜　　110——雾　　111——雹　　(1)

这时，若一个码组在传输中发生错码，则因接收端无法发现错码，而将收到错误信息。假设在此 8 种码组中仅允许使用 4 种来传送天气，例如：令

000——晴　　011——云　　101——阴　　110——雨　　(2)

为许用码组，其他 4 种不允许使用，称为禁用码组。这时，接收端有可能发现（检测到）码组中的一个错码。例如，若 000 中有一个错码，则它可能错成 100 或 010 或 001。但是这 3 种码组都是禁用码组，所以能够发现错码。不难验证，上面这 4 个码组的任一码元出错都将变成禁用码组。所以，这种编码能发现一个错码。当 000 中有 3 个错码时，它变成为 111。后者也是禁用码组。其他 3 个码组也如此。所以这种编码也能发现 3 个错码。但是，它不能发现 2 个错码，因为发生 2 个错码后得到的仍是许用码组。

这种编码只能检测错码，不能纠正错码。例如，若接收到的码组为 100，它是禁用码组，可以判断其中有错码。若这时只有 1 个错码，则 000、110 和 101 3 种许用码组错了 1 个码元后都可能变成 100。所以不能判断其中哪个码组是原发送码组，故不能纠正错误。要想纠正错误，还要增大多余度。例如，可以规定只许用 2 个码组：

000——晴　　111——雨　　(3)

其他都是禁用码组。这种编码就能检测 2 个以下错码，或纠正 1 个错码。例如，当收到“100”时，若采用的是纠错技术，则认为它是由“000（晴）”中第一位出错造成的，故纠正为“000（晴）；若采用的是检错技术，它可以发现 2 个以下错码，即“000”错 1 位，或“111”错 2 位都可能变成“100”，故能够发现此码组有错，但是不能纠正。

从上面的例子可以建立“分组码”的概念。还用式（2）的例子，将其中的码组列于表 1 中。由于 4 种信息用 2 比特就能代表，现在为了纠错用了 3 比特，所以在表中将 3 个比特分为信息位和监督位两部分。若将若干监督位附加在一组信息位上构成一个具有纠错功能的独立码组，并且监督位仅监

表 1

	信息位	监督位
晴	00	0
云	01	1
阴	10	1
雨	11	0

督本组中的信息码元，则称这种编码为分组码。

分组码一般用符号(n, k)表示，其中 n 是码组长度，即码组的总位数，k 是信息码元数目。因此，r $(= n-k)$就是码组中的监督码元数目。需要提醒的是，这里用的两种名词：信息位和信息码元，以及监督位和监督码元，在二进制系统中是通用的。通常分组码都按照表 1 中的格式构造，即在 k 位信息位之后附加 r 位监督位，如图 1 所示。这样，表 1 中的分组码就可以用(3, 2)表示，即 $n = 3$，$k = 2$，$r = 1$。

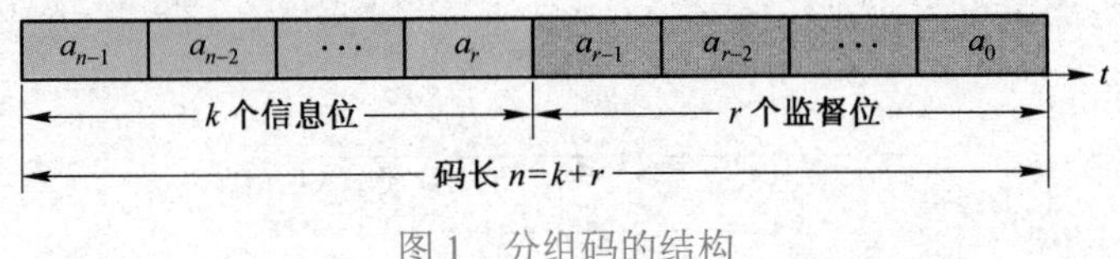

图 1　分组码的结构

在分组码中，将码组内“1”的个数称为码组的重量，简称码重；并把两个码组中对应位取值不同的位数称为码组的距离，简称码距。码距又称汉明（Hamming）距离。例如，表 1 中的任意两个码组之间的距离均为 2。一般而言，对于任意一种编码，其中各个码组之间的距离不一定都相等。这时，将其中最小的距离称为最小码距(d_0)。

现在以 $n = 3$ 的编码为例在 3 维空间中说明码距的几何意义。对于 3 位二进制编码，每个码组可以用 3 维空间中的一个点表示，如图 2 所示。这里，8 个码组$(a_2\, a_1\, a_0)$分别位于一个单位立方体的各个顶点上，而两个码组的码距则是对应的两顶点间沿立方体各边行走的几何距离，即汉明距离。由此图可见，表 1 中的 4 个码组之间的码距都等于 2。对于 $n > 3$ 的码组，可以认为，码距是 n 维空间中单位正多面体顶点之间的汉明距离。

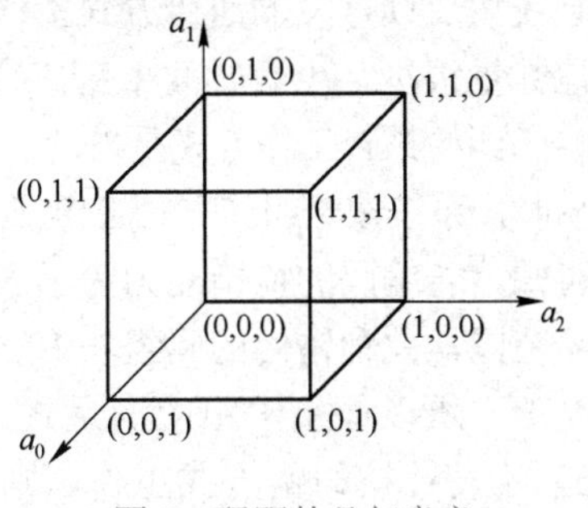

图 2　码距的几何意义

一种编码的纠检错能力决定于最小码距 d_0 的值。下面将用几何关系证明纠检错能力和最小码距的关系。

（1）为了能检测 e 个错码，要求最小码距

$$d_0 \geqslant e+1 \tag{4}$$

上式可以用图 3（a）证明如下：设有一个码组 A，它位于 0 点。若 A 中发生 1 个错码，则 A 的位置将移动至以 0 为中心，以 1 为半径的圆上。若 A 中发生 2 个错码，则 A 的位置将移动至以 0 为中心，以 2 为半径的圆上。因此，若最小码距不小于 3，例如图中 B 为最小码距的码组，则当发生不多于 2 个错码时，码组 A 的位置就不会移动到另一个许用码组的位置上。故能检测 2 个以下错码。由此可以推论，若一种编码的最小码距为 d_0，则它能够检测出(d_0-1)个错码；反之，若要求检测 e 个错码，则最小码距 d_0 应至少不小于$(e+1)$。表 1 中编码的最小码距 d_0 等于 2，故按式（4）它只能检测 1 个错码。

（2）为了能纠正 t 个错码，要求

$$d_0 \geqslant 2t+1 \tag{5}$$

由图 3（b）给出的例子可见，码组 A 和 B 的距离等于 5。若 A 或 B 中的错码不多于 2 个，则其位置均不会超出以 2 为半径的圆，因而不会错到另一个码组的（以 2 为半径的）范围内。若此编码中任意两个码组之间的码距都不小于 5，则只要错码不超过 2 个，就能够纠正。若错码数目到达 3 个（以上），则将错到另一个码组的范围，故无法纠正。一般而言，为纠正 t

个错码，最小码距不应小于$(2t+1)$。

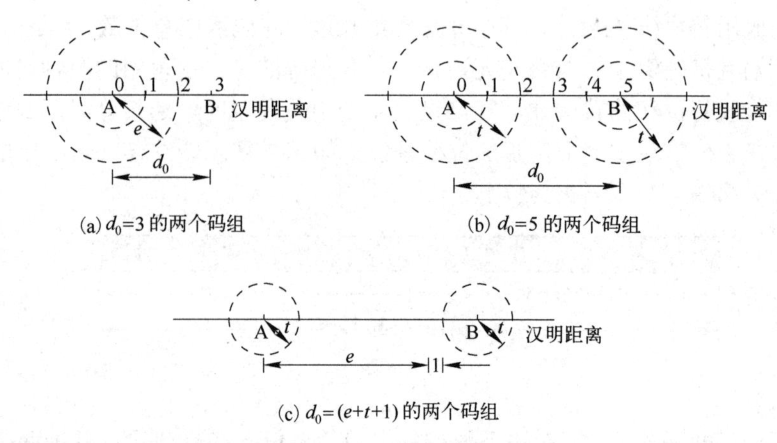

图 3　最小码距和纠检错能力的关系

（3）为了能纠正 t 个错码，同时检测 e 个错码，要求

$$d_0 \geqslant e+t+1 \qquad (e>t) \tag{6}$$

这是前面提到过的纠错和检错结合的工作方式，简称纠检结合。在这种工作方式下，当错码数量少时，系统按前向纠错方式工作，以节省重发时间，提高传输效率；当错码数量多时，系统按反馈重发的纠错方式工作，以降低系统的总误码率。所以，它适用于大多数时间中错码数量很少，少数时间中错码数量多的情况。

纠检结合工作方式是自动在这两种方式之间转换的。当接收码组中的错码数量在纠错能力内时，系统按照纠错方式工作；当超过纠错能力时，自动转为按照检错方式工作。由图 3（c）可知，若编码的检错能力等于 e，则当码组 A 中有 e 个错码时，为了使它不落入码组 B 的纠错范围，此含错码的码组与 B 的距离至少等于 t+1，否则它将落入 B 的纠错范围，被误认为是 B。所以最小码距应满足式（5）的要求。例如，在图 3（b）的实例中，最小码距等于 5。若设计按纠错方式工作，则由式（5）可知，它能够纠正 2 个错码。若设计按检错方式工作，则由式（4）可知，它能够检测 4 个错码。但是，若设计按纠检结合方式工作，则按式（6）它只能检测 3 个错码同时纠正 1 个错码；因为若码组 A 中出现 4 个错码时，含错码组将落入码组 B 的纠错范围而被错纠为 B。

附录3　戚　继　光

中国是世界上最早使用密码的国家之一。而最难破解的“密电码”也是中国人发明的。反切注音方法出现于东汉末年，是用两个字为另一个字注音，取上字的声母和下字的韵母，“切”出另外一个字的读音。“反切码”就是在这种反切拼音基础上发明的，发明人是著名的抗倭将领、军事家戚继光。戚继光还专门编了两首诗歌，作为“密码本”。

一首是：“柳边求气低，波他争日时。莺蒙语出喜，打掌与君知”；

另一首是：“春花香，秋山开，嘉宾欢歌须金杯，孤灯光辉烧银缸。之东郊，过西桥，鸡声催初天，奇梅歪遮沟。”

这两首诗歌是反切码全部秘密所在。取前一首中的前 15 个字的声母，依次分别编号 1～

15；取后一首 36 个字的韵母，顺序编号 1～36。再将当时字音的 8 种声调，也按顺序编上号码 1～8，形成完整的“反切码”体系。使用方法是：如送回的情报上的密码有一串是 5-25-2，对照声母编号 5 是“低”，韵母编号 25 是“西”，两字的声母和韵母合到一起为 di，对照声调是 2，就可以切出“敌”字。戚继光还专门编写了一本《八音字义便览》，作为训练情报人员、通信兵的教材。

附录4 池 步 州

如果你到福建去旅游，在福建省的闽清县的台山公园，你会发现，在公园静静的一个角落里，立有一块不大的石碑，石碑上纪念的人是池步州。提起池步州，很少有人知道他是谁，但是，提起侵华日寇的日本海军联合舰队司令山本五十六，人们都有所了解。

池步州，是抗日战争时期中国著名的破译密电专家，他成功破译了山本五十六的行踪，美国人根据他的译电，在太平洋上空伏击成功，杀死了山本五十六，报了珍珠港的一箭之仇。池步洲，1908 年出生于福建省闽清县三溪乡溪源村，1927 年前往日本在东京大学机电专业学习，1934 年毕业后又在日本早稻田大学工学部学习。卢沟桥事变爆发后，池步洲毅然放弃了日本的优越条件归国效力。

池步洲回国后，最初做破译日军密电码的工作。其时，一腔热血的池步洲对电码一无所知。但他听有关宣传说，如能破译出日军的密电码，等于在前方增加了 10 万大军，爱国情深的他就欣然接受了这份工作。1938 年 6 月，池步洲奉命调到汉口日帝陆军密电研究组。一年多后，池步洲报国心切，便辞去密电研究组的工作，到国际广播电台担任日语广播的撰稿和播音，进行抗日反战宣传。他从 1939 年 3 月 1 日起开始业余从事对日军密电码的破译研究。

当时，池步洲收到的密电码，有英文字母的，有数字的，也有日文的，其中以英文的为最多。但不论哪种形式，都有一个共同特点，那就是字符之间不留任何空，一律紧密连接，有些英文密电，只从报头的 TOKYO 判知它发自东京，内容则连一个字也看不懂。开始还以为它是军事密电，后来根据其收报地址遍布全世界，初步判断是日方的外交电报。池步洲决定从这些数量最多的英文密电码开始着手。

由于精通日语，他很快破译了一些字词，再根据日语的汉字读音，顺藤摸瓜，直至整篇电文全部破译。就这样，从 1939 年 3 月起，池步洲在不到一个月时间里，就把日本外务省发到世界各地的几百封密电一一破译出来了。被破译的密电，其特点是以两个英文字母代表一个汉字或一个假名字母，通常都以 LA 开头，习惯上称之为「LA 码」。

这等于池步洲为自己弄到了一本日本外务省的密电码！像这种破译密电码的工作，今天就是使用计算机，也要花费相当长的时间，而池步洲却不到一个月就大功告成，这不能不说是破译密电史上的一桩奇迹。为此，他还得到一枚奖章。

第二次世界大战的中期，日本外务省紧锣密鼓地给西南太平洋各地所有的使领馆发出密电，命令除留下 LA 密电码外，其余各级密码本全部予以销毁；同时颁布了许多隐语，如「西风紧」表示与美国关系紧张，「北方晴」表示与苏联关系缓和，「东南有雨」表示中国战场吃紧，「女儿回娘家」表示撤回侨民，「东风，雨」表示已与美国开战。共有十几条之多，并明确规定这些隐语在必要的时候会在无线电广播中播出，要求各使馆注意随时收听。一时间，大有「山雨欲来风满楼」之势。

一直关注日本情报的池步洲发现，从 1941 年 5 月份起，日本外务省与其驻檀香山（今美国夏威夷州首府）总领事馆之间的密电突然增多，除了侨民、商务方面，竟有军事情报掺杂其中。

他加紧了密码破译工作，并对美军的一些情况做了研究，他惊讶地发现日军电码的内容主要是珍珠港在泊舰只的舰名、数量、装备、停泊位置、进出港时间、官兵休假时间等情况。外务省还多次询问每周哪一天停泊的舰只数量最多，檀香山总领事回电「经多次调查观察，是星期日」，这便是后来日军选择 12 月 8 日（星期日）偷袭珍珠港的重要依据。特别值得一提的是，电文中还频繁提到夏威夷的天气，说当地 30 年来从来没有暴风雨，天气以晴好为主。

1941 年 12 月 3 日，池步洲截获了一份由日本外务省致日本驻美大使野村的特级密电，要求野村：一、立即烧毁各种密电码本，只留一种普通密码本，同时烧毁一切机密文件。二、尽可能通知有关存款人将存款转移到中立国家银行。三、帝国政府决定按照御前会议决议采取截然行动。池步洲认为，这是「东风，雨」(日美开战）的先兆。随后他做出两点推测：一、日军对美开战的时间可能是星期日；二、袭击的地点可能是珍珠港。他把译出的电文送给顶头上司霍实子主任，并谈了自己的判断。

这份密电译文被迅速呈递给蒋介石，蒋介石差人立即通知美国驻重庆人员，让其急报美国政界与军方。至于美国总统罗斯福接到警报后为什么没有采取任何防御措施，至今是一个谜。

1943 年 4 月，日本海军联合舰队司令山本五十六决定前往南太平洋前线视察以便鼓舞士气。4 月 14 日，时任职于国民党重庆军技部的池步洲截获并且破译了包含山本行程详细信息的电文，包括到达时间、离埠时间和相关地点，以及山本即将搭乘的飞机型号和护航阵容。上述电文显示山本将从拉包尔起飞前往所罗门群岛布干维尔岛附近的野战机场，时间是 1943 年 4 月 18 日早上。兵贵神速，池步洲将破译到的情报立即汇报给蒋介石，并由蒋介石下令递交给罗斯福。罗斯福命令海军部长弗兰克·诺克斯干掉山本。诺克斯授意切斯特·尼米兹海军上将执行罗斯福的命令。尼米兹与南太平洋战区指挥官威廉·哈尔西商讨后，在 4 月 17 日批准了拦截并击落山本座机的刺杀任务。美国一个中队的 P-38 闪电式战斗机受命执行拦截任务，因为只有这种飞机才有足够的航程。18 位从三支不同部队精选出来的飞行员被告知他们即将拦截一名“重要的高级军官”，但并未得知具体姓名。1943 年 4 月 18 日早晨，山本五十六不顾当地陆军指挥官今村均大将关于遭伏击风险的劝告，搭乘两架三菱“一式”陆攻快速运输机从拉包尔按时起飞，计划飞行 315 分钟。不久，美军的 18 架加挂副油箱的 P-38 式战斗机从瓜岛机场起飞。经过 430 英里无线电静默的超低空飞行后，有 16 架到达目标空域。东京时间 9 点 43 分，双方编队遭遇，6 架护航的零式战斗机立刻开始与美机缠斗。列克斯·巴伯中尉攻击了 2 架“一式”陆攻中的 1 架，事后证明这正是舷号 T1-323 的山本座机。他不断射击该机，30 秒之内把它打成了筛子，电光火石之间，山本五十六终于殒命。

抗战结束后，池步洲反对内战，不愿继续从事密电码研译工作，转到上海中央合作金库上海分库从事金融工作。1949 年之后池步洲拒绝前往台湾，继续住在上海，在中国人民银行上海分行储蓄部任办事员。

池步州晚年移居日本神户。2003 年 2 月 4 日，池步洲在日本神户逝世，享年 95 岁。逝世后，他的骨灰被带回中国。2003 年抗日战争胜利 58 周年之际，福建省闽清县在台山公园为池步州立碑，以此纪念这位抗日功臣、破译密电专家。

附录 5　ADSL

ADSL 属于 DSL 技术的一种，全称 Asymmetric Digital Subscriber Line（ 非对称数字用户线路），亦可称作非对称数字用户环路。它是一种新的数据传输方式。ADSL 技术提供的上行和下行带宽不对称，因此称为非对称数字用户线路。

ADSL 技术采用频分复用技术把普通的电话线分成了电话、上行和下行三个相对独立的信道，从而避免了相互之间的干扰。用户可以边打电话边上网，不用担心上网速率和通话质量下降的情况。理论上，ADSL 可在 5km 的范围内，在一对铜缆双绞线上提供最高 1Mb/s 的上行速率和最高 8Mb/s 的下行速率（也就是我们通常说的带宽），能同时提供语音和数据业务。

一般来说，ADSL 速率完全取决于线路的距离，线路越长，速率越低。ADSL 技术能够充分利用现有公共交换电话网（PSTN - Public Switched Telephone Network），只须在线路两端加装 ADSL 设备即可为用户提供高宽带服务，无须重新布线，从而可极大地降低服务成本。同时 ADSL 用户独享带宽，线路专用，不受用户增加的影响。

最新的 ADSL2+技术可以提供最高 24Mb/s 的下行速率，和第一代 ADSL 技术相比，ADSL2+打破了 ADSL 接入方式带宽限制的瓶颈，在速率、距离、稳定性、功率控制、维护管理等方面进行了改进，其应用范围更加广泛。

附录 6　无绳电话系统

1．简介

无绳电话系统指的是以无线电波（主要是微波波段的电磁波）、激光、红外线等作为主要传输媒介，利用无线终端、基站和各种公共通信网（如 PSTN、ISDN 等），在限定的业务区域内进行全双工通信的系统。

无绳电话系统采用的是微蜂窝或微微蜂窝无线传输技术。

2．发展

20 世纪 70 年代，美国开始使用第一代无绳电话系统。20 世纪 80 年代末，以数字技术为基础的第二代无绳电话（CT2）系统在英国投入商用。1992 年，欧洲电信标准协会制定了泛欧数字无绳电话（DECT）系统的标准。

3．模拟无绳电话系统

最简单的系统仅由一个基站和一部手机组成，称为单信道接入系统。后来又发展了能有效利用频率的多信道接入系统，即第一代无绳电话（CT1）系统。这种系统由一个（或几个）基站和多部手机组成，允许手机在一组信道内任选一个空闲信道进行通信，基站形成一个服务区，室内服务半径约为 50m。区内的手机都可通过基站得到服务。根据基站的设置可分为单区制系统和多区制系统。

多信道接入无绳电话系统的基站和手机通常都包含无线收、发信机，频率合成器，信号控制器，空闲信道检测器，识别码存储器等部件。基站除包含上述部件外，还有与公用网的接口。

4. 数字无绳电话系统

采用数字技术的第二代无绳电话（CT2）系统，包括手机、基站和网管中心、计费中心。CT2 的同一部手机既可以在家里和办公室里使用，也可以在公众场所使用，在行人较多的公众场所（如车站、机场、医院、购物中心等）还设立公用无绳电话基站，为公众提供服务，但这时用户只能呼出，不能呼入。基站布点越多，使用越方便，但系统成本也越高。CT2 系统在开阔地带的服务半径约 300m，在楼群内约 200m，在楼内约 50m。网管中心的主要功能是监视所有基站的运行，与基站及计费中心交换数据资料。计费中心的功能包括维持总的用户资料数据库、计费、处理用户账单、控制手机库存量以及与网管中心交换数据。手机与基站之间采用单频时分双工方式，即乒乓传输方式，无线信道采用移频键控和频分多址接入方式。语音编码采用 32kb/s 自适应差分脉码调制。系统工作频段一般为 864.1～868.1MHz，共 40 个信道。手机和基站内装有接收信号强度指示器，以便在 40 个信道中选择干扰最小的一个作为通话用。CT2 移动通信无越区切换功能。为使系统间互相兼容，实现漫游，须有公共空中接口标准。

CT2+系统有手机带寻呼器的系统，也有可双向呼叫、具有越区切换、漫游等功能的系统。

泛欧数字无绳电话（DECT）系统工作在 1.8GHz 频段，可双向呼叫，除电话外，还可传数据。它采用时分双工和时分多址技术，具有越区切换功能，与用户交换机相配合形成无线用户交换机。

5. 特点

与公用电话相比，其用户自带话机，使用方便、卫生，但费用稍高。与无线寻呼相比，公用无绳电话可以直接向外拨电话，但其手机要比寻呼机贵。与汽车电话相比，公用无绳电话的设备便宜、手机小巧、通话费用便宜，其缺点是服务范围小。

附录 7　无线寻呼系统

无线寻呼系统是一种没有语音的单向广播式无线选呼系统。它是将自动电话交换网送来的被寻呼用户的号码和主叫用户的消息，变换成一定码型和格式的数字信号，经数据电路传送到各基站，并由基站寻呼发射机发送给被叫寻呼机的系统。其接收端是多个可以由用户携带的高灵敏度收信机（俗称袖珍铃）。

1. 简介

在收信机收到呼叫时，就会自动振铃、显示数码或汉字，向用户传递特定的信息。

无线寻呼系统可分为专用系统和公用系统两大类。专用系统以采用人工方式的较多。一般在操作台旁有一部有线电话。当操作员收到有线用户呼叫某一袖珍铃时，即进行接续、编码，然后送到无线发射机进行呼叫；袖珍铃收到呼叫后就自动振铃。公用系统多采用人工和自动两种方式。

2. 发展

日本于 1968 年在 150MHz 移动频段上开通仅以音响发出通知音和消息的模拟寻呼系统。美国于 1973 年在 150MHz 和 450MHz 移动频段上启用数字寻呼系统。1978 年，瑞典在 FM

广播频段 87.5～104MHz 上、日本在 250MHz 移动频段上启用数字寻呼系统。1980 年，英国在 150MHz 移动频段上启用数字寻呼系统。

1983 年 9 月 16 日，中国上海在 150MHz 移动频段上启用模拟寻呼系统。1984 年 5 月 1 日，广州在 150MHz 移动频段上启用数字寻呼系统。1991 年 11 月 15 日，上海在 150MHz 移动频段上启用汉字寻呼系统。至 1991 年底，我国开放了 426 个寻呼系统，寻呼机位 87.7 万个。

3. 工作原理

寻呼接收机外观小巧，但内部却是一个五脏俱全的无线电接收机，其工作原理与普通电台相同，一般由射频接收单元和逻辑控制单元两大部分组成。射频接收单元由天线、高放、混频、中放及滤波、限幅放大和鉴频等电路组成。逻辑控制单元由微处理器、译码器、综合功能接口组件、地址和功能数据存储器、液晶显示器和升压电路等组成。一般要求体积小，耗电小，可靠性高，便于携带，并具有好的防尘、防震和抗冲击性能。市场上除音响式寻呼机外，尚有数字显示寻呼机和汉字显示寻呼机。现在我国无线寻呼已从本地寻呼网发展到区域寻呼网，并逐步形成全国寻呼网。

4. 组成部分

一个简单的寻呼系统由 3 部分构成：寻呼中心、基站和寻呼接收机。如果主叫用户要寻找某一个被叫用户，他可利用市内电话拨通寻呼台，并告知被叫用户的寻呼编号，主叫用户的姓名，回电话号码及简短的信息内容。话务员将其输入计算机终端，经过编码、调制，最后由基站的无线电发射机发送出去。被叫用户如在它的覆盖范围内，他身上的寻呼接收机则会收到无线寻呼信号，并发出哔哔声或振动。同时，把收到的信息存入存储器，并在液晶显示屏上显示出来。这时被叫用户就可获得所传信息，或回主叫用户一个电话进行联系。这是呼叫中心由人工控制的情况。如果呼叫中心为自动控制时，整个过程由寻呼中心的计算机来完成。在我国无线寻呼的频率规定为 160MHz，450MHz，900MHz 频段，但实际所用多为 160MHz 频段。

5. 组网方式

无线寻呼的组网方式可分为本地寻呼网、区域寻呼网和全国寻呼网。本地寻呼网的覆盖范围为一个长途编号区。本地寻呼网可采用单区制或多区制，单区制的服务区内只有一个基站发射区，即寻呼中心只带一个基站。单基站的覆盖范围取决于发射天线高度、传播环境和有效辐射功率。例如发射天线高度为 50m，有效辐射功率为 100W，在城区室外覆盖范围为 15km，室内约为 5km，在农村地区，室外半径约为 25km，室内半径约为 8km。要求扩大服务范围时，可采用多区制，即一个寻呼中心带多个基站，每个基站以有线专用中继电路与寻呼中心相连。各基站采用同时工作的方式，即同时发送相同的信号，因而需要同步。在多区制系统中，为了避免在重叠区不同基站信号到达的相位差，需要进行均衡，同时为了避免差拍干扰，需要采用频率偏置技术。寻呼台发送的寻呼信号应进行编码，采用一定的编码格式。目前，多采用 POCSAG 码。

6. 无线寻呼网的结构

分以下两种。

（1）本地无线寻呼网结构：由本地电话网和本地无线寻呼系统组成。无线寻呼系统又可分为单基站制和多基站制两种。多基站本地无线寻呼网的结构如图 1 所示。

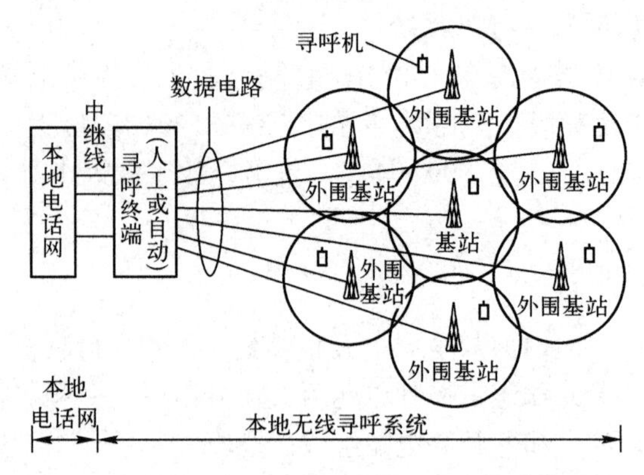

图 1 多基站本地无线寻呼网结构

无线寻呼系统包括基站和若干外围基站、数据电路、寻呼终端（人工或自动的）以及寻呼机。整个寻呼服务区分成若干无线区，每个无线区内设立一个基站或外围基站。基站和外围基站通过数据电路与寻呼终端相连。寻呼终端经中继线连接到本地电话网。单基站无线寻呼网只有一个基站，没有外围基站，其他部分与多基站无线寻呼网相同。

寻呼终端将本地电话网送来的被叫用户号码和主叫用户消息进行集中处理，实现重复呼叫、复台查询、记录、统计和计费等功能，然后进行编码。编码后的数字信号经数据电路传送到基站和外围基站，并由各基站（包括外围基站）发射机同时发射。被叫寻呼机接收到基站发射的信号，同时产生音响和信息显示。

（2）区域无线寻呼网结构：如图 2 所示，本地电话网通过中继线连接本地寻呼终端，几个本地寻呼终端通过专用数据电路与区域控制中心相连，区域控制中心经专用数据电路连接几个本地寻呼覆盖区内的基站和外围基站。

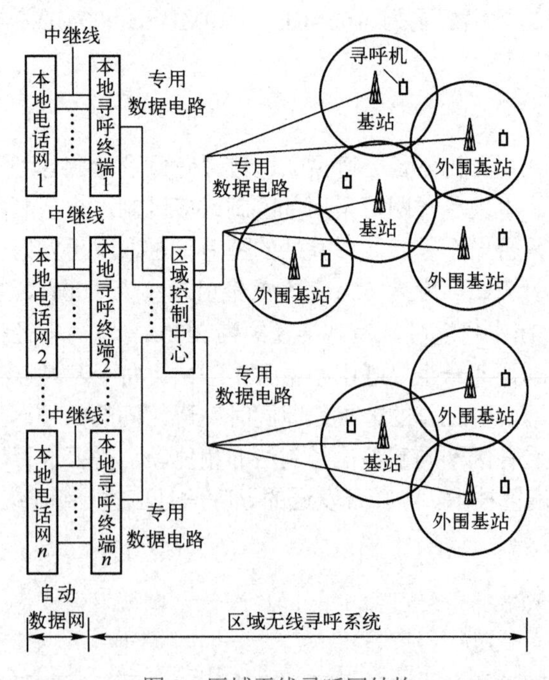

图 2 区域无线寻呼网结构

本地寻呼终端将本地电话网送来的被叫用户号码和主叫用户消息进行集中处理，实现重复呼叫、复台查询、记录、统计和计费等功能，然后变换成ASCII码。此码经专用数据电路传送到区域控制中心。区域控制中心汇集各本地寻呼终端来的信息，并进行编码。编码后的数字信号经专用数据电路传送到各个本地寻呼覆盖区内的基站和外围基站，并在所有的基站（包括外围基站）发射机同时发射。被叫寻呼机接收到基站发射来的信号后，同时产生音响和信息显示。

采用排队机对多中继的呼入进行排队，可均衡话务分配。

附录8 集群通信

一、简介

集群通信的最大特点是语音通信采用PTT（Push To Talk），以一按即通的方式接续，被叫无须摘机即可接听，且接续速度较快，并能支持群组呼叫等功能，它的运作方式以单工、半双工为主，主要采用信道动态分配方式，并且用户具有不同的优先等级和特殊功能，通信时可以一呼百应。集群通信系统的主要用户是大中型企业和事业单位。

追溯到它的产生，集群的概念是从有线电话通信中的“中继”概念来的。有线电话用户采用中继线路和交换机通信，可以大大提高电话线路的利用率。“集群”这一概念应用于无线电通信系统，把无线信道视为中继线路，把交换机视为集群系统的控制器。集群系统的控制器能把有限的无线信道动态地、自动地最佳分配给系统的所有用户。这实际上就是我们经常使用的术语“信道共用”。

二、发展历程

我国在1989年开始引进模拟集群系统，1990年投入使用。随着数字通信技术的发展，集群通信系统也开始向第二代数字集群系统发展，其最主要的特点是采用了时分多址（TDMA）和码分多址（CDMA）通信方式。但是，中国的集群通信的应用主要还停留在模拟集群系统。由于使用集群系统的单位为了满足其各自不同的使用要求，采用了独立建设集群通信网络的方案，所以众多单位的集群网络在网间互联互通性、频率资源使用、整体建设等方面存在诸多问题，制约了中国数字集群通信的产业化进程和规模应用。针对这个问题，原信息产业部牵头制定了中国集群技术的发展规划，并在新的《电信管理条例》中将数字集群纳入基本电信业务范畴，同时组织国内六大电信运营商开展800MHz数字集群商用试验。中国卫通在济南、南京及天津开展了中兴公司基于CDMA技术体制的GoTa公网商用试验，中国铁通在沈阳、长春、重庆开展了中兴公司基于CDMA的GoTa和华为公司基于GSM的GT800两种技术体制的数字集群公网商用试验。从试验情况来看并不理想，存在下列问题。

（1）阻碍因素

从数字集群商用试验的实践情况来分析，我国数字集群发展缓慢。国家强调发展民族的数字集群技术标准，打破国外数字集群技术垄断。同欧美传统数字集群技术体制相比，我国数字集群技术体制从组网规模、呼叫延时、技术演进、终端质量和产业链上还存在一定差距。

（2）地方监管

2001 年原信息产业部无线电管理局下发信部无[2001]518 号《关于 800MHz 集群频率使用管理有关事宜的通知》，规定所有模拟集群通信系统在 2005 年 12 月 31 日之前必须停止运行，但一些传统模拟专网仍在运转，当地无线电管理部门因为自身利益的原因，并没有切实按照该通知的要求履行职责。

（3）传统用户

一些靠国家财政拨款的强力部门和靠资源垄断经济实力较强的行业在国家数字集群运营政策还不太明朗的情况下存在自己建网的幻想，仅考虑部门和行业的利益，盲目自建专网，造成重复投资和资源的浪费，这也是中国数字集群公网建设很难推进的因素之一。

（4）市场需求

同欧美发达国家相比，中国企业还处于起步阶段，整体经济水平不高。在很多欧美企业已由成本优先过渡到效率优先阶段的时候，中国大部分企业还处于成本优先阶段，成本因素考虑得比较多。在美国，像建筑、物流等工作流动性比较多的行业对数字集群的应用相当普遍，而在中国却较难推广。

（5）运营商顾虑

传统模拟专网用户一般都选择自己建网，如公安部门考虑通信安全、保密的因素需要建公安专网。一些没有经济实力建网的用户，成本因素考虑较多，很难说服用户入网，即使入网 ARPU 值也较低，资源贡献率十分有限。随着蜂窝技术的发展，公网运营商通过分组数据技术已能在 2.5G 网络上提供 POC（PTToverCellular，简称 POC）业务，能满足对接通时间要求不高的小规模低端用户，这对公网集群运营商还是有不小的冲击力。

（6）人才匮乏

集群技术在我国发展都以专网的形式存在，主要是本单位内部使用，缺乏公网提供服务的运营经验。数字集群公网发展需要一种规模效应。国内主导电信运营商对数字集群兴趣不大，而非主导运营商又大量缺乏运营人才，更确切地说是缺乏数字集群运营专才，因此在某种程度上运营人才匮乏也是限制数字集群公网发展的因素。

（7）运营模式

中国经济的发展和城市化进程的加快使得社会经济形态越来越追求高效，社会对于高效处理紧急突发事件、信息安全的要求不断提高，加之频率资源的日趋紧张，如何提高频率利用率，实现资源的最佳配置，加强政府应对紧急、突发事件的快速反应和抗风险能力已经成为我们面临的首要任务。在这种情况下，数字集群公网必将成为未来数字集群通信的发展方向，并且中国数字集群公网的运营必须在体现社会效益的基础上体现经济效益，在面对非典、地震、恐怖活动等突发事件时，无法用经济因素来衡量集群公网的作用和价值。

三、关系

1. 与 PoC 关系

数字集群和 3G 网络 PoC 业务都可以实现 PTT 功能。数字集群是基于信令通道的解决方案，在通话过程中，语音数据和信令数据都汇集到事先建立好的通道上传输；3G 网络的 PoC 业务采用 VoIP 技术，核心网基于多媒体子系统（IP Multimedia Subsystem，IMS）架构，在移动终端和业务应用服务器间运行高层信令协议，把语音数据捆绑到 IP 链路上。数字集群和

PoC 在技术实现、网络要求和市场定位方面都有很大的差异。数字集群主要应用于移动专网，而 PoC 业务主要是公众蜂窝移动通信系统的无线增值业务。

2．技术特点

（1）中国的几种数字集群技术

中国主要应用的几种数字集群技术包括欧洲的 TETRA，美国的 iDEN，以及国内自主知识产权的 GoTa 和 GT800。

① TETRA 是由欧洲电信标准协会（ETSI）推荐的标准。TETRA 系统是一个空中接口信令开放的系统，并大量借鉴了 GSM 的概念。它基于 TDMA 方式，在 25kb/s 带宽内分 4 个信道，采用较先进的 ACELP 语音编码方式和（π/4）QPSK 数字调制技术。它支持连续覆盖和大区覆盖，并且支持脱网直通和端到端加密功能。TETRA 系统在调度功能上是比较完善的，所以它非常适合做专网，尤其是军队、武警、公检法等部门。

② iDEN 是由摩托罗拉公司推出的，它也采用 TDMA 制式，在 25kHz 的信道上分 6 个时隙（已经开发出在 25kHz 带宽上分 12 个时隙）。它的 VSELP 语音编码和 16QAM 调制技术都比较先进。iDEN 系统的起源设计就是做公网用的，所以它是集指挥调度、双工互连、分组数据和短消息于一体的工作方式。

iDEN 系统是以调度为主的，又是根据公网考虑设计的系统，它的基本调度系统功能包括：组呼通话、私密通话、通话提示、来电显示。调度的先进功能包括：优先级、紧急呼叫、状态信息、多组扫描、区域限制、孤立站运行、调度台等。iDEN 系统也有虚拟网功能，通过虚拟专网（VPN），最终用户可以管理其终端用户的终端配置，包括开户，增加新业务，更改调度私密号、组号、电话号码，重新编组，以及随时取得详细通话清单和使用统计等。

③ GoTa（全球开放式集群架构）是由中兴公司自主研发，基于 CDMA1X 技术，面向新技术演进的数字集群通信系统，目标是满足公网集群需要，兼顾专网集群应用。

GoTa 系统基于 CDMA 多址方式，它采用 16QAM 和 QPSK 调制方式和 QCELP 语音编码技术，频分双工，上下行各 1.25MHz 带宽，间隔 45MHz。GoTa 的空中接口在 cdma2000 技术基础上进行了优化和改造，核心网采用独立的分组数据域，基于 A8/A9 和 A10/A11 标准接口。

GoTa 具有一定的技术优势，解决了基于 CDMA 技术实现集群业务的关键技术。在处理通信连接时也采用了共享的方式，减少网络处理呼叫的时延。GoTa 具有快速接入、高信道效率和频谱使用率、较高的用户私密性、易扩展和支持业务种类多等技术优点。

在 GoTa 系统的设计中充分考虑了数字集群通信公网的特点，面向移动运营商开发设计，充分考虑了移动商务用户的需求。GoTa 系统的灵活性高、性价比优异和功能全面等特征，为运营商开辟出更多的赢利空间。

④ GT800 系统是由华为公司研发的基于 GPRS 和 GSMR 技术开发的数字集群系统，其第二阶段与 TD-SCDMA 技术结合。GT800 系统面向国内数字集群市场需求，可提供满足国内专业移动通信需求的完整集群调度业务。同时，为满足用户对高速数据业务的需求，GT800 通过 GPRS 技术，实现可变速率的数据传输功能。GT800 同时还提供基于 GPRS 的数据业务。GT800 适合集群通信的公网运营，也适合民航、铁路、水利、市政、交通、建筑、抢险救灾、矿区等专业部门自建专网。

（2）3G 网络的 PoC 业务

3G 网络的 PoC 业务标准主要由 OMA 来制定，并基于 3GPP 和 3GPP2 的 IMS 网络架构。

① PoC 业务概念和业务特征。PoC 是一种双向、即时、多方通信方式，允许用户与一个或多个用户进行通信。该业务类似移动对讲业务——用户按键与某个用户通话或广播到一个群组的参与者那里，接收方收听到该语音后，可以没有任何动作，例如不应答这个呼叫，或者在听到发送方的语音之前，被通知并且必须接收该呼叫。在该初始语音完成后，其他参与者可以响应该语音消息。PoC 通信是半双工的，每次最多只能有一个人发言，其他人接听。

在 PoC 体系结构中，对用户的发言权控制是非常重要的概念。发言权控制主要在用户平面来完成，基于 RTP/RTCP，同时 OMA 又定义了 RTCP 的一种 APP 应用，称为 TBCP 协议，从而实现了 PoC 媒体流的分发和发言权的控制。对于会话的信令控制主要是应用 SIP/SDP，实现 SIP 注册、路由和安全方面的管理，从而保证 PoC 会话的完成。

② IMS 对 PoC 的支持。其主要实现 PoC 业务的注册和安全、SIP 信令路由、SIP 信令压缩、地址解析、对标识隐藏的管理以及计费等功能。

在 IMS 的注册中，首先用户建立 PDP 上下文，通过 GPRS 请求或者 DNS 解析过程发现 IMS 中的 P-CSCF。P-CSCF 把注册请求转发给 I-CSCF，通过 I-CSCF 问询 HSS 而找到 S-CSCF。在 S-CSCF 中实现注册过程。在这个过程中 PoC 用户和 S-CSCF 通过 AKA 算法实现双方的认证和鉴权。

PoC 业务的计费基于 IMS 的计费框架，可以根据事件计费、组会话计费、发言计费等。

另外，在 IMS 中考虑到 PoC 会话媒体承载响应时间和媒体 QoS 平衡，使用了 SIP 信令的 QoS 等级。

3. 业务关系

（1）技术差异

数字集群要求前后向资源共享，即在一个小区覆盖范围内所有同组集群用户共同占用一个无线和有线信道。一个信道承载的用户数对于集群手机数量是没有限制的，这样可以极大地增加资源的承载能力。单信道资源情况下，理论上可以支持无穷多个集群手机进行调度。而 PoC 中每一个用户要占用独立的无线和有线资源，也就意味着资源占用在业务实现时有多少用户进入组呼，就要占用多少信道资源，对于 PTT 来说要成倍地增加资源占用。如果只有 1 个无线信道，则不能提供 PoC 业务，至少要提供 2 个无线信道才能保证一对一的 PoC 呼叫。

（2）关键指标差异

数字集群和 PoC 最根本的差异就是其关键指标——接续时延的差异。

PoC 的接续时间一般都在 2s 以上，有时候甚至达到 10s 以上，如果用户较多、使用频率增加或网络信号较差，接续时间会更长。而数字集群的接续时间都被控制在 1s 或者更短的时间之内，这是数字集群一直没有被移动公网所取代的根本原因，也是其核心的竞争力。

国外几种数字集群网络的时延指标都在 1s 以内，一般的组建立时延为 400～700ms，PTT<300ms，一般一次组呼建立和维持时间为 5~12s，而 PoC 基本不能满足这种要求。

（3）市场定位不同

数字集群的市场定位分为两种：一是专业用户市场，二是公众用户市场。专业的数字集群用户一般为移动用户的10%左右。

PoC业务面对的主要是个人用户，主导的语音和综合业务是其创造收入的主要来源，而语音和综合业务也是目前全球移动运营商面对的竞争压力最大的业务。

附录9　第二代蜂窝网

第一代蜂窝网采用的是模拟调制体制。它在我国多年前已经被淘汰。我国第二代蜂窝网采用的数字调制体制有两种，即GSM体制和CDMA体制。但是，GSM体制的用户数量远超过CDMA体制的用户。所以，我们在这里将重点介绍GSM体制。蜂窝网的组成见图1。

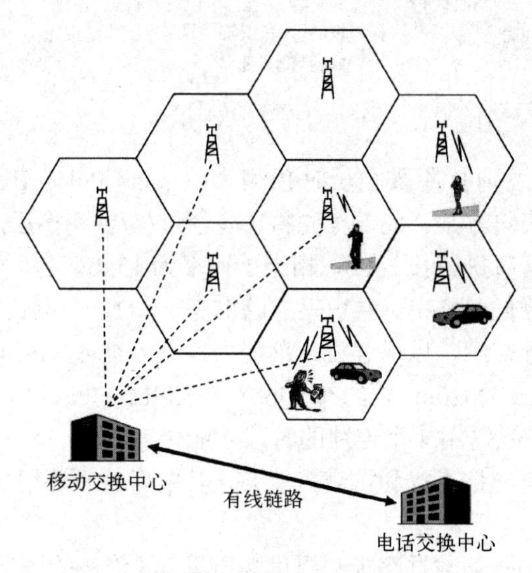

图1　蜂窝网的组成

GSM（全球移动通信系统）是Global System for Mobile Communications的缩写。它是于1990年由欧洲电信标准协会（ETSI）制定的蜂窝网标准。GSM的工作频段有两个，即900MHz和1800MHz（1800 MHz的GSM系统又称为DCS1800系统）。每个信道占用200MHz频带宽度。

在900MHz频段，共有174个双向信道；上行（自移动台向基站发送）信道占用880～915MHz频段，下行（自基站向移动台发送）信道占用925～960MHz频段。在1800MHz频段，共有374个双向信道；上行信道占用1710～1785MHz频段，下行信道占用1805～1880MHz频段。

GSM采用TDMA/FDM的多址接入、频分双工（FDD - Frequency Division Duplex）工作方式、GMSK调制（BT = 0.3）、每个频分信道的传输速率为270.833kb/s，其中可以容纳8个时分用户。GSM的帧结构见图2。

在图2中GSM的一个超帧长度为6.12s，其中包含51个复帧。一个复帧长度为120ms，其中包含26个帧。每帧又分为长度等于4.615ms的8个时隙。这8个时隙按照时分制原理分配给 8 个用户使用。在一个时隙中可以传输 114b 的用户信息，其他为开销。

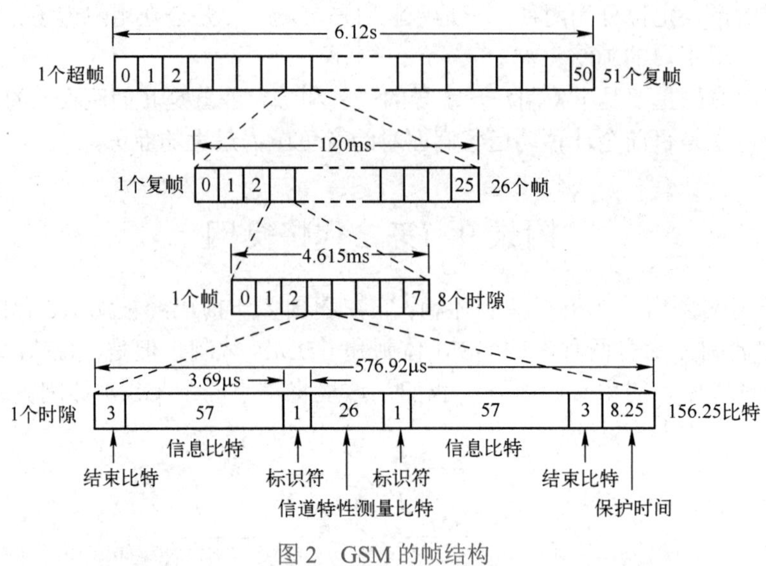

图 2　GSM 的帧结构

用户输入语音采用规则脉冲激励长时预测（Regular Pulse Excitation with Long-Term Prediction，RPE-LTP）编码方案。此方案先将语音经过模/数变换后，分成 20ms 长的帧，然后再进行压缩编码，压缩后每帧长 260b，相当于速率为 13kb/s。压缩后的语音数据中最重要的比特用卷积码编码以降低差错率。卷积码的码率等于 1/2，约束长度为 5。编码后的码元再和未编码的其他码元进行交织，以增强抗衰落能力，最后纳入 GSM 帧结构中。交织后的码元速率是 22.8kb/s，相当于在 20ms 内约有 456b。在 GSM 的帧结构中，1 个时隙内可以传输 114b 信息。所以，这 456b 需用 4 个连续的时隙才能传完。

为了提高 GSM 系统的抗干扰和抗衰落能力，其发射载频还用伪随机码控制跳频。跳频速率为 217 跳/秒。

为了满足日益增长的传输数据需求和提供高质量、低价格的电话服务，GSM 体制在最初设计方案基础上，又做了多方面的改进，作为向第三代蜂窝网的过渡。通常称其为第 2.5 代（第二代半）蜂窝网。其主要改进有：

（1）通用分组无线业务（General Packet Radio Services，GPRS）：在上述 GSM 体制中，通信双方用户在通信过程中始终占用着该信道的一个时隙。计费也是按照线路连通时间计算的。但是，在一条双工线路上，无论是通话还是传输数据，线路实际上可能大部分时间处于空闲状态。改用 GPRS 方式工作后，用户信息是按 7.1 节中分组交换的原理传输的，这样就大大提高了系统传输效率，降低了成本。此外，对用户改为按流量计费，而不是按时间计费。用户的移动台可以长时间地处于"在线"状态，不必担心因此而须大量付费。

（2）HSCSD（High Speed Circuit Switched Data）：它仍然采用电路交换技术，但是将多个时隙同时给一个用户使用，以提高传输速率。例如，假设原来每个时隙的传输速率（不含纠错码）为 16kb/s，则在将 4 个时隙分给一个用户使用时，传输速率可以达到 64kb/s。

（3）EDGE（Enhanced Data Rates for GSM Evolution）：它采用 8PSK 调制代替 GMSK 调制。例如，原来每个时隙的传输速率（不含纠错码）为 16kb/s，现在可以达到 48kb/s；若再将 8 个时隙合并给一个用户使用，则每个用户的传输速率可以达到 384kb/s。

（4）增加多种数据接口，例如 USB、红外 IrDA、蓝牙（Bluetooth）等。

附录 10　第三代蜂窝网

第三代（3G）移动通信系统是在第二代的基础上进一步演进的以宽带 CDMA 技术为主，并能同时提供语音和数据业务的移动通信系统，是有能力彻底解决第一、二代移动通信系统主要弊端的先进的移动通信系统。第三代移动通信系统的目标是提供包括语音、数据、视频等丰富内容的移动多媒体业务。

1．简介

第三代移动通信系统的概念最早于 1985 年由国际电信联盟（International Telecommunication Union，ITU）提出，是首个以“全球标准”为目标的移动通信系统。在 1992 年的世界无线电大会上，为 3G 系统分配了 2GHz 附近约 230MHz 的频带。考虑到该系统的工作频段在 2000MHz，最高传输速率为 2000kb/s，而且将在 2000 年左右商用，于是 ITU 在 1996 年正式命名为 IMT-2000（International Mobile Telecommunication-2000）。

3G 系统最初的目标是在静止环境、中低速移动环境、高速移动环境分别支持 2Mb/s、384kb/s、144kb/s 的传输速率。其设计目标是提供比 2G 更大的系统容量、更优良的通信质量，并提供更丰富多彩的业务。

2．第三代移动通信的基本特征

（1）面向全球范围的设计、与固定网络业务及用户互连、尽量减少无线接口的类型和具有高度兼容性；

（2）具有与固定通信网络相比拟的高语音质量和高安全性；

（3）具有在本地采用 2Mb/s 高接入速率和在广域网采用 384kb/s 接入速率的数据率分段使用功能；

（4）具有在 2GHz 左右的高效频谱利用率，且能最大限度地利用有限带宽；

（5）移动终端可连接地面网和卫星网，可移动使用和固定使用，可与卫星业务共存和互连；

（6）能够处理包括国际互联网和视频会议、高数据率通信和非对称数据传输的分组和电路交换业务；

（7）支持分层小区结构，也支持包括用户向不同地点通信时浏览国际互联网的多种同步连接；

（8）语音只占移动通信业务的一部分，大部分业务是非话数据和视频信息；

（9）一个共用的基础设施，可支持同一地方的多个公共的和专用的运营公司；

（10）手机体积小、质量轻，具有真正的全球漫游能力；

（11）具有根据数据量、服务质量和使用时间为收费参数，而不是以距离为收费参数的新收费机制。

3．3G 标准及演进

3G 系统的三大主流标准分别是 WCDMA（宽带 CDMA），cdma2000 和 TD-SCDMA（时

分双工同步 CDMA）。这三种标准的基础技术参数比较见表 1。

表 1

制式	WCDMA	cdma2000	TD-SCDMA
采用的国家和地区	欧洲、美国、中国、日本、韩国等	美国、韩国、中国等	中国
继承基础	GSM	窄带 CDMA（IS-95）	GSM
双工方式	FDD	FDD	TDD
同步方式	异步/同步	同步	同步
码片速率	3.84Mchip/s	1.2288Mchip/s	1.28Mchip/s
信号带宽	2×5MHz	2×1.25MHz	1.6MHz
峰值速率	384kb/s	153kb/s	384kb/s
核心网	GSM MAP	ANSI-41	GSM MAP
标准化组织	3GPP	3GPP2[1]	3GPP

从表 1 中可以看出，WCDMA 和 cdma2000 属于频分双工方式（Frequency Division Duplex，FDD）而 TD-SCDMA 属于时分双工方式（Time Division Duplex，TDD）。WCDMA 和 cdma2000 是上下行独享相应的带宽，上下行之间需要频率间隔以避免干扰；TD-SCDMA 是上下行采用同一频谱，上下行之间需要时间间隔以避免干扰。

在 3G 商用之后，3GPP/3GPP2 针对高速数据应用进行了一系列的增强，例如，WCDMA/TD-SCDMA 的高速下行/上行分组接入 HSDPA/HSUPA（High Speed Downlink/Uplink Packet Access）及其演进 HSPA+，大大增强了 3G 系统提供数据的能力。

附录 11　第四代蜂窝网

第四代蜂窝网集第三代蜂窝网与无线局域网（WLAN）于一体，能够快速传输数据、高质量音频、视频等。第四代蜂窝网能够以 100Mb/s 以上的速度下载，比目前的家用宽带非对称数字用户线路（ADSL）（4Mb/s）快 25 倍，并能够满足几乎所有用户对于无线服务的要求。此外，第四代蜂窝网可以在 ADSL 和有线电视调制解调器没有覆盖的地方部署。很明显，第四代蜂窝网有着不可比拟的优越性。

1．核心技术

（1）接入方式和多址方案

OFDM（正交频分复用）是一种无线环境下的高速传输技术，其主要思想就是在频域内将给定信道分成许多正交子信道，在每个子信道上使用一个子载波进行调制，各子载波并行传输。尽管总的信道是非平坦的，即具有频率选择性，但是每个子信道是相对平坦的，在每个子信道上进行的是窄带传输，信号带宽小于信道的相应带宽。OFDM 技术的优点是可以消除或减小信号波形间的干扰，对多径衰落和多普勒频移不敏感，提高了频谱利用率。OFDM 的主要缺点是功率效率不高。

（2）调制与编码技术

第四代蜂窝网移动通信系统采用新的调制技术，如 OFDM 调制技术以及单载波自适应均衡技术等，以保证频谱利用率和延长用户终端电池的寿命；采用更高级的信道编码方案（如

Turbo 码、级联码和 LDPC 等）、自动重发请求（ARQ）技术和分集接收技术等，从而在低信噪比条件下保证系统足够的性能。

（3）高性能的接收机

第四代蜂窝网移动通信系统对接收机提出了很高的要求。Shannon 定理给出了在带宽为 BW 的信道中实现容量为 *C* 的可靠传输所需要的最小信噪比。按照 Shannon 定理，可以计算出，对于第三代蜂窝网如果信道带宽为 5MHz，数据速率为 2Mb/s，所需的信噪比为 1.2dB；而对于第四代蜂窝网，要在 5MHz 的带宽上传输 20Mb/s 的数据，则所需要的信噪比为 12dB。可见对于第四代蜂窝网，由于速率很高，对接收机的性能要求也要高得多。

（4）智能天线技术

智能天线具有抑制信号干扰、自动跟踪以及数字波束调节等智能功能，被认为是未来移动通信的关键技术。智能天线应用数字信号处理技术，产生空间定向波束，使天线主波束对准用户信号到达方向，旁瓣或零陷对准干扰信号到达方向，达到充分利用移动用户信号并消除或抑制干扰信号的目的。这种技术既能改善信号质量又能增加传输容量。

（5）MIMO 技术

多输入多输出（MIMO）技术是指利用多发射天线、多接收天线进行空间分集的技术，它采用的是分立式多天线，能够有效将通信链路分解成为许多并行的子信道，从而大大提高容量。信息论已经证明，当不同的接收天线和不同的发射天线之间互不相关时，MIMO 系统能够很好地提高系统的抗衰落和抗噪声性能，从而获得巨大的容量。例如：当接收天线和发送天线数目都为 8 根，且平均信噪比为 20dB 时，链路容量可以高达 42b/s/Hz，这是单天线系统所能达到容量的 40 多倍。因此，在功率带宽受限的无线信道中，MIMO 技术是实现高数据速率、提高系统容量、提高传输质量的空间分集技术。在无线频谱资源相对匮乏的今天，MIMO 系统已经体现出其优越性，也会在第四代蜂窝网中继续应用。

（6）软件无线电技术

软件无线电是将标准化、模块化的硬件功能单元经过一个通用硬件平台，利用软件加载方式来实现各种类型的无线电通信系统的一种具有开放式结构的新技术。软件无线电的核心思想是在尽可能靠近天线的地方使用宽带 A/D 和 D/A 变换器，并尽可能多地用软件来定义无线功能，各种功能和信号处理都尽可能用软件实现。其软件系统包括各类无线信令规则与处理软件、信号变换软件、信源编码软件、信道纠错编码软件、调制解调算法软件等。软件无线电使得系统具有灵活性和适应性，能够适应不同的网络和空中接口。软件无线电技术能支持采用不同空中接口的多模式手机和基站，能实现各种应用的可变服务质量。

（7）基于 IP 的核心网

移动通信系统的核心网是一个基于全 IP 的网络，同已有的移动网络相比具有根本性的优点，即：可以实现不同网络间的无缝互联。核心网独立于各种具体的无线接入方案，能提供端到端的 IP 业务，能同已有的核心网和 PSTN 兼容。核心网具有开放的结构，能允许各种空中接口接入核心网；同时核心网能把业务、控制和传输等分开。采用 IP 后，所采用的无线接入方式和协议与核心网络（CN）协议、链路层是分离独立的。IP 与多种无线接入协议相兼容，因此在设计核心网络时具有很大的灵活性，不需要考虑无线接入究竟采用何种方式和协议。

（8）多用户检测技术

多用户检测是宽带通信系统中抗干扰的关键技术。在实际的 CDMA 通信系统中，各个用户信号之间存在一定的相关性，这就是多址干扰存在的根源。由个别用户产生的多址干扰固然很小，可是随着用户数的增加或信号功率的增大，多址干扰就成为宽带 CDMA 通信系统的一个主要干扰。传统的检测技术完全按照经典直接序列扩频理论对每个用户的信号分别进行扩频码匹配处理，因而其抗多址干扰能力较差；多用户检测技术在传统检测技术的基础上，充分利用造成多址干扰的所有用户信号信息对单个用户的信号进行检测，从而具有优良的抗干扰性能，解决了远近效应问题，降低了系统对功率控制精度的要求，因此可以更加有效地利用链路频谱资源，显著提高系统容量。随着多用户检测技术的不断发展，各种高性能又不是特别复杂的多用户检测器算法不断被提出，在第四代蜂窝网中采用多用户检测技术将是切实可行的。

2．网络结构

第四代蜂窝网的网络结构可分为三层：物理网络层、中间环境层、应用网络层。物理网络层提供接入和路由选择功能。中间环境层的功能有服务质量映射、地址变换和完全性管理等。物理网络层与中间环境层及其应用环境之间的接口是开放的，它使发展和提供新的应用及服务变得更为容易，可提供无缝高数据率的无线服务，并运行于多个频带。

3．第四代蜂窝网性能

第四代移动通信系统采用宽带接入和分布网络，具有非对称的超过 2Mb/s 的数据传输能力，数据率超过通用移动通信系统（UMTS），是支持高速数据率（2～20Mb/s）连接的理想模式，上网速度从 2Mb/s 提高到 100Mb/s，具有不同速率间的自动切换能力。

第四代移动通信系统是多功能集成的宽带移动通信系统，在业务上、功能上、频带上都与第三代系统不同，会在不同的固定和无线平台及跨越不同频带的网络运行中提供无线服务，比第三代移动通信系统更接近于个人通信。第四代移动通信技术可把上网速度提高到第三代移动技术 50 倍，可实现三维图像高质量传输。

对无线频率的使用效率比第二代和第三代系统都高得多，且抗信号衰落性能更好，其最大的传输速率是“i-mode”服务的 10000 倍。除了高速信息传输技术，它还包括高速移动无线信息存取技术、移动平台的拉技术（Pull technology)、安全密码技术以及终端间通信技术等，具有极高的安全性。第四代移动通信终端还可用于定位、告警等。

第四代移动通信手机下行链路速度为 100Mb/s，上行链路速度为 30Mb/s。其基站天线可以发送更窄的无线电波波束，在用户行动时也可进行跟踪，可处理数量更多的通话。

第四代移动通信系统不仅通语音质清晰，而且能进行高清晰度的图像传输，用途十分广泛。在容量方面，可在 FDMA、TDMA、CDMA 的基础上引入空分多址（SDMA），容量达到第三代移动通信系统的 5～10 倍。另外，可以在任何地址宽带接入互联网，包含卫星通信，能提供通信之外的定位定时、数据采集、远程控制等综合功能。

4．第四代移动通信标准

（1）LTE

LTE（Long Term Evolution，长期演进）项目是第三代移动通信的演进，它改进并增强了第三代移动通信的空中接入技术，采用 OFDM 和 MIMO 作为其无线网络演进的唯一标准。根据第四代移动通信牌照发布的规定，国内三家运营商中国移动、中国电信和中国联通，都拿到了 TD-LTE 制式的 4G 牌照。其主要特点是在 20MHz 带宽下能够提供下行 100Mb/s 与上行 50Mb/s 的峰值速率，相对于第三代移动通信网络大大提高了小区的容量，同时将网络延迟大大降低：内部单向传输时延低于 5ms，控制平面从睡眠状态到激活状态迁移时间低于 50ms，从驻留状态到激活状态的迁移时间小于 100ms。

由于 WCDMA 网络的升级版 HSPA 和 HSPA+均能够演化到 FDD-LTE 这一状态，所以此第四代移动通信标准获得了最大的支持，也将是第四代移动通信标准的主流。

（2）LTE-Advanced

LTE-Advanced 从字面上看，就是 LTE 技术的升级版，那么为何两种标准都能够成为第四代移动通信标准呢？LTE-Advanced 的正式名称为 Further Advancements for E-UTRA，它满足 ITU-R 的 IMT-Advanced 技术征集的需求，是 3GPP 形成欧洲 IMT-Advanced 技术提案的一个重要来源。LTE-Advanced 是一个后向兼容的技术，完全兼容 LTE，是演进而不是革命，相当于 HSPA 和 WCDMA 这样的关系。LTE-Advanced 的相关特性如下：

① 带宽：100MHz

② 峰值速率：下行 1Gb/s，上行 500Mb/s

③ 峰值频谱效率：下行 30b/s/Hz，上行 15b/s/Hz

④ 针对室内环境进行优化

⑤ 有效支持新频段和大带宽应用

⑥ 峰值速率大幅提高，频谱效率得到改进

LTE-Advanced 的入围，包含 TDD 和 FDD 两种制式，其中 TD-SCDMA 能够进化到 TDD 制式，而 WCDMA 网络能够进化到 FDD 制式。

（3）WiMax

WiMax（Worldwide Interoperability for Microwave Access），即全球微波互联接入。WiMAX 的另一个名字是 IEEE 802.16。WiMAX 的技术起点较高，WiMax 所能提供的最高接入速度是 70Mb/s，这个速度是第三代移动通信所能提供的宽带速度的 30 倍。

对无线网络来说，这的确是一个惊人的进步。WiMAX 逐步实现宽带业务的移动化，而第三代移动通信则实现移动业务的宽带化，两种网络的融合程度会越来越高，这也是未来移动世界和固定网络的融合趋势。

IEEE 802.16 的工作频段采用的是无须授权频段，范围在 2～66GHz 之间，而 IEEE 802.16a 则是一种采用 2～11GHz 无须授权频段的宽带无线接入系统，其频道带宽可根据需求在 1.5～20MHz 范围进行调整。具有更好高速移动下无缝切换的 IEEE 802.16m 的技术正在研发。因此，IEEE 802.16 所使用的频谱可能比其他任何无线技术更丰富。WiMax 具有以下优点：

① 对于已知的干扰，窄的信道带宽有利于避开干扰，而且有利于节省频谱资源。

② 灵活的带宽调整能力，有利于运营商或用户协调频谱资源。

③ WiMax 所能实现的 50 千米的无线信号传输距离是无线局域网所不能比拟的，网络覆盖面积是第三代移动通信发射塔的 10 倍，只要少数基站建设就能实现全城覆盖，能够使无线网络的覆盖面积大大提升。

WiMax 网络在网络覆盖面积和网络的带宽上虽然有优势巨大，但是其移动性却有着先天的缺陷，无法满足高速（≥50km/h）下的网络的无缝链接。从这个意义上讲，WiMax 还无法达到第三代移动通信网络的水平，严格地说并不能算作移动通信技术，而仅仅是无线局域网的技术。但是 WiMax 的希望在于 IEEE 802.11m 技术上，能够有效解决这些问题，也正是因为有中国移动、英特尔、Sprint 各大厂商的积极参与，WiMax 成为呼声仅次于 LTE 的 4G 网络手机。WiMax 当前全球使用用户大约 800 万，其中 60%在美国。WiMax 其实是最早的第四代移动通信标准，大约出现于 2000 年。

（4）Wireless MAN

WirelessMAN-Advanced 事实上就是 WiMax 的升级版，即 IEEE 802.16m 标准。IEEE 802.16 系列标准的正式名称为 WirelessMAN，而 WirelessMAN-Advanced 即为 IEEE 802.16m。其中，IEEE 802.16m 最高可以提供 1Gb/s 无线传输速率，将兼容第四代移动通信网络。IEEE 802.16m 可在“漫游”模式或高效率/强信号模式下提供 1Gb/s 的下行速率。该标准还支持“高移动”模式，能够提供 1Gb/s 速率。其优势如下：

（1）提高网络覆盖，改建链路预算；

（2）提高频谱效率；

（3）提高数据和 VOIP 容量；

（4）低时延和服务质量增强；

（5）节省功耗。

WirelessMAN-Advanced 有 5 种网络数据规格，其中极低速率为 16kb/s，低数率数据及低速多媒体为 144kb/s，中速多媒体为 2Mb/s，高速多媒体为 30Mb/s，超高速多媒体则达到了 30Mb/s～1Gb/s。

但是该标准可能会率先被军方所采用，IEEE 方面表示军方的介入能够促使 WirelessMAN-Advanced 更快成熟和完善，而且军方的今天就是民用的明天。

5．国际标准

2012 年 1 月 18 日下午 5 时，国际电信联盟在 2012 年无线电通信全会全体会议上，正式审议通过将 LTE-Advanced 和 WirelessMAN-Advanced（IEEE 802.16m）技术规范确立为 IMT-Advanced（俗称“第四代移动通信”）国际标准，中国主导制定的 TD-LTE-Advanced 和 FDD-LTE-Advanced 同时并列成为第四代移动通信国际标准。

第四代移动通信国际标准工作历时三年。从 2009 年初开始，ITU 在全世界范围内征集 IMT-Advanced 候选技术。2009 年 10 月，ITU 共征集到六个候选技术，分别是来自北美标准化组织 IEEE 的 802.16m、日本 3GPP 的 FDD-LTE-Advanced、韩国（基于 802.16m）和中国（TD-LTE-Advanced 和 FDD-LTE-Advanced）、欧洲标准化组织 3GPP（FDD-LTE-Advanced）。

第四代移动通信国际标准公布有两项标准，分别是 LTE-Advance 和 IEEE 802.16m，一类是 LTE-Advanced 的 FDD 部分和中国提交的 TD-LTE-Advanced 的 TDD 部分，都基于 3GPP 的 LTE-Advanced。另外一类是基于 IEEE 802.16m 的技术。ITU 在收到候选技术以后，组织世界各国和国际组织进行了技术评估。2010 年 10 月，在中国重庆，ITU-R 下属的 WP5D 工作组最终确定了 IMT-Advanced 的两大关键技术，即 LTE-Advanced 和 IEEE 802.16m。中国提交的候选技术作为 LTE-Advanced 的一个组成部分，也包含在其中。在确定了关键技术以后，WP5D 工作组继续完成了电联建议的编写工作，以及各个标准化组织的确认工作。此后 WP5D 将文件提交上一级机构审核，SG5 审核通过以后，再提交给全会讨论通过。在此次会议上，TD-LTE 正式被确定为第四代移动通信国际标准，也标志着中国在移动通信标准制定领域再次走到了世界前列，为 TD-LTE 产业的后续发展及国际化提供了重要基础。

日本软银、沙特阿拉伯 STC 和 mobily、巴西 sky Brazil、波兰 Aero2 等众多国际运营商已经开始商用或者预商用 TD-LTE 网络。印度 Augere 2012 年 2 月开始预商用。审议通过后，将有利于 TD-LTE 技术进一步在全球推广。同时，国际主流的电信设备制造商基本全部支持 TD-LTE，而在芯片领域，TD-LTE 已吸引 17 家厂商加入，其中不乏高通等国际芯片市场的领导者。

6. 速率对比

第四代移动通信网络的下行速率为 100Mb/s～150Mb/s，比第三代移动通信快 20～30 倍，上传的速度也能达到 20Mb/s～40Mb/s。这种速率能满足几乎所有用户对于无线服务的要求。

附录 12　国际海事通信卫星（Inmarsat）系统

1. 简介

国际海事通信卫星系统用于船舶与船舶之间、船舶与陆地之间的通信，可进行通话、 数据传输和传真。海事通信卫星通过国际公用电话网和海事卫星网连通实现。海事卫星网由海事卫星、海事卫星地球站、船站以及终端设备组成。海事卫星覆盖太平洋、印度洋、大西洋东区和西区。海事卫星电话可由用户自己直拨或通过话务员接续。陆地用户也可以直拨国际海事卫星电话。

2. 通信系统

（1）概述

Inmarsat 系统是由国际海事卫星组织管理的全球第一个商用卫星移动通信系统。原来中文名称为“国际海事通信卫星系统”，现更名为“国际移动卫星通信系统”。在 20 世纪 70 年代末 80 年代初，Inmarsat 租用美国的 Marisat、欧洲的 Marecs 和国际通信卫星组织的 Intelsat-V 卫星（都是地球静止卫星），构成了第一代的 Inmarsat 系统，为海洋船只提供全球海事卫星通信服务和必要的海难安全呼救通道。第二代 Inmarsat 的三颗卫星于 20 世纪 90 年代初布置完毕。对于早期的第一、二代 Inmarsat 系统，通信只能在船站与岸站之间进行，船站之间的通信应由岸站转接形成“两跳”通信。具有点波束的第三代 Inmarsat，船站之间可直接通信，并支持便携电话终端。

（2）组成

Inmarsat 系统（第三代）的空间段由四颗地球静止卫星构成，分别覆盖太平洋（卫星定位于东经 178°）、印度洋（东经 65°）、大西洋东区（西经 16°）和大西洋西区（西经 54°）。系统的网控中心（NOC）设在伦敦 Inmarsat（国际移动卫星组织）总部，负责监测、协调和控制网络内所有卫星的操作运行，包括对卫星姿态、燃料消耗情况、星上工作环境参数和设备工作状态的监测，同时对各地球站（岸站）的运行情况进行监督，并协助网络协调站对有关运行事务进行协调。

系统在各大洋区的海岸附近有一些地球站（习惯上称为岸站），并至少有一个网络协调站（NCS）。岸站分属 Inmarsat 签字国主管部门所有，它既是与地面公用网的接口，也是卫星系统的控制和接入中心，其功能有：响应用户（来自船站或陆地用户）呼叫；对船站识别码进行鉴别、分配和建立信道；登记呼叫并产生计费信息；对信道状态进行监视和管理；海难信息监收；卫星转发器频率偏差的补偿；通过卫星的自环测试和对船站的基本测试等。典型的岸站天线直径为 11～13m。网络协调站对整个洋区的信道进行管理和协调，对岸站调用电话电路的要求进行卫星电路的分配与控制；监视和管理信道使用状况，并在紧急情况下强行插入正在通话的话路，发出呼救信号。

Inmarsat 系统的地面段包括网络协调站、岸站和船站（移动终端）。在卫星与船站之间的链路采用 L 波段，上行 1.636～1.643GHz，下行 1.535～1.542GHz；卫星与岸站之间为 C 和 L 双频段工作。传送语音信号时用 C 波段（上行 6.417～6.4425GHz，下行 4.192～4.200GHz）；L 波段用于用户电报、数据和分配信道。

对于卫星至海面船只的“海事”信道，由于船站对卫星的仰角通常都大于 10°，而海面对 L 波段的电磁波是足够粗糙的，所以不存在镜面反射分量。因此接收信号除直射分量外，只包含漫反射的多径分量，这种“海事”信道为莱斯（Rician）信道。

（3）终端

Inmarsat 的船站主要有 A，B，C 三种标准型：

① A 型站。A 型站是系统早期（20 世纪 80 年代）的主要大型船舶终端，采用模拟调频方式，可支持语音、传真、高速数据（用户电报），采用 BPSK 调制/解调方式，速率为 56/64kb/s，并有遇险紧急通信业务。

② B 型站。B 型站是 A 型站的数字式替代产品，支持 A 型站的所有业务，数字语音速率为 16kb/s，比 A 型站有更高的频率和功率利用率（A 型站带宽为 50kHz，B 型站为 20kHz；B 型站使用的卫星功率仅为 A 型的一半），空间段费用大大降低，同时终端站的体积、质量比 A 型站减小了许多。

③ C 型站。C 型站用于全球存储转发式低速数据小型终端。船载或车载 C 型站采用全向天线，能在行进中通信。便携式或固定终端采用小型定向天线。C 型站的信道包括信息信道和信令信道等，速率为 1200b/s，其中信息信道传输速率为 600b/s（也是 C 型站传输速率）。它支持数据、传真业务，还广泛用于群呼安全网，车、船管理网，遥测、遥控和数据采集，以及遇险报警等。

Inmarsat 的非船站主要有下列几种：

① D 型终端。D 型终端是用于 Inmarsat 全球卫星短信息服务系统的地面终端，它支持总部与边远地区人员、无人值守设备和传感器之间的双向短信息通信。该终端可接收 128 个字符的信息，也可发送短信息（少于 3 个字节）和长信息（少于 8 个字节），可内置 GPS 接收机。

② E 型终端。E 型终端是卫星应急无线电示位标终端，是全球海上遇险告警专用设备。船舶遇险时，E 型终端将漂浮在海面，并立即发出告警信号（包括位置坐标、船舶的等级等），经卫星传到 Inmarsat 的应急无线电示位标处理器。通常，遇险信息能在 1 分钟之内传送到搜救中心。

③ M 型终端。M 型终端是小型的数字电话（4.8kb/s）、传真和数据（2.4kb/s）终端机。对于第四代 Inmarsat-3 点波束系统，M 型终端演变为更小的 Mini-M 或称 Inmarsat-Phone 型终端，其体积、质量与笔记本计算机相当。该终端已得到了相当广泛的应用。

④ 航空终端。航空终端（Inmarsat-Aero）用于飞机之间和飞机与地面之间的通信。航空终端有多种型号。Aero-C 型是 Inmarsat-C 的航空版，以存储转发方式收发数据、电文，信息速率为 256b/s，该终端采用刀形天线，增益为 0dBi。Aero-H 终端主要用于远程商用大型飞机。该终端有 6/12 条语音/数据信道，具有增益为 12dBi 的高增益天线。Aero-I 是应用较广泛的航

空终端，它有1～4条语音/数据信道，在第三代卫星的点波束内可通电话（4.8kb/s），而全球波束覆盖范围内只能传送低速数据（2.4kb/s以下的速率）。

（4）航行安全

国际海事卫星与海岸电台共同构成了船舶航行时的通信服务。在近海，可以通过海岸电台和陆上进行通信，可是到了茫茫无际的大洋上，海岸电台就失去了作用，此时，只能通过海事卫星进行沟通。海事卫星担负着国际、国内海事遇险安全通信和公众通信的重要功能，有专线与中国海上搜救中心连接。其先进的技术完全可以实现为搜救协调中心提供海难现场情况、传输图片和视频图像、进行视频电话等。

提供全球范围海事卫星移动通信服务的政府间合作机构是国际移动卫星公司，其前身是国际海事卫星组织（Inmarsat），成立于1979年。中国以创始成员国身份加入该组织，并指定交通运输部交通通信中心所经营的北京船舶通信导航公司作为中国的签字者，承担有关该组织的一切日常事务，是Inmarsat所有中国事物的唯一合法性经办机构，并负责运营北京海事卫星地面站。1999年，国际海事卫星组织改革为商业公司，更名为国际移动卫星公司。

北京海事卫星地面站为海上、空中和陆地用户提供了全球、全时、全天候的移动卫星通信服务，也为抢险救灾等紧急通信发挥了重要的、不可替代的作用，不仅有效保障了船舶安全，成为全球海上遇险与安全系统的一部分，而且作为公众通信的补充，充分展示其高效、灵活、优质的通信能力，是交通信息化基础网络的重要组成部分。

国际移动卫星通信公司（Inmarsat，原国际海事卫星组织）已成功发射了第四代移动通信卫星，它与Inmarsat之前发射的9颗卫星共同构筑的卫星通信网络将进一步为海上安全航行、遇险搜救提供更加可靠的通信保障。这将全面解决陆地移动通信网络覆盖不足，而数据和视频通信需求无处不在的矛盾，将为海上安全航行、遇险搜救提供更加可靠的通信保障。此次发射的卫星是国际移动卫星公司第四代移动通信卫星系统3颗卫星中的第1颗，也是目前世界上体积、容量、质量最大的移动通信卫星。

其主要应用有卫星水情自动测报系统，移动卫星车辆监控系统。在海事领域的应用还主要体现在数据连接、船队管理、船队安全网和紧急状态示位标，以及更多的基于Inmarsat所提供的业务而开发的应用服务，促进了海上航行安全和海上商业往来的繁荣。还为海事遇险救助和陆地自然灾害提供免费应急通信服务。

附录13　孤　　子

孤子（Soliton）又称孤立波，是一种特殊形式的超短脉冲，或者说是一种在传播过程中形状、幅度和速度都维持不变的脉冲状行波。孤子这个名词于1834年首先在物理的流体力学中被提出来。其后，1895年，卡维特等人对此进行了进一步研究，人们对孤子有了更清楚的认识，并先后发现了声孤子、电孤子和光孤子等现象。从物理学的观点来看，孤子是物质非线性效应的一种特殊产物。从数学上看，它是某些非线性偏微分方程的一类稳定的、能量有限的不弥散解。也就是说，它能始终保持其波形和速度不变。孤立波在互相碰撞后，仍能保持各自的形状和速度不变，好像粒子一样，故人们又把孤立波称为孤立子，简称孤子。由于孤子具有这种特殊性质，因而它在等离子物理学、高能电磁学、流体力学和非线性光学中得到广泛的应用。1973年，孤立波的观点开始引入到光纤传输中。在频移时，由于折射率的非线性变化与群色散效应相平衡，光脉冲会形成一种基本孤子，在反常色散区稳定传输。由此，逐渐产生了新的电磁理论——光孤子理论，从而把通信引向非线性光纤孤子传输系统这一新领域。光孤子（Optical Soliton）就是这种能在光纤中长距离传输而保持形态、幅度和速度不变的光脉冲。利用光孤子特性可以实现超长距离、超大容量的光通信。1980 年贝尔试验室 Mollenewor 等人首次在试验室中观察到了光孤子。一束光脉冲包含许多不同的频率成分，频率不同，在介质中的传播速度也不同，因此，光脉冲在光纤中将发生色散，使得脉宽变宽。但当具有高强度的极窄单色光脉冲入射到光纤中时，将产生克尔效应，即介质的折射率随光强度而变化，由此导致在光脉冲中产生自相位调制，使脉冲前沿产生的相位变化引起频率降低，脉冲后沿产生的相位变化引起频率升高，于是脉冲的前沿比后沿传播得慢，从而使脉宽变窄。当脉冲具有适当的幅度时，以上两种作用可以恰好抵消，则脉冲可以保持波形稳定不变地在光纤中传输，即形成了光孤子，也称为基阶光孤子。若脉冲幅度继续增大时，变窄效应将超过变宽效应，则形成高阶光孤子，它在光纤中传输的脉冲形状将发生连续变化，首先压缩变窄，然后分裂，在特定距离处脉冲周期性地复原。

附录 14　路　由　器

一、简介

所谓“路由”，是指把数据从一个地方传送到另一个地方的行为和动作。而路由器正是执行这种行为动作的机器，它的英文名称为 Router，是一种连接多个网络或网段的网络设备，它能将不同网络或网段之间的数据信息进行“翻译”，以使它们能够相互“读懂”对方的数据，从而构成一个更大的网络。

路由器是连接互联网中各局域网、广域网的设备，它会根据信道的情况自动选择和设定路由，以最佳路径，按前后顺序发送信号。路由器是互联网络的枢纽，是“交通警察”。目前路由器已经广泛应用于各行各业，各种不同档次的产品已成为实现各种骨干网内部连接、骨干网间互联和骨干网与互联网互联互通业务的主力军。路由器和交换机之间的主要区别就是交换机工作在 OSI 参考模型第二层（数据链路层），而路由器工作在第三层，即网络层。这一区别决定了路由器和交换机在移动信息的过程中需使用不同的控制信息，所以说两者实现各自功能的方式是不同的。

路由器又称网关设备（Gateway），用于连接多个逻辑上分开的网络。所谓逻辑网络是指代表一个单独的网络或者一个子网。当数据从一个子网传输到另一个子网时，可通过路由器的路由功能来完成。因此，路由器具有判断网络地址和选择 IP 路径的功能，它能在多网络互联环境中，建立灵活的连接，可用完全不同的数据分组和介质访问方法连接各种子网，路由器只接受源站或其他路由器的信息，属网络层的一种互联设备。

二、原理

1．传输媒体

路由器（图 1）分本地路由器和远程路由器，本地路由器是用来连接网络传输媒体的，如光纤、同轴电缆、双绞线；远程路由器是用来连接远程传输媒体的，并要求相应的设备，如电话线要配调制解调器，无线传输要通过无线接收机、发射机。

路由器是互联网的主要节点设备。路由器通过路由决定数据的转发。转发策略称为路由选择（routing），这也是路由器名称的由来（router，转发者）。作为不同网络之间互相连接的枢纽，路由器系统构成了基于 TCP/IP 的国际互联网络 Internet 的主体脉络，也可以说，路由器构成了 Internet 的骨架。它的处理速度是网络通信的主要瓶颈之一，它的可靠性则直接影响着网络互联的质量。因此，在局域网、城域网，乃至整个 Internet 研究领域中，路由器技术始终处于核心地位，其发展历程和方向，成为整个 Internet 研究的一个缩影。在当前我国网络基础设施建设和信息建设方兴未艾之际，探讨路由器在互联网络中的作用、地位及其发展方向，对于国内的网络技术研究、网络建设，以及明确网络市场上对于路由器和网络互联的各种似是而非的概念，都有重要的意义。

路由器产品，从本质上来说它不是什么新技术，而是为了提高通信能力，把交换机的原理组合到路由器中，使数据传输能力更快、更好。

2．结构

在路由器（图 2）面板上可见：

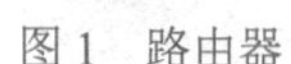

图 1　路由器

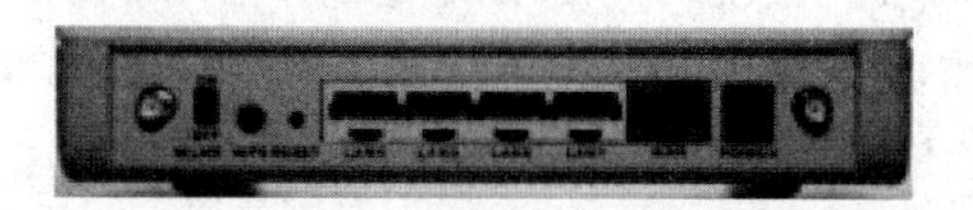

图 2　路由器照片

电源接口（POWER）：连接电源。

复位键（RESET）：此按键可以还原路由器的出厂设置。

猫（MODEM）或者是交换机与路由器连接口（WAN）：此接口用一条网线与家用宽带调制解调器（或者与交换机）进行连接。

电脑与路由器连接口（LAN1～4）：此接口用一条网线把电脑与路由器连接起来。

需注意的是：WAN 口与 LAN 口一定不能接反。

家用无线路由器和有线路由器的 IP 地址根据品牌不同，主要有 192.168.1.1 和 192.168.0.1 两种。

IP 地址与登录名称与密码一般标注在路由器的底部。

登录无线路由器网，有的出厂默认登录账户：admin，登录密码：admin。

有的无线路由器的出厂默认登录账户是：admin，登录密码是空的。

3．启动过程

路由器里也有软件在运行，典型的例如 H3C 公司的 Comware 和思科公司的 IOS，可以等同地认为它就是路由器的操作系统，像 PC 上使用的 Windows 系统一样。路由器的操作系统完成路由表的生成和维护。

同样地，作为路由器来讲，也有一个类似于 PC 系统中 BIOS 一样作用的部分，叫做 MiniIOS。MiniIOS 可以使我们在路由器的 FLASH 中不存在 IOS 时，先引导起来，进入恢复模式，来使用 TFTP 或 X-MODEM 等方式去给 FLASH 中导入 IOS 文件。所以，路由器的启动过程应该是这样的：

（1）路由器在加电后首先会进行 POST（Power On Self Test，上电自检），对硬件进行检测。

（2）POST 完成后，读取 ROM 里的 BootStrap 程序，进行初步引导。

（3）初步引导完成后，尝试定位并读取完整的 IOS 镜像文件。在这里，路由器首先在 FLASH 中查找 IOS 文件，如果找到了 IOS 文件，就读取 IOS 文件，引导路由器。

（4）如果在 FLASH 中没有找到 IOS 文件，那么路由器会进入 BOOT 模式，在 BOOT 模式下可以使用 TFTP 上的 IOS 文件。或者使用 TFTP/X-MODEM 来给路由器的 FLASH 中传一个 IOS 文件（一般我们把这个过程叫作灌 IOS）。传输完毕后重新启动路由器，路由器就可以正常启动到 CLI 模式了。

（5）当路由器初始化完成 IOS 文件后，就会开始在 NVRAM 中查找 STARTUP-CONFIG 文件，STARTUP-CONFIG 叫作启动配置文件。该文件里保存了我们对路由器所做的所有的配置和修改。当路由器找到了这个文件后，就会加载该文件里的所有配置，并且根据配置来学习、生成、维护路由表，将所有的配置加载到 RAM（路由器的内存）里后，进入用户模式，最终完成启动过程。

（6）如果在 NVRAM 里没有 STARTUP-CONFIG 文件，则路由器会进入询问配置模式，也就是俗称的问答配置模式，在该模式下所有关于路由器的配置都可以以问答的形式进行配置。不过一般情况下我们基本上是不用这样的模式的。我们一般都会进入 CLI（Comman Line Interface）命令行模式后对路由器进行配置。

4．作用及功能

（1）连通不同的网络

从过滤网络流量的角度来看，路由器的作用与交换机和网桥非常相似。但是与工作在网络物理层，从物理上划分网段的交换机不同，路由器使用专门的软件协议从逻辑上对整个网络进行划分。例如，一台支持 IP 协议的路由器（图 3）可以把网络划分成多个子网段，只有指向特殊 IP 地址的网络流量才可以通过路由器。对于每一个接收到的数据包（分组），路由器都会重新计算其校验值，并写入新的物理地址。因此，使用路由器转发和过滤数据的速度往往要比只查看数据包（分组）物理地址的交换机慢。但是，对于那些结构复杂的网络，使用路由器可以提高网络的整体效率。路由器的另外一个明显优势就是可以自动过滤网络广播。总体上说，在网络中添加路由器的整个安装过程要比即插即用的交换机复杂很多。

图 3　路由器外形

（2）信息传输

有的路由器仅支持单一协议，但大部分路由器可以支持多种协议的传输，即多协议路由器。由于每一种协议都有自己的规则，要在一个路由器中完成多种协议的算法，势必会降低路由器的性能。路由器的主要工作就是为经过路由器的每个数据帧寻找一条最佳传输路径，并将该数据有效地传送到目的站点。由此可见，选择最佳路径的策略即路由算法是路由器的关键所在。为了完成这项工作，在路由器中保存着各种传输路径的相关数据——路径表（Routing Table），供路由选择时使用。路径表中保存着子网的标志信息、网上路由器的个数和下一个路由器的名字等内容。路径表可以是由系统管理员固定设置好的。

① 静态（static）路由表：由系统管理员事先设置好的固定的路径表。

② 动态（Dynamic）路由表：路由器根据网络系统的运行情况而自动调整的路径表。

路由器是一种多端口设备，它可以连接不同传输速率并运行于各种环境的局域网和广域网，也可以采用不同的协议。路由器属于 OSI 模型的第三层——网络层。它指导从一个网段到另一个网段的数据传输，也能指导从一种网络向另一种网络的数据传输。

（3）功能

① 网络互联：路由器支持各种局域网和广域网接口，主要用于互联局域网和广域网，实现不同网络互相通信；

② 数据处理：提供包括分组过滤、分组转发、优先级、复用、加密、压缩和防火墙等功能；

③ 网络管理：路由器提供包括路由器配置管理、性能管理、容错管理和流量控制等功能。

三、发展历史

路由技术之所以在问世之初没有被广泛使用主要是因为 20 世纪 80 年代之前的网络结构都非常简单，路由技术没有用武之地。大规模的互联网络逐渐流行起来，为路由技术的发展提供了良好的基础和平台。

随着网络逐步走向大众，网吧也如雨后春笋般出现在街头小巷。

PC 规模在 60～100 台的网吧网络，SOHO 路由器基本可以满足网络接入的需求。但 PC 数量超过 100 台之后，如果仍然采用 SOHO 路由器接入，整个网络系统就相对比较脆弱了，这主要表现在以下几个方面：

① 性能低。为了节省成本，SOHO 路由器一般采用性能一般的 CPU，内存的速度也比较慢。在具体的使用中，会出现下载速度慢，游戏会卡，这都是性能低的表现。

② 稳定性差，容易掉线，而这是游戏玩家最忌讳的。一些 SOHO 路由器在用户数少的时候，可以保持稳定的连接；但如果规模稍微有些增大，网络的稳定性就很难保证了，当网络流量增大时，便会频繁地重新启动。而且 SOHO 路由器采用普通外置电源，当电压起伏时，SOHO 路由器的供电也无法得到保障。

③ 散热差。一般情况下，SOHO 路由器体积很小，机器内没有合理的散热设计，而网吧通常 24 小时营业，因此 SOHO 路由器散热便成了问题。路由器过热最直接的影响就是运行不稳定。

④ 支持 PC 数量小。SOHO 路由器内存容量小（一般在 2～8MB），FLASH 容量小（一般只有 1MB），支持的用户数量有限，基本上 NAT 最大的运行数量在 1024 个以内。可以算一算，打开一个网页，大约需要 10～50 个 NAT 进程数，所以 SOHO 路由器支持的 PC 数量少，很难进行功能扩展升级。

四、使用分类

互联网各种级别的网络中随处都可见到路由器。接入网络使得家庭和小型企业可以连接到某个互联网服务提供商；企业网中的路由器连接一个校园或企业内成千上万的计算机；骨干网上的路由器终端系统通常是不能直接访问的，它们连接长距离骨干网上的ISP和企业网络。互联网的快速发展无论是对骨干网、企业网还是接入网都带来了不同的挑战。骨干网要求路由器能对少数链路进行高速路由转发。企业级路由器不但要求端口数目多、价格低廉，而且要求配置起来简单方便，并提供QoS，像飞鱼星的企业级路由器就提供SmartQoSIII。

1．接入路由器

接入路由器连接家庭或 ISP 内的小型企业客户。接入路由器已经开始不只是提供 SLIP 或PPP连接。诸如ADSL等技术将很快提高各家庭的可用带宽，这将进一步增加接入路由器的负担。由于这些趋势，接入路由器将来会支持许多异构和高速端口，并在各个端口能够运行多种协议，同时还要避开电话交换网。

2．企业级路由器

企业或校园级路由器连接许多终端系统，其主要目标是以尽量便宜的方法实现尽可能多的端点互联，并且进一步要求支持不同的服务质量。许多现有的企业级网络都是由Hub或网桥连接起来的以太网段。尽管这些设备价格便宜、易于安装、无须配置，但是它们不支持服务等级。相反，有路由器参与的网络能够将机器分成多个碰撞域，并因此能够控制一个网络的大小。此外，路由器还支持一定的服务等级，至少允许分成多个优先级别。但是路由器的每端口造价要贵些，并且在使用之前要进行大量的配置工作。因此，企业级路由器的成败就在于是否提供大量端口且每端口的造价很低，是否容易配置，是否支持QoS。另外，还要求企业级路由器有效地支持广播和组播。企业级网络还要处理历史遗留的各种 LAN 技术，支持多种协议，包括IP、IPX和Vine。它们还要支持防火墙、包（分组）过滤，以及大量的管理和安全策略及VLAN。

3．骨干级路由器

骨干级路由器

骨干级路由器实现企业级网络的互联。对它的要求是速度和可靠性，而代价则处于次要地位。

硬件可靠性可以采用电话交换网中使用的技术，如热备份、双电源、双数据通路等来获得。这些技术对所有骨干级路由器而言差不多是标准的。骨干IP路由器的主要性能瓶颈是在转发表中查找某个路由所耗费的时间。当收到一个包（分组）时，输入端口在转发表中查找该包（分组）的目的地址以确定其目的端口，当包（分组）很短或者当包（分组）要发往许多目的端口时，势必增加路由查找的代价。因此，将一些常访问的目的端口放到缓存中能够提高路由查找的效率。不管是输入缓冲还是输出缓冲路由器，都存在路由查找的瓶颈问题。此外，路由器的稳定性也是一个常被忽视的问题。

4．太比特路由器

在未来核心互联网使用的三种主要技术中，光纤和DWDM都已经很成熟并且是现成的。如果没有与现有的光纤技术和 DWDM 技术提供的原始带宽对应的路由器，新的网络基础设施将无法从根本上得到性能的改善，因此开发高性能的骨干交换/路由器（太比特路由器）已经成为一项迫切的要求。太比特路由器技术还主要处于开发实验阶段。

5. 双 WAN 路由器

双 WAN 路由器具有物理上的 2 个 WAN 口作为外网接入，这样内网电脑就可以经过双 WAN 路由器的负载均衡功能同时使用 2 条外网接入线路，大幅提高了网络带宽。当前双 WAN 路由器主要有“带宽汇聚”和“一网双线”的应用优势，这是传统单 WAN 路由器做不到的。

6. 3G 无线路由器

3G 无线路由器采用 32 位高性能工业级 ARM9 通信处理器，以嵌入式实时操作系统 RTOS 为软件支撑平台，系统集成了全系列从逻辑链路层到应用层通信协议，支持静态及动态路由、PPP server 及 PPP client、VPN（包括、PPTP 和 IPSEC）、DHCP server 及 DHCP client、DDNS、防火墙、NAT、DMZ 主机等功能。为用户提供安全、高速、稳定可靠、各种协议路由转发的无线路由网络。

随着 3G 无线网络的发展，人们越来越享受无线网络所带来的价值，市场上有多种 3G 无线路由器，其中有小黑 A8 系列，小黑华为 e5 等。3G 无线路由器正在改变人们的生活。

附录 15　点分十进制

点分十进制全称为点分十进制表示法（Dotted decimal notation），它是互联网协议第 4 版（IPv4）的 IP 地址标识方法。这种标识方法的每一组数字都是十进制的，组与组之间用“.”（点）分隔，因此称为“点分十进制”。

点分十进制的 IP 地址把 32 位二进制数字分成 4 段，每段 8 位，故把每段的 8 位二进制数字转换成十进制数字后，此十进制数字的最大值是 $2^8-1=255$，最小值为 0。例如，二进制的 32 位 IP 地址为 11001010 01011101 01111000 00101101，转换成点分十进制后应该表示为 202.93.120.45，其具体计算方法如下：

从左侧算起

第一组 8 位二进制数字：$11001010 = 2^7+2^6+2^3+2^1 = 128+64+8+2 = 202$

第二组 8 位二进制数字：$01011101 = 2^6+2^4+2^3+2^2+1 = 64+16+8+4+1 = 93$

第三组 8 位二进制数字：$01111000 = 2^6+2^5+2^4+2^3 = 64+32+16+8 =120$

第四组 8 位二进制数字：$00101101= 2^5+2^3+2^2+1 = 32+8+4+1 = 45$

附录 16　超文本标记语言（HTML）

要使任何一台计算机都能显示出任何一个万维网服务器上的页面，就必须解决页面制作的标准化问题。超文本标记语言（HyperText Markup Language，HTML）就是一种制作万维网页面的标准语言，它消除了不同计算机之间信息交流的障碍。但是 HTML 并不是应用层的协议，它只是万维网浏览器使用的一种语言。由于 HTML 非常容易掌握并且实施简单，因此它很快就成为万维网的重要基础。官方的 HTML 标准由万维网联盟 W3C（即 WWW Consortium）负责制定。从 HTML 在 1993 年问世后，就不断对其版本进行更新。现在最新的版本是 HTML5.0（2014 年 9 月发布），该版本增加了在网页中嵌入音频、视频以及交互式文档等功能。现在一些主流的浏览器都支持 HTML5.0。

HTML 定义了许多用于排版的命令，即“标签”（tag）。例如，<I>表示后面开始用斜体字排版，而</I>则表示斜体字排版到此为止。HTML 把各种标签嵌入万维网的页面中，这样就构成了所谓的 HTML 文件。HTML 文档是一种可以用任何文本编辑器（例如，Windows 的记事本 Notepad）创建的 ASCII 码文件。但是，仅当 HTML 文档以.html 或.htm 为后缀时，浏览器才对这样的 HTML 文档的各种标签进行解释。如果 HTML 文档改为以.txt 为其后缀，则 HTML 解释程序就不对标签进行解释，而浏览器只能看见原来的文本文件。

并非所有的浏览器都支持所有的 HTML 标签。若某一个浏览器不支持某一个 HTML 标签，则浏览器将忽略此标签，但在一对不能识别的标签之间的文本仍然会被显示出来。

目前已经开发出了很好的制作万维网页面的软件工具，使我们能够像使用 Word 文字处理器那样很方便地制作各种页面。即使我们用 Word 文字处理器编辑了一个文件，但是只要在“另存为（Save As）”时选取文件后缀为.htm 或.html，就可以很方便地把 Word 的.doc 格式文件转换为浏览器可以显示的 HTML 格式的文件。

HTML 允许在万维网页面中插入图像。一个画面本身带有的图像称为内含图像（inline image）。HTML 标准并没有规定该图像的格式。实际上，大多数浏览器都支持 GIF 和 JPEG 文件。很多格式的图像占据的存储空间太大，因而这种图像在互联网传送时就很浪费时间。例如，一幅**位图**文件（.bmp）可能要占用 500～700KB 的存储空间。但是若将此图像改存为经过压缩的.gif 格式的，则可能只有十几个 KB，大大减少了存储空间。

HTML 还规定了链接的设置方法。我们知道每个链接都有一个起点和终点。链接的起点说明在万维网页面中的什么地方可以引出一个链接。在一个页面中，链接的起点可以是一个字或几个字，或者是一幅画，或者是一段文字。在浏览器所显示的页面上，链接的起点是很容易识别的。在以文字作为链接的起点时，这些文字往往用不同的颜色显示（例如，一般的文字用黑色字时，链接起点往往使用蓝色字），甚至还会加上下画线（一般由浏览器来设置）。当我们将鼠标移动到一个链接的起点时，表示鼠标位置的箭头就变成了一只手。这时只要单击鼠标，这个链接就被激活。

链接的终点可以是其他网站上的页面。这种链接方式叫作远程链接。这时必须在 HTML 文档中指明链接到的网站的 URL。有时链接可以指向本计算机中的某一个文件或本文件的某处，这叫作本地链接。这时必须在 HTML 文档中指明链接的路径。

实际上，现在这种链接方式已经不局限用于万维网文档中。在最常用的 Word 文字处理器的工具栏中，也设有“插入超链接”的按钮。只要单击这个按钮，就可以看到设置超链接的窗口。用户可以很方便地在自己写的 Word 文档中设置各种链接的起点和终点。

附录 17　循环冗余检验（CRC）检错技术

循环冗余检验（CRC）检错技术是采用差错编码理论中的循环码实现的。下面将对循环码的编码和解码原理做详细介绍。

1．循环码的概念

循环码是在严密的现代代数学理论的基础上建立起来的。这种码的编码和解码设备都不太复杂，而且检错和纠错的能力都较强。循环码是分组编码的，通常用(n, k)表示码组，其中 n 表示码组长度，k 表示码组中信息位（数据位）的位数，其余的（$n-k$）位码元是为检错或纠错而加上的冗余位（称为监督位），利用它能计算出码组中是否有错码出现。

循环性是指任一码组循环一位后仍然是该编码中的一个码组。这里的“循环”是指将码组中最右端的一个码元移至左端，或反之，将最左端的一个码元移至右端。在表 1 中示出一种(7, 3)循环码的全部码组，由表中列出的码组可以直观看出它的循环性。例如，表 1 中第 2 码组向右移一位即得到第 5 码组；第 5 码组向右移一位即得到第 7 码组。一般说来，若(a_{n-1} a_{n-2} $\cdots a_0$)是循环码的一个码组，则循环移位后的码组：

表 1　一种(7, 3)循环码的全部码组

码组编号	信息位	监督位	码组编号	信息位	监督位
	$a_6a_5a_4$	$a_3a_2a_1a_0$		$a_6a_5a_4$	$a_3a_2a_1a_0$
1	000	0000	5	100	1011
2	001	0111	6	101	1100
3	010	1110	7	110	0101
4	011	1001	8	111	0010

$$
\begin{matrix}
(a_{n-2} & a_{n-3} & \cdots & a_0 & a_{n-1}) \\
(a_{n-3} & a_{n-4} & \cdots & a_{n-1} & a_{n-2}) \\
\vdots & \vdots & \vdots & \vdots & \vdots \\
(a_0 & a_{n-1} & \cdots & a_2 & a_1)
\end{matrix}
$$

仍然是该编码中的码组。

在代数编码理论中，为了便于计算，把码组中的各个码元当作一个多项式的系数。这样，一个长度为 n 的码组就可以表示成

$$T(x)=a_{n-1}x^{n-1}+a_{n-2}x^{n-2}+\cdots+a_1x+a_0 \tag{1}$$

应当注意，上式中 x 的值没有任何意义，我们也不必关心它，仅用它的幂代表码元的位置。这种多项式有时被称为码多项式。例如，表 1 中的任意一个码组可以表示为

$$T(x)=a_6x^6+a_5x^5+a_4x^4+a_3x^3+a_2x^2+a_1x+a_0 \tag{2}$$

而其中第 7 个码组则可以表示为

$$\begin{aligned}T(x)&=1\cdot x^6+1\cdot x^5+0\cdot x^4+0\cdot x^3+1\cdot x^2+0\cdot x+1\\&=x^6+x^5+x^2+1\end{aligned} \tag{3}$$

2．循环码的运算：码多项式的按模运算

在整数运算中，有模 n 运算。例如，在模 2 运算中，有

$1+1=2\equiv 0$（模 2），$1+2=3\equiv 1$（模 2），$2\times 3=6\equiv 0$（模 2）

一般说来，若一个整数 m 可以表示为

$$\frac{m}{n}=Q+\frac{p}{n},\qquad p<n \tag{4}$$

式中，Q 为整数，则在模 n 运算下，有

$$m\equiv p\qquad（模\ n） \tag{5}$$

所以，在模 n 运算下，一个整数 m 等于它被 n 除得的余数。

上面是复习整数的按模运算。现在码多项式也可以按模运算。若任意一个多项式 $F(x)$被一个 n 次多项式 $N(x)$除，得到商式 $Q(x)$和一个次数小于 n 的余式 $R(x)$，即

$$F(x)=N(x)Q(x)+R(x)^4 \tag{6}$$

则在按模 $N(x)$运算下，有

$$F(x)\equiv R(x)\qquad（模 N(x)） \tag{7}$$

这时，码多项式系数仍按模 2 运算，即系数只取 0 和 1。例如，x^3被(x^3+1)除，得到余项 1，所以有

$$x^3 \equiv 1 \qquad (模(x^3+1)) \tag{8}$$

【例 1】 证明：$x^4+x^2+1 \equiv x^2+x+1 \qquad (模(x^3+1))$

证明：因为

$$\begin{array}{r} x \\ x^3+1 \overline{\big)\, x^4+x^2+1} \\ \underline{x^4 + x} \\ x^2+x+1 \end{array}$$

需要注意的是，由于系数是按模 2 运算的，在模 2 运算中加法和减法一样，所以上式中余数的系数都是正号。

在循环码中，若 $T(x)$是一个长度为 n 的码组，则 $x^iT(x)$在按模 x^n+1 运算下，也是该编码中的一个码组。在用数学式表示时，若

$$x^iT(x) \equiv T'(x) \qquad (模(x^n+1)) \tag{9}$$

则 $T'(x)$ 也是该编码中的一个码组。现证明如下：

设
$$T(x) = a_{n-1}x^{n-1}+a_{n-2}x^{n-2}+\cdots+a_1x+a_0 \tag{10}$$

则有
$$\begin{aligned} x^iT(x) &= a_{n-1}x^{n-1+i}+a_{n-2}x^{n-2+i}+\cdots+a_{n-1-i}x^{n-1}+\cdots+a_1x^{1+i}+a_0x^i \\ &\equiv a_{n-1-i}x^{n-1}+a_{n-2-i}x^{n-2}+\cdots+a_0x^i+a_{n-1}x^{i-1}+\cdots+a_{n-i} \qquad (模(x^n+1)) \end{aligned} \tag{11}$$

这时有
$$T'(x) = a_{n-1-i}x^{n-1}+a_{n-2-i}x^{n-2}+\cdots+a_0x^i+a_{n-1}x^{i-1}+\cdots+a_{n-i} \tag{12}$$

上式中的 $T'(x)$ 正是式（10）中的码组向左循环移位 i 次的结果。因为已假定 $T(x)$是循环码的一个码组，所以 $T'(x)$ 也必定是其中的一个码组。例如，式（3）中的循环码组

$$T(x) = x^6+x^5+x^2+1$$

其长度 $n=7$。若给定 $i=3$，则有

$$x^3T(x) = x^9+x^8+x^5+x^3 = x^5+x^3+x^2+x \qquad (模(x^7+1)) \tag{13}$$

上式对应的码组为 0101110，它正是表 1 中的第 3 码组。

由上面的分析可见，一个长为 n 的循环码必定为按模(x^n+1)运算的一个余式。

3．循环码的编码方法

循环码在编码时，首先要根据给定的(n, k)值，从(x^n+1)的因子中选一个$(n-k)$次多项式作为生成多项式 $g(x)$。可以证明，所有码多项式 $T(x)$都可以被 $g(x)$整除。根据这条原则，就可以对给定的信息位进行编码。设 $m(x)$为信息码多项式，其次数小于 k。用 x^{n-k}乘 $m(x)$，得到的 $x^{n-k}m(x)$的次数必定小于 n。用 $g(x)$除 $x^{n-k}m(x)$，得到余式 $r(x)$，$r(x)$的次数必定小于 $g(x)$的次数，即小于$(n-k)$。将 $r(x)$加在信息位之后作为监督位，即将 $r(x)$和 $x^{n-k}m(x)$相加，得到的多项式必定是一个码多项式。因为它必须能被 $g(x)$整除，且商的次数不大于$(k-1)$。

根据上述原理，编码步骤可以归纳如下：

① 用 x^{n-k}乘 $m(x)$。该运算实际上是在信息码后附加上$(n-k)$个“0”。例如，信息码为 110，它写成多项式为 $m(x)=x^2+x$。当 $n-k=7-3=4$ 时

$$x^{n-k}m(x) = x^4(x^2+x) = x^6+x^5$$

它表示码组 1100000。

② 用 $g(x)$除 $x^{n-k}m(x)$，得到商 $Q(x)$和余式 $r(x)$，即有

$$\frac{x^{n-k}m(x)}{g(x)}=Q(x)+\frac{r(x)}{g(x)} \tag{14}$$

例如，若选定 $g(x)=x^4+x^2+x+1$，则有

$$\frac{x^{n-k}m(x)}{g(x)}=\frac{x^6+x^5}{x^4+x^2+x+1}=(x^2+x+1)+\frac{x^2+1}{x^4+x^2+x+1} \tag{15}$$

上式是用码多项式表示的运算。它和下式等效：

$$\frac{1100000}{10111}=111+\frac{101}{10111} \tag{16}$$

③ 编出的码组为 $$T(x)=x^{n-k}m(x)+r(x) \tag{17}$$

在上例中，$T(x)=1100000+101=1100101$，它就是表 1 中的第 7 码组。

4．循环码的解码方法

接收端解码的要求有两类：检错和纠错。在检错时，解码原理十分简单。由于任意一个码组多项式 $T(x)$都应该能够被生成多项式 $g(x)$整除，所以在接收端可以将接收码组 $R(x)$用原来的生成多项式 $g(x)$去除。当接收码组没有错码时，接收码组和发送码组相同，即 $R(x)=T(x)$，故接收码组 $R(x)$必定能被 $g(x)$整除；若接收码组中有错码，则 $R(x)\neq T(x)$，$R(x)$被 $g(x)$除时可能除不尽而有余项，所以可以写为

$$R(x)/g(x)=Q(x)+r(x)/g(x) \tag{18}$$

因此，可以就余项 $r(x)$是否为零来判断接收码组中有无错码。

应当注意，当接收码组中的错码数量过多，超出了编码的检错能力时，有错码的接收码组也可能被 $g(x)$整除。这时，错码就不能检出了。这种错码称为不可检错码。

在要求纠错时，解码方法就比检错时的方法复杂了。这里从略。

附录 18　CSMA/CD 协议

1．CSMA/CD 协议的数据格式

CDMA/CD 协议假定一个计算机在发送信号之前处于监听网络的状态。只有当监听到线路上没有“载波”时，才能向线路上发送信号。这里的“载波”一词是指线路中其他计算机发出的任何电信号，不必须是正弦载波。在以太网中数据是分组传输的，其数据格式如图 1 所示。图中显示每个分组分 6 个字段，其中 5 个字段共 26 字节用于网络开销，1 个字段是数据。

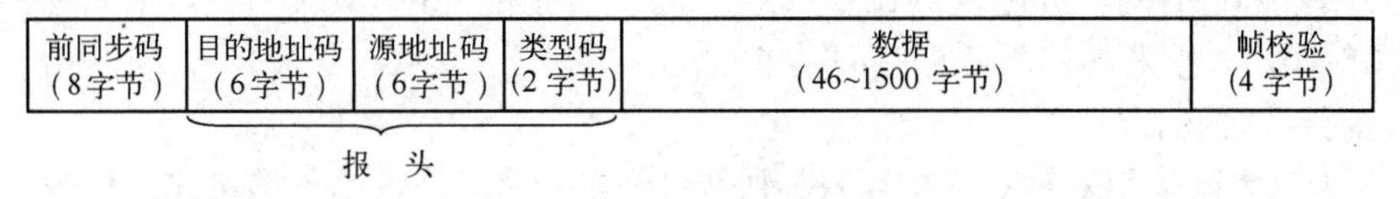

图 1　CSMA/CD 的数据格式

下面给出这种数据格式（Data Format）的详细规定：

（1）每个分组的最大长度为 1526 字节，最小长度为 72 字节。每个字节含 8 比特。

（2）每个分组分为 6 个字段：前同步码 8 字节，报头 14 字节，用户数据 46～1500 字节，帧校验 4 字节。

（3）分组间最小间隔为 9.6μs。

（4）前同步码（Preamble）包含 8 字节的“1/0”交替码，但是最后以两个比特“11”结束，即前同步码为（101010…101011）。具体说，前同步码的前 7 个字节是“1/0”交替码，它用于建立比特同步，因为在一个计算机开始接收分组数据时比特同步尚未建立；最后 1 个字节是“10101011”，它表示在这个字节后面就是报头的开始。

（5）报头（Header）包括 48 比特目的地址码（Destination Address）、48 比特源地址码（Source Address）、16 比特类型（Type）码。

（6）接收站需检查报头中的目的地址码，看该组是否应当接收。其中第 1 个比特指示地址类型（0 表示单地址，1 表示群地址）；地址码若为全“1”表示向所有站广播。

（7）源地址码是发送站的地址码。

（8）类型码决定数据域中的数据如何解释。例如，用于表示数据的编码方法、密码、消息优先级等。

（9）数据字段（Data Field）中字节数目必须为整数。当用户数据长度不足 46 字节时，需要用整数字节的字段填充。

（10）帧校验字段（Check Field）中校验码的生成多项式如下：

$$x^{32}+x^{26}+x^{23}+x^{22}+x^{16}+x^{12}+x^{11}+x^{10}+x^{8}+x^{7}+x^{5}+x^{4}+x^{2}+x+1$$

帧校验序列的校验范围不包括前同步码。

最后指出，上述数据格式中的报头、数据和帧校验序列属于 OSI 参考模型中数据链路层的协议，而前同步码则属于物理层的协议。

2．CSMA/CD 协议的工作

按照 CSMA/CD 协议工作的以太网中，当一个计算机要发送数据时，它的可能状态如下：

（1）延缓（Defer）：当线路中存在载波时，或在最小分组间隔时间（9.6μs）内，不能发送数据。

（2）发送（Transmit）：若不在延缓期，用户可以发送数据直到分组结束或直到检测有碰撞。

（3）中断（Abort）：若检测到碰撞，用户必须终止传输，并发送一个短的人为干扰信号（Jamming Signal），以确保所有碰撞方注意到此碰撞。

（4）重新发送（Retransmit）：用户必须等待一个随机延迟时间，再试图重新发送数据。这样做的目的是使碰撞各方的延迟时间不同，以避免再次同时发送数据而引起碰撞。

（5）退避（Backoff）：延迟重新发送称为退避。第 n 次重发之前的延迟时间等于一个随机数乘以基本延迟时间。此随机数在 0～(2^n-1)间均匀分布（$0 < n \leqslant 10$）。对于 $n > 10$，此区间仍为 0～1023。重发的基本延迟时间是 51.2μs，它对于 10Mb/s 速率的以太网相当于 512b（64 B）的持续时间。

图 2 为以太网采用双相（曼彻斯特）码以 10Mb/s 速率传输的数据格式。这时，每个码元中都包含一次跳变（Transition）。码元“1”中的跳变是从低电平到高电平；而码元“0”的跳变是从高电平到低电平。所以，存在跳变就是向所有监听者表明网上有载波存在。若从最后一次跳变开始在 0.75～1.25 个码元时间内看不到跳变，就表明载波没有了，即表示一组的终结。

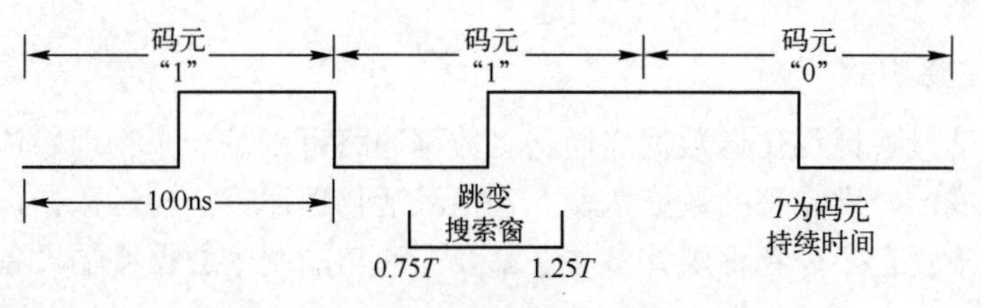

图 2　双相码的数据格式

3．高速以太网

上面介绍的以太网一般称为 10BASE-T，其中的“10”表示工作在 10Mb/s 速率，“BASE”表示传输的是基带信号，“T”表示双绞线。这种以太网至今仍在使用。不过，从 1994 年开始出现了 100Mb/s 速率的以太网，称为 100BASE-T。它仍使用 CSMA/CD 协议，但是集线器等硬件的工作速度提高了，并使用不同规格的双绞线或光纤。

现在将速率达到和超过 100Mb/s 的以太网称为高速以太网。除了 100BASE-T 以太网，到 1996 年又出现了能工作在 1Gb/s 速率的吉比特以太网。在 2002 年 IEEE 又完成了 10Gb/s 速率的吉比特以太网标准的制定。

附录 19　物　理　层

一、简介

物理层（Physical Layer）是计算机网络 OSI 模型中最低的一层（第一层，见图 1）。物理层规定：为传输数据所需要的物理链路建立、维持、拆除，而提供具有机械的、电子的、功能的和规范的特性。简单地说，物理层确保原始的数据可在各种物理媒体上传输。

物理层虽然处于底层，却是整个 OSI 模型的基础。物理层为设备之间的数据通信提供传输媒体及互连设备，为数据传输提供可靠的环境。如果您想要用尽量少的词来记住这个第一层，那就是“信号和媒体”。

OSI 采纳了各种现成的协议，其中有 RS-232、RS-449、X.21、V.35、ISDN，以及 FDDI、IEEE802.3、IEEE802.4、IEEE802.5 的物理层协议。

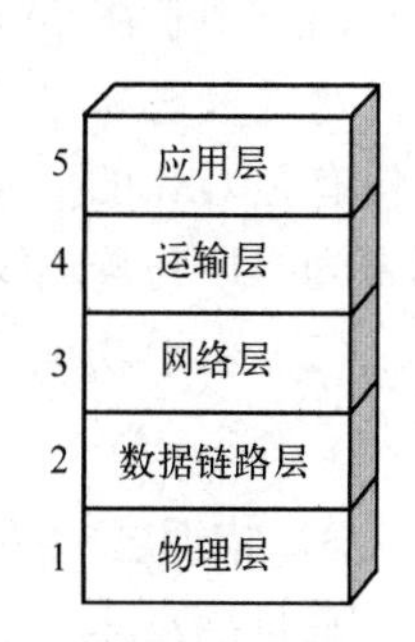

图 1　OSI 模型

二、主要功能

1．物理层要解决的主要问题

（1）物理层要尽可能地屏蔽掉物理设备、传输媒体和通信手段的不同，使数据链路层感觉不到这些差异，只考虑完成本层的协议和服务。

（2）给其服务用户（数据链路层）在一条物理的传输媒体上传送和接收比特流（一般为串行按顺序传输的比特流）的能力，为此，物理层应该解决物理连接的建立、维持和释放问题。

（3）在两个相邻系统之间唯一地标识数据电路。

2. 物理层主要功能

（1）为数据端设备提供传送数据的通路。数据通路可以是一个物理媒体，也可以由多个物理媒体连接而成。一次完整的数据传输，包括激活物理连接，传送数据，终止物理连接。所谓激活，就是不管有多少物理媒体参与，都要在通信的两个数据终端设备间连接起来，形成一条通路。

（2）传输数据。物理层要形成适合数据传输需要的实体，为数据传送服务。一是要保证数据能在其上正确通过，二是要提供足够的带宽（带宽是指每秒内能通过的比特数），以减少信道上的拥塞。传输数据的方式能满足点到点、一点到多点、串行或并行、半双工或全双工、同步或异步传输的需要。

（3）完成物理层的一些管理工作。

三、组成部分

1. 重要内容

物理层的媒体包括架空明线、平衡电缆、光纤、无线信道等。通信用的互连设备指 DTE 和 DCE 间的互连设备。DTE（Data Terminal Equipment）即数据终端设备，又称物理设备，如计算机、终端等都包括在内。而 DCE（Data Circuit-terminating Equipment 或 Data Communication Equipment）则是数据通信设备或电路连接设备，如调制解调器等。数据传输通常是经过 DTE—DCE，再经过 DCE—DTE 的路径。互连设备指将 DTE、DCE 连接起来的装置，如各种插头、插座。LAN 中各种粗细的同轴电缆、T 型接（插）头、接收器、发送器、中继器等都属物理层的媒体和连接器。

2. 物理层的主要特点

（1）由于在 OSI 制定之前，许多物理规程（或协议）已经制定出来了，在数据通信领域中，这些物理规程已被许多商品化的设备所采用，加之物理层协议涉及的范围广泛，所以至今没有按 OSI 的抽象模型制定一套新的物理层协议，而是沿用已存在的物理规程，将物理层确定为描述与传输媒体接口的机械、电气、功能和规程特性。

（2）由于物理连接的方式很多，传输媒体的种类也很多，因此，具体的物理协议相当复杂。

3. 物理层的特性

信号的传输离不开传输媒体，而传输媒体两端必然有接口用于发送和接收信号。因此，物理层主要关心如何传输信号，物理层的主要任务就是规定各种传输媒体和接口与传输信号相关的一些特性。

（1）机械特性

也叫物理特性，指明通信实体间硬件连接接口的机械特点：

① 接口所用接线器的形状和尺寸、引线数目和排列、固定和锁定装置等。这很像平时常见的各种规格的电源插头，其尺寸都有严格的规定。

② 已被 ISO 标准化了的 DCE 接口的几何尺寸及插孔芯数和排列方式。

③ DTE 的连接器常用插针形式，其几何尺寸与 DCE 连接器相配合，插针芯数和排列方

式与 DCE 连接器成镜像对称。

（2）电气特性

它规定了在物理连接上，导线的电气连接及有关电路的特性，一般包括：传输二进制比特流时线路上信号电压的范围、发送器的输出阻抗、接收器的输入阻抗等电气参数、传输速率和距离的限制。早期的电气特性标准定义物理连接边界点上的电气特性，而较新的电气特性标准定义的都是发送器和接收器的电气特性，同时还给出了互连电缆的有关规定。比较起来，较新的标准更有利于发送和接收线路的集成化。

物理层接口的电气特性主要分为三类：非平衡型、新的非平衡型和新的平衡型。

① 非平衡型的信号发送器和接收器均采用非平衡方式工作，每个信号用一根导线传输，所有信号共用一根地线。信号的电平用+5V～+15V 表示二进制"0"，用-5V～-15V 表示二进制"1"。信号传输速率限于 20Kb/s 以内。电线长度限于 15m 以内。信号线是单线，因此线间干扰大，传输过程中的外界干扰也很大。

② 新的非平衡型的发送器采用非平衡方式工作，接收器采用平衡方式工作（即差分接收器）。信号用一根导线传输，共有两根地线，即每个方向一根地线。信号的电平用+4V～+6V 表示二进制"0"，用-4V～-6V 表示二进制"1"。当传输距离达到 1000m 时，信号传输速率在 3kb/s 以下，随着传输速率的提高，传输距离将缩短。在 10m 以内的近距离情况下，传输速率可达 300kb/s。由于接收器采用差分方式接收，且每个方向独立使用地线，因此减少了线间干扰和外界干扰。

③ 新的平衡型的发送器和接收器均以差分方式工作，信号用两根导线传输，信号的电平由两根导线上信号的差值表示。相对于某一根导线来说，差值在+4V～+6V 表示二进制"0"，差值在-4V～-6V 表示二进制"1"。当传输距离达到 1000m 时，信号传输速率在 100kb/s 以下；当在 10m 以内的近距离传输时，速率可达 10Mb/s。由于每个信号均使用双线传输，因此线间干扰和外界干扰大大削弱，具有较高的抗共模干扰能力。

（3）功能特性

功能特性指明物理接口各条信号线的用途（用法），包括接口线功能的规定方法、接口信号线的功能分类。

DTE/DCE 标准接口的功能特性主要是对各接口信号线做出确切的功能定义，并确定相互间的操作关系。对每根接口信号线的定义通常采用两种方法：一种方法是一线一义法，即每根信号线定义为一种功能，CCITT V24、EIA RS-232-C、EIA RS-449 等都采用这种方法；另一种方法是一线多义法，指每根信号线被定义为多种功能，此法有利于减少接口信号线的数目，它被 CCITT X.21 所采用。

接口信号线按其功能一般可分为接地线、数据线、控制线、定时线等 4 类。对各信号线的命名通常采用数字、字母组合或英文缩写三种形式，如 EIA RS-232-C 采用字母组合，EIA RS-449 采用英文缩写，而 CCITT V.24 则以数字命名。在 CCITT V.24 建议中，对 DTE/DCE 接口信号线的命名以 1 开头，所以通常将其称为 100 系列接口线。

（4）规程特性

它定义了在信号线上进行二进制比特流传输的一组操作过程，包括各信号线的工作顺序和时序，使得比特流传输得以完成，即在物理连接建立、维持和交换信息时，DTE/DCE（图 2）双方

图 2　DTE 和 DCE 关系

在各自电路上的动作序列。

DTE/DCE 标准接口的规程特性规定了 DTE/DCE 接口各信号线之间的相互关系、动作顺序以及维护测试操作等内容。规程特性反映了在数据通信过程中，通信双方可能发生的各种可能事件。由于这些可能事件出现的先后次序不尽相同，而且又有多种组合，因而规程特性往往比较复杂。描述规程特性一种比较好的方法是利用状态变迁图。因为状态变迁图反映了系统状态的变迁过程，而系统状态迁移正是由当前状态和所发生的事件（指当时所发生的控制信号）决定的。

不同的物理接口标准在以上 4 个重要特性上都不尽相同。实际网络中比较广泛使用的物理接口标准有 EIA-232-E、EIA RS-449 和 CCITT 的 X.21 建议。EIA RS-232C 仍是目前最常用的计算机异步通信接口。

以上 4 个特性实现了物理层在传输数据时，对于信号、接口和传输媒体的规定。

4．重要标准

物理层的一些标准和协议早在 OSI/TC97/C16 分技术委员会成立之前就已制定并在应用了，OSI 也制定了一些标准并采用了一些已有的成果。下面将一些重要的标准列出，以便读者查阅。

（1）ISO 2110：称为"数据通信——25 芯 DTE/DCE 接口连接器和插针分配"。它与 EIA（美国电子工业协会）的"RS-232-C"基本兼容。

（2）ISO 2593：称为"数据通信——34 芯 DTE/DCE 接口连接器和插针分配"。

（3）ISO 4902：称为"数据通信——37 芯 DTE/DEC 接口连接器和插针分配"，与 EIARS-449 兼容。

（4）CCITT V.24：称为"数据终端设备（DTE）和数据电路终接设备之间的接口电路定义表"。其功能与 EIARS-232-C 及 RS-449 兼容于 100 序列线上。

四、通信硬件

物理层常见设备有：网卡、光纤、CAT-5 线（RJ-45 接头）、集线器、转发器、串口、并口等。

通信硬件包括通信适配器（也称通信接口）、调制解调器（MODEM）及通信线路。从原理上讲，物理层只解决 DTE 和 DCE 之间的比特流传输，尽管作为网络节点设备主要组成部分的通信控制装置，其本身包含在物理层、数据链路层、甚至更高层，在内容上分界并不很分明，但它所包含的调制解调器接口、比特的采样发送、比特的缓冲等功能是确切属于物理层范畴的。为了实现 PC 与调制解调器或其他串行设备通信，首先必须使用电子线路将 PC 内的并行数据转成与这些设备相兼容的比特流。除了比特流的传输，还必须解决一个字符由多少个比特组成及如何从比特流中提取字符等技术问题，这就需要使用通信适配器。通信适配器可以认为是用于完成二进制数据的串、并转换及其他相关功能的电路。通信适配器按通信规程来划分可分为 TTY（Tele Type Writer，电传打字机）、BSC（Birary Synchronous Commuication，二进制同步通信）和 HDLC（High-level Data link Control，高级数据链路控制）三种。

IBM PC 异步通信适配器：使用 TTY 规程的异步通信适配器，采用 RS-232C 接口标准。这种通信适配器除可用于 PC 联机通信外，还可以连接各种采用 RS-232C 接口的外部设备。例如，可连接采用 RS-232C 接口的鼠标器、数字化仪等输入设备；可连接采用 RS-232C 接口的打印机、绘图仪及显示器等各种输出设备。可见，异步通信适配器的用途是很广泛的。异步通信规程将每个字符看成一个独立的信息，字符可顺序出现在比特流中，字符与字符间的间隔时间是任意的（即字符间采用异步定时），但字符中的各个比特用固定的时钟频率传输。字符间的异步定时和字符中比特之间的同步定时，是异步传输规程的特征。

异步传输规程中的每个字符均由 4 个部分组成：

① 1 位起始位：以逻辑“0”表示，通信中称“空号”（SPACE）。

② 5～8 位数据位：即要传输的内容。

③ 1 位奇/偶检验位：用于检错。

④ 1～2 位停止位：以逻辑“1”表示，用作字符间的间隔。

这种传输方式中，每个字符以起始位和停止位加以分隔，故也称“起止”式传输。串行口将要发送的数据中的每个并行字符，先转换成串行比特串，并在串前加上起始位，串后加上检验位和停止位，然后发送出去。接收端通过检测起始位、检验位和停止位来保证接收字符中比特串的完整性，最后再转换成并行的字符。串行异步通信适配器本身就像一个微型计算机，上述功能均由它透明地完成，无须用户介入。早期的异步通信适配器做成单独的插件板形式，可直接插在 PC 的系统扩充槽内供使用，后来大多将异步通信适配器与其他适配器（如打印机、磁盘驱动器等的适配器）做在一块称作多功能板的插件板上。也有一些高档微机，已将异步通信适配器做在系统主板上，作为微机系统的一个常规部件。

附录 20　求矩阵 H 的特征矩阵 V 和 U

【例】 已知信道衰减矩阵 $\boldsymbol{H}$，求其特征矩阵 $\boldsymbol{V}$ 和 $\boldsymbol{U}$。

$$\boldsymbol{H}=\begin{bmatrix}4 & 1\\ 3 & 2\end{bmatrix} \tag{1}$$

解

$$\boldsymbol{H}^{\mathrm{T}}=\begin{bmatrix}4 & 3\\ 1 & 2\end{bmatrix} \tag{2}$$

则

$$\boldsymbol{H}^{\mathrm{T}}\boldsymbol{H}=\begin{bmatrix}4 & 3\\ 1 & 2\end{bmatrix}\begin{bmatrix}4 & 1\\ 3 & 2\end{bmatrix}=\begin{bmatrix}25 & 10\\ 10 & 5\end{bmatrix} \tag{3}$$

现在求 $\boldsymbol{H}^{\mathrm{T}}\boldsymbol{H}$ 的特征值 σ^2。

矩阵 $\boldsymbol{H}^{\mathrm{T}}\boldsymbol{H}$ 的特征方程为

$$\boldsymbol{H}^{\mathrm{T}}\boldsymbol{H}\boldsymbol{X}=\sigma^2\boldsymbol{I}\boldsymbol{X}$$

即

$$(\boldsymbol{H}^{\mathrm{T}}\boldsymbol{H}-\sigma^2\boldsymbol{I})\boldsymbol{X}=\boldsymbol{0} \tag{4}$$

式中，$\boldsymbol{I}$ 为单位矩阵，$\boldsymbol{X}$ 为一未知列矩阵。

求

$$\det(\boldsymbol{H}^{\mathrm{T}}\boldsymbol{H}-\sigma^2\boldsymbol{I})=0 \tag{5}$$

得到

$$\boldsymbol{H}^{\mathrm{T}}\boldsymbol{H}-\sigma^2\boldsymbol{I}=\begin{vmatrix}25-\sigma^2 & 10\\ 10 & 5-\sigma^2\end{vmatrix}=(25-\sigma^2)(5-\sigma^2)-10\times10=0 \tag{6}$$

故特征方程可以写为

$$\sigma^4-30\sigma^2+25=0$$

$$(\sigma^2-29.14213562)(\sigma^2-0.85786438)=0 \tag{7}$$

因此，特征值为

$$\sigma_1^2=29.14213562,\quad \sigma_2^2=0.85786438 \tag{8}$$

则

$$\sigma_1=\sqrt{29.14213562}=5.398345637 \tag{9}$$

$$\sigma_2=\sqrt{0.85786438}=0.926209684 \tag{10}$$

（1）求对角矩阵 $\boldsymbol{\Sigma}$ 和 $\boldsymbol{\Sigma}^{-1}$：

$$\boldsymbol{\Sigma}=\begin{bmatrix}\sigma_1 & 0\\ 0 & \sigma^2\end{bmatrix}=\begin{bmatrix}5.398345637 & 0\\ 0 & 0.926209684\end{bmatrix} \tag{11}$$

$$\boldsymbol{\Sigma}^{-1}=\begin{bmatrix}0.185241935 & 0\\ 0 & 1.079669122\end{bmatrix} \tag{12}$$

验证上面的计算：

$$\begin{aligned}\boldsymbol{\Sigma}\boldsymbol{\Sigma}^{-1}&=\begin{bmatrix}5.398345637 & 0\\ 0 & 0.926209684\end{bmatrix}\begin{bmatrix}0.185241935 & 0\\ 0 & 1.079669122\end{bmatrix}\\&=\begin{bmatrix}0.999999991 & 0\\ 0 & 0.999999996\end{bmatrix}\approx\begin{bmatrix}1 & \\ & 1\end{bmatrix}\end{aligned}$$

$$\begin{aligned}\boldsymbol{\Sigma}^2=\boldsymbol{\Sigma}\boldsymbol{\Sigma}^{\mathrm{T}}&=\begin{bmatrix}\sigma_1^2 & 0\\ 0 & \sigma_2^2\end{bmatrix}=\begin{bmatrix}5.398345637 & 0\\ 0 & 0.926209684\end{bmatrix}\begin{bmatrix}5.398345637 & 0\\ 0 & 0.926209684\end{bmatrix}\\&=\begin{bmatrix}29.14213562 & 0\\ 0 & 0.85786438\end{bmatrix}\end{aligned}$$

所以

$$\sigma_1^2=29.14213562,\quad \sigma_2^2=0.85786438$$

（2）求 $\boldsymbol{X}_1$：将 $\sigma_1^2=29.14213562$ 代入式（4），得到

$$\begin{bmatrix}25-\sigma_1^2 & 10\\ 10 & 5-\sigma_1^2\end{bmatrix}\begin{bmatrix}x_1\\ x_2\end{bmatrix}=\begin{bmatrix}-4.14213562 & 10\\ 10 & -24.14213562\end{bmatrix}\begin{bmatrix}x_1\\ x_2\end{bmatrix}=\begin{bmatrix}0\\ 0\end{bmatrix} \tag{13}$$

由式（13）得

$$-4.14213562x_1+10x_2=0 \tag{14}$$

所以

$$x_2=0.414213562x_1 \tag{15}$$

将式（15）代入式（13），得到

$$\boldsymbol{X}_1=\begin{bmatrix}x_1\\ x_2\end{bmatrix}=\begin{bmatrix}x_1\\ 0.414213562x_1\end{bmatrix} \tag{16}$$

令

$$\boldsymbol{X}_1^{\mathrm{T}}\boldsymbol{X}_1=[x_1 \quad 0.414213562x_1]\begin{bmatrix}x_1\\ 0.414213562\boldsymbol{x}_1\end{bmatrix}=1 \tag{17}$$

$$\boldsymbol{X}_1^{\mathrm{T}}\boldsymbol{X}_1=x_1^2+(0.414213562x_1)^2=[1+(0.414213562)^2]x_1^2=1.171572874x_1^2=1 \tag{18}$$

$$x_1^2=1/1.171572874=0.853553391$$

$$x_1=0.923879532 \tag{19}$$

由式（15）得

$$x_2=0.414213562x_1=0.414213562\times0.923879532=0.382683431 \tag{20}$$

将式（19）和式（20）代入式（13），得到

$$\boldsymbol{X}_1=\begin{bmatrix}x_1\\ x_2\end{bmatrix}=\begin{bmatrix}0.923879532\\ 0.382683431\end{bmatrix}$$

（3）求 $\boldsymbol{X}_2$：将 $\sigma_2^2=0.85786438$ 代入式（4），得到

$$\begin{bmatrix}25-\sigma_2^2 & 10\\ 10 & 5-\sigma_2^2\end{bmatrix}\begin{bmatrix}x_1\\ x_2\end{bmatrix}=\begin{bmatrix}24.14213562 & 10\\ 10 & 4.14213562\end{bmatrix}\begin{bmatrix}x_1\\ x_2\end{bmatrix}=\begin{bmatrix}0\\ 0\end{bmatrix} \tag{21}$$

所以
$$24.14213562x_1+10x_2=0 \quad (22)$$
$$x_2=-2.414213562x_1 \quad (23)$$
将式（23）代入式（21），得到
$$\boldsymbol{X}_2=\begin{bmatrix}x_1\\x_2\end{bmatrix}=\begin{bmatrix}x_1\\-2.414213562x_1\end{bmatrix} \quad (24)$$
令
$$\boldsymbol{X}_2^{\mathrm{T}}\boldsymbol{X}_2=[x_1 \quad -2.414213562x_1]\begin{bmatrix}x_1\\-2.414213562x_1\end{bmatrix}=1 \quad (25)$$
即
$$x_1^2+(-2.414213562)^2x_1^2=x_1^2[1+(-2.414213562)^2]=1$$
$$x_1^2(6.828427122)=1,\qquad x_1^2=0.146446609$$
$$x_1=0.382683431 \quad (26)$$
将式（26）代入式（23），得到
$$x_2=-2.414213562\times0.382683431=-0.923879529 \quad (27)$$
所以
$$\boldsymbol{X}_2=\begin{bmatrix}x_1\\x_2\end{bmatrix}=\begin{bmatrix}0.382683431\\-0.923879529\end{bmatrix} \quad (28)$$
（4）求 $\boldsymbol{V}$ 和 $\boldsymbol{V}^{\mathrm{T}}$：$\boldsymbol{V}=[\boldsymbol{X}_1 \quad \boldsymbol{X}_2]=\begin{bmatrix}0.923879532 & 0.382683431\\0.382683431 & -0.923879529\end{bmatrix}$ （29）
$$\boldsymbol{V}^{\mathrm{T}}=\begin{bmatrix}0.923879532 & 0.382683431\\0.382683431 & -0.923879528\end{bmatrix} \quad (30)$$
验证上面的计算：
$$\boldsymbol{V}\boldsymbol{V}^{\mathrm{T}}=\begin{bmatrix}0.923879532 & 0.382683431\\0.382683431 & -0.923879529\end{bmatrix}\begin{bmatrix}0.923879532 & 0.382683431\\0.382683431 & -0.923879528\end{bmatrix}=\begin{bmatrix}1 & 0\\0 & 1\end{bmatrix} \quad (31)$$
（5）求 $\boldsymbol{U}$：由式
$$\boldsymbol{H}=\boldsymbol{U\Sigma V}^{\mathrm{T}}$$
得到 $\boldsymbol{U}=\boldsymbol{H}\,\boldsymbol{V}\boldsymbol{\Sigma}^{-1}$
$$=\begin{bmatrix}4 & 1\\3 & 2\end{bmatrix}\begin{bmatrix}0.923879532 & 0.382683431\\0.382683431 & -0.923879529\end{bmatrix}\begin{bmatrix}0.185241935 & 0\\0 & 1.079669122\end{bmatrix}$$
$$=\begin{bmatrix}4 & 1\\3 & 2\end{bmatrix}\begin{bmatrix}0.171141232 & 0.413171483\\0.070889019 & -0.997484199\end{bmatrix}\begin{bmatrix}0.755453947 & 0.655201733\\0.655201734 & -0.755453949\end{bmatrix}$$
（6）验算 $\boldsymbol{H}$：
$$\boldsymbol{H}=\boldsymbol{U\Sigma V}^{\mathrm{T}}$$
$$=\begin{bmatrix}0.755453947 & 0.655201733\\0.655201734 & -0.755453949\end{bmatrix}\begin{bmatrix}5.398345637 & 0\\0 & 0.926209684\end{bmatrix}\begin{bmatrix}0.923879532 & 0.382683431\\0.382683431 & -0.923879528\end{bmatrix}$$
$$=\begin{bmatrix}0.755453947 & 0.655201733\\0.655201734 & -0.755453949\end{bmatrix}\begin{bmatrix}4.98742104 & 2.06585743\\0.354445099 & -0.855706165\end{bmatrix}$$
$$=\begin{bmatrix}3.999999953 & 0.999999987\\2.999999967 & 1.999999971\end{bmatrix}\approx\begin{bmatrix}4 & 1\\3 & 2\end{bmatrix}$$